iT邦幫忙 鐵人賽

博碩文化

U0077680

Kotlin Collection
全方位解析攻略

精通原理及實戰
寫出流暢好維護的程式

市面上獨一無二的 Kotlin Collection 專書

- 綜覽標準函式庫裡超過 200 個集合方法
- 深入解析標準函式庫裡原始碼的奧祕
- 以實戰情境讓理論與實務完美結合

本書提供線上範例檔

范聖佑 ──── 著

盧韋伸、郭香宜、林采葶 ──── 審校

本書如有破損或裝訂錯誤，請寄回本公司更換

作　　者：范聖佑
責任編輯：林楷倫

董 事 長：陳來勝
總 編 輯：陳錦輝
出　　版：博碩文化股份有限公司
地　　址：221 新北市汐止區新台五路一段 112 號 10 樓 A 棟
　　　　　電話 (02) 2696-2869　傳真 (02) 2696-2867
發　　行：博碩文化股份有限公司

郵撥帳號：17484299　　戶名：博碩文化股份有限公司
博碩網站：http://www.drmaster.com.tw
讀者服務信箱：dr26962869@gmail.com
訂購服務專線：(02) 2696-2869 分機 238、519
（週一至週五 09:30 ～ 12:00；13:30 ～ 17:00）

版　　次：2022 年 6 月初版一刷
建議零售價：新台幣 680 元
I S B N：978-626-333-113-6（平裝）
律師顧問：鳴權法律事務所 陳曉鳴 律師

國家圖書館出版品預行編目資料

Kotlin Collection全方位解析攻略：精通原理及實戰，
寫出流暢好維護的程式 / 范聖佑著. -- 初版. -- 新北
市：博碩文化股份有限公司, 2022.06
　　面；　公分 -- (iT 邦幫忙鐵人賽系列書)
ISBN 978-626-333-113-6(平裝)

1. CST：系統程式　2.CST：電腦程式設計

312.52　　　　　　　　　　　　　111007230

Printed in Taiwan

博 碩 粉 絲 團

歡迎團體訂購，另有優惠，請洽服務專線
(02) 2696-2869 分機 238、519

系統化知識傳承，打造共好技術生態

如果您熱愛某一項技術或知識，一定希望自己能掌握這項技能，運用在日常的工作中、或是成為解決問題的利器。這時，您便會意識到這項技術的「生態系統（Ecosystem）」非常重要，它必須要讓很多人瞭解並願意用上它，它才有動能不斷地演化成更好用的工具；它也必須被應用在各種領域中，才能真正成為大家手上的「殺手鐧」。

所以，當您希望熱愛的技術有好的生態系統時，最好的作法就是盡可能地廣為周知 – 寫成書籍。書籍不僅能便利、大量地傳播技術知識，同時也是系統化整理這項知識的大好機會，這便是為什麼網路上已經能夠搜尋許多相關資料的時代，技術書籍依然重要的關鍵。我很樂見 JetBrains 的技術傳教士 – 聖佑，願意將他熱愛的 Kotlin 語言中 Collections（集合）的部份整理編纂成冊，讓更多使用 Kotlin 程式語言的開發人員，能夠更加活用這項武器，編寫出高品質的 Kotlin 程式。

本書並非將 Kotlin Collection 按規格、像字典般地單純陳列而已。本書分成三大篇，恰恰就是介紹了 Kotlin Collection 的 What（有什麼）、Why（為什麼）、以及 How（該怎麼）：

- 《技法篇》代表了 What：這篇就如同產品手冊，作者運用各個章節介紹了 Kotlin 語言提供了哪些 Collection 物件，以及應該如何正確的操作方法。

- 《心法篇》則是 Why：這篇的內容將帶您仔細探究，一樣是 Collections（集合）類別的容器，為什麼要設計成不同的物件來供開發者使用，讀者能從其背後的設計原理，更加瞭解應該在什麼樣的情境下來選擇最適合的 Collections 物件。

■ 最後,《實戰篇》顧名思義便是教讀者 How:作者以實際的案例帶領讀者將前述的技法與心法融會貫通,實際體驗在不同情境、條件與考量之下,該如何選擇最適合的物件來解決眼前的問題,完整地帶領讀者走完學習歷程。

對 Kotlin 開發人員來說,幾乎每一個專案的程式都會用到 Collections(集合)物件,善用與誤用之間很有可能導致極大的落差,好好學習它是非常重要的是。如果您是 Kotlin 程式語言的初學者,這本書會帶給你正確的 Kotlin Collections 觀念;若您已經是資深 Java/Kotlin 開發人員,您也可以藉此書釐清是否對 Kotlin Collections 有正確的認知、或是與 Java Collections 有何異同之處。

希望閱讀完本書的讀者,都能成為 Kotlin 專家。

上官林傑(*Eric ShangKuan*)

Google 全球開發者計劃台灣香港及南亞區經理

無論你是新手或是老手，**Kotlin** 值得一學

我的職涯以 Java 後端開始，後轉至 Scala，目前則以 Kotlin 為主。在 JVM 上面理論上只要編譯成 Byte Code 都可以相互調用，在蠻早期的時候我便嘗試各種混合開發的風格，像是 Scala 混合 Java、Kotlin 混合 Java 等等。

近幾年 JVM 上最成功的框架 Spring Framework 大幅增加對 Kotlin 的支持，讓它在商用專案的採用度也慢慢提升。如果你是 Java 老手，在非同步和語法特性上面，Kotlin 能讓你的生產力一定程度的上升，我衷心的推薦你。

JetBrains 作為本家的語言，聖佑與我們眾多的夥伴們這幾年陸續開展了一系列活動讓大家可以一起學習 Kotlin。難度有淺有深，領域也遍及後端、手機、資料科學等等。如果之前沒有參加過的新朋友，隨時歡迎加入與我們一同學習。

回到本書的題目，程式語言的日常其實就是處理各式各樣的 Flow，像是使用者互動 Flow、邏輯的 Flow、資料的 Flow 等等。而 Collections 在這幾個 Flow 中都扮演著重要的角色。

如果行有餘力，透過閱讀原始碼深入了解每個資料結構和演算法在每個語言中如何實作是一個充實自己的好辦法。不過時間不夠的話，透過閱讀本書，可以讓讀者快速了解並使用 Kotlin Collections。

同時，將所有的 Collections 的方法一字排開，除了能讓你像是工具書般使用外。也能讓你用一個更高的角度去觀察 Kotlin Collections 站在 Java Collections 巨人肩上的設計巧思。

本書透過合理的難易度安排，由淺入深。另外也透過技法、心法、實戰等面向，從各種角度幫助讀者學習，相信各位都能收穫滿滿。

黃健旻（*Vincent*）
Google 官方認證 Kotlin 技術專家

深入了解 Kotlin Collection 的 Why、How、When

　　各位讀者可能會有個疑問：現在資訊這麼發達，各種函式庫在網路上，都已經有幾乎即時更新的文件了，為什麼還要看一本實體書，來學習 Kotlin Collection 的用法呢？

　　開始看這本書之後，我發現這本書顯然不單是一本用法列舉的工具書，裡面從各種不同角度，對 Kotlin Collection 這個函式庫進行的深入剖析，處處都值得參考及研究。

❑ Why: Kotlin Collection 的設計原則

　　最先感受到的驚喜之處，是本書總結各種方法的設計，歸納出了 Kotlin Collection 在這些設計背後的考量點以及思考方向。

　　比方説，為什麼對一個集合隨機排序時，Kotlin Collection 支援 `shuffle()` 方法，同時也支援 `shuffled()` 方法呢？這兩個方法有什麼不一樣的地方？

　　如果我們要對集合內每個元素進行操作，除了使用 for 迴圈，還可以使用什麼寫法？這些寫法使用的時機又是什麼？

　　本書針對這類課題，不僅僅是條列出了使用的方法，讓讀者從這些方法中進行選擇。還針對了方法背後的邏輯，整理出設計原則。從這些原則中，我們不僅僅可以掌握函式庫的使用方式，還可以更進一步的理解這些方法設計的想法為何。

　　這些原則與觀念，除了適用於 Kotlin Collection 的設計以外，也意外的和許多其他的語言或框架設計上，有異曲同工之妙。對於學習其他語言或框架，甚至對自己設計的專案設計上，都意外的很有幫助。

❑ How: Kotlin Collection 的實作方式

有了設計的想法和邏輯，如果不具備實作這些概念的技術能力，那麼這些架構只能落入空想的階段，沒有辦法成為實際的成品。

在列出設計原則的同時，本書也探索了方法的實作方式，藉由對方法實作程式碼的進一步探討，我們可以看出當初這些方法的撰寫者，如何去實作這些功能，他們撰寫的方式又與我們自己撰寫的方式有哪些異同。

以筆者自己的經驗為例，過去為了想實作出方法串接（Method Chain）的設計架構，在不同寫法的嘗試上犯過很多錯，吃了很多苦頭。所以，在閱讀本書時，看到 Kotlin Collection 裡面針對方法串接的設計方式，以及如何實作時，不禁有種懷念的感覺。

參考函式庫作者的寫法，並利用這些程式碼作為學習範例，讓我們能對 Kotlin 這個語言的使用方式，有著更加深入的掌握和理解。

❑ When: Kotlin Collection 的使用場景

探討每個語法的設計邏輯，以及實作的細節後，本書還列舉了一些實戰案例，讓大家可以掌握遇到真實情況時，如何實際利用 Kotlin 集合支援的功能，簡潔且易懂的撰寫程式碼。

這幾年來，聖佑不遺餘力的推廣 Kotlin 程式語言，讓即便工作上並不是以該程式語言作為主力的我，也感受到他推廣的努力和熱情，並且在合作推廣的過程中，我也被 Kotlin 語言的簡潔和優美深深吸引，重新認識到：原來程式還可以寫得如此好讀好懂，在不同實作方式的選擇上，可以包含這麼多設計的觀念在內。

要寫出簡潔易懂的程式，一直都是有些難度的事情。特別是使用 Kotlin 這麼年輕的語言，在沒有過去經驗的前提下，要找到一條有效的學習路徑，來協助專案的架構設計與撰寫，又是個更加艱難的任務。

　　希望各位讀者都能像我一樣，在閱讀本書的過程中，不只能學到 Kotlin Collection 的用法，還可以感受到 Kotlin 設計的思考脈絡，以及學會更好的使用 Kotlin 這個程式語言，從另一個角度來重溫寫程式的樂趣。

趙家笙（*Recca*）

Taiwan Kotlin User Group 主辦人

不斷琢磨、精練的 **Kotlin Collection** 大全

這是一本以 Kotlin Collection（集合）為主旨的書，書中把集合方法按照種類整理分類，讓讀者能夠輕鬆的查找到適合的集合方法。

初次使用集合時，可能會發現有時候能輕鬆地找到方法來完成我們的目的；有時候感覺合適的方法是多麼的不容易，因為當我們不了解其命名規則時，我們就會被標準函式庫提供大量相似的方法名稱所迷惑，最後可能依然只會使用自己熟悉的那些方法，而不知道有更方便、適合的方法。但在本書中，聖佑細心的依照使用情境、英文詞性來將方法分類，每個方法也提供對應的範例程式碼，讓我們不只可以依照使用情境找到方法，還能夠在找到方法之後，知道其使用方式。

除了單個方法的使用之外，書中還提供類似於真實情境的範例，而這些範例的共同點皆是使用多個集合方法結合在一起完成的。使用串接集合方法的手法完成需求，除了寫出來的程式碼很短、可讀性增加之外，由於是採用更高階的手法完成需求。也可以減少錯誤的發生。

審校的時候，可以感受聖佑對於本書的要求，九大類別的內容絲毫不馬虎，而除了文字內容外，每個方法還附上了一段範例程式，讓讀者除了能讀書上的方法外，也能夠搭配範例程式碼來自行驗證結果。書中的文字是經過技術審校小組不斷的琢磨、校正，目的是希望能帶給讀者正確且易讀的內容，最後誠摯的把此書推薦給每位 Kotlin 開發者，相信讀完這本書的您，一定能夠對 Kotlin 集合方法有著更進一步的認識，在專案中運用不同的方法，提高程式的專業度。

盧韋伸（*Andy Lu*）

Kotlin 讀書會志工

2022 年 6 月

讓你不只學會 Collection，更會活用 Kotlin

先恭喜聖佑本書終於完稿出版了 (歡呼)，幾個月前聖佑問我要不要幫他審書，以為是愚人節的玩笑話，沒想到是真的。聖佑以極為認真、嚴謹的態度看待審校一事，讓我不得不嚴陣以待（又不是我出書，到底在認真什麼 XD）。二個多月來歷經多次修訂審校，終於完工了。從聖佑對本書的脈絡、編排及多次大調整，可以看得出聖佑對技術的考究與品質的堅持。

若只把本書定位在 Collection 的技法和應用，那就太小看此書了。

- Part 1、除了講述 Collection 如何使用外，透過英文時態的分類法，更清楚諸多 Method / Function Extension 適用於哪一種集合、回傳值為何和是否改變原集合。如果你也被眾多雷同的方法名稱搞得一頭霧水，那麼你一定要看這個單元。

- Part 2、帶領讀者知其然也知其所以然，不僅示範如何靈活組合使用，也示範如何使用 Collection 時兼具語意、優雅與執行效能。功能相似的方法，到底用這個好？還是那個好？對效能有什麼影響？如果你有以上疑問，這個單元必看。

- Part 3、更是不容錯過的單元，除了 Collection 實用題，還有如何架設 API 伺服器，對原本就是 Android 開發者而言，乃是一大利器，不僅適用於測試專案，也是引領讀者進入全端的敲門磚。

本書不僅深入講解 Collection 且落實實務應用，只要是 Kotlin 開發者，無論初學或已使用 Kotlin 開發一段時間，本書都非常值得一讀，肯定會帶給你一些新觀念、新想法，推薦給 Kotlin 開發者們。

郭香宜（*Maggie*）
Android & Kotlin Web 開發者
Kotlin 爐邊漫談 Podcast 共同主持人

任何事跨出第一步總會有些害怕，
而本書是帶領你踏入 Kotlin 的最佳敲門磚

試著回答以下幾題常見的面試題目，看看是否能掌握這些細節：

- Collection 有哪四大物件？
- Array 和 List 有什麼區別？
- Map 中的 Map.entry 是什麼？

相信許多初學者，往往具備良好的實作能力，卻不大理解其運作的原理，反正它就會跑；或是想試著了解原始碼，但看到滿滿的英文就覺得眼花撩亂，不知從何下手。這種情況常常會造成我們在 Debug 時不知道錯在哪，特別難受想哭。

假如不大確定以上問題的答案，又或是想深入探究 Collection 背後原始碼的邏輯，這本書真的值得你細細品嚐。

校對期間，最常聽到聖佑對我說：「Tina，在校對時重點要幫我放在程式碼裡所表達出來的意圖，跟書裡在講的內容能不能很容易理解？或是程式碼裡的例子舉得好不好？甚至是變數的命名有沒有問題？」一本值得閱讀的書，核心價值在於作者有能力真正理解事物本質，並用淺顯易懂的方式傳達給讀者，讓讀者有辦法跟著作者的腳步一起成長。

從一開始只是抱著有趣好玩的心態一起想書名，到後來漸漸成為校稿班底，很謝謝聖佑讓我有機會又跨出人生另一個第一步，在校對的過程中，字裡行間都可以深刻地感受到聖佑想帶領大家一同探索 Collection 的熱情。

本書對我而言就像結合食譜書和字典的優勢，讀者不僅可以快速藉由心智圖查到每個方法的使用方式，同時能深入理解其背後實作與命名邏輯。

　　聖佑站在初學者的立場，結合理論與實作，甚至還貼心地提供許多快速記憶小技巧，相信讀完這本書的你一定能收穫滿滿。

林采葶（*Tina*）

Taiwan Kotlin User Group 志工

前言

看工程師寫著密密麻麻近似亂碼的程式碼，總會給外人一種迷幻的錯覺，好像在寫什麼密碼或是下什麼咒語般的神祕。但巷子裡的行家都知道，在開發者的每日工作裡，其實有很大一塊都是在做「資料處理」。從各式各樣的目標來源抓取、截取、爬取資料，接著整理、過濾、轉換其格式，最後輸出成有意義、有系統的資訊。

江湖一點訣，說穿了一點也不神祕。

筆者早期因為要處理動態網站而踏入後端及資料庫等領域，一開始選擇從動態型別的直譯語言（Interpreted Language）入手，那時語言的原始型別（Primitive Type）並不多、標準函式庫也以函式（Function）為主。而在處理資料時，大多習慣性使用 Array 操作，雖然沒有大問題，但總是被函式的參數順序、易讀性及可維護性所困擾。隨著開發經驗的累積，慢慢導入框架工具，開始學習如何使用集合（Collection）物件來操作資料，這才有了資料流串接（Pipeline）的觀念及技巧，開啟筆者使用集合來處理資料的視野。

後來因工作需要而接觸 Kotlin 程式語言，其強型別（Strong Typing）的設計搭配聰明的型別推斷（Type Inference），加上簡潔的語法及豐富的標準函式庫，許多過往經驗都能在 Kotlin 裡看到更優美的實作而深深著迷。隨著筆者陸續舉辦 Kotlin 讀書會、Kotlin 練功場等活動，在這段時間也有幾次分享 Kotlin Script、Kotlin DSL 的經驗，在準備講題的過程中體會到集合是各種進階知識的基石，若能好好運用，操作資料時會更有效率，也能減少很多重複、冗長的工作。

為了持續精進自己對 Kotlin 集合的瞭解，2020 年末以此為主題參加第 12 屆 iT 邦幫忙鐵人賽，有幸得到評審青睞並獲出版機會，這本書即以鐵人賽的內容為基礎重新設計，在結構、敘述脈絡及範例都有大幅度的改寫，希望能幫助更多 Kotlin 開發者成為其深入集合應用的敲門磚。

❏ 本書架構

本書架構共三大部份：技法、心法及實戰。

第一部份「技法篇」會以語法介紹為核心，從集合四大物件 Array、List、Set 及 Map 出發，說明其基本使用方式。接著以食譜書（Cookbook）的方式帶著讀者綜覽 Kotlin 集合方法（Collection Method），筆者會將這些方法依不同目的、特性做分類，從建立（Creation）、取值（Retrieving）、排序（Ordering）、檢查（Checking）、操作（Operation）、分群（Grouping）、轉換（Transformation）、聚合（Aggregation）、轉型（Conversion）等操作逐一以不同章節詳細說明，每一個方法也都有對應的範例程式碼，讀者可以實際看到各方法的使用範例。最後還會提供讀者一張集合方法速查地圖，透過這張心智地圖，方便讀者查詢與記憶這為數眾多的集合方法。

有了語法基礎後，第二部份的「心法篇」將著重於集合的底層實作。筆者會在一問一答的思辯之間，以閱讀標準函式庫原始碼的方式，帶著大家深入了解其實作奧祕，包括泛型（Generic）、Lambda、Extension Function、Inline Function、Infix Function 等，以及各種語法糖（Syntax Sugar）。除了介紹集合常用語法背後的原理外，也會跟讀者討論集合方法在命名時對於時態、詞性的使用邏輯與慣例。最後以一些常與集合併用的組合技，包括 Range、Progression、Sequence 及 Scope Function 等做結尾，期能讓讀者對集合能有更深入的認識。

只有理論是不夠的，唯有搭配實戰才能將知識落實在日常任務裡。第三部份的「實戰篇」會融合筆者的開發經驗匯集成一系列情境題，以類似刷題解題的方式，帶著讀者一起探索如何綜合運用集合功能來面對各種資料處理情境，活用從技法及心法篇學到的知識，並從過程中思考如何用集合來提升程式碼表達力並讓專案更好維護。

❏ 這本書適合誰？

　　本書適合所有對 Kotlin 集合有興趣的開發者，即便您對開發 Kotlin 程式、使用 IDE 及 SDK 不熟悉也不用擔心，本書都有對應的章節可以補齊這些知識。雖然本書範例是以運行在 JVM 平台而設計，但由於語法都沒有超出 Kotlin 標準函式庫的範圍，因此也不限定 Kotlin 開發者的類型，舉凡用 Kotlin 寫後端、行動應用甚至前端、原生開發皆適用。希望透過本書的內容能讓您更聰明地處理資料、寫出更好懂、更好維護的程式，輕鬆掌握 Kotlin 集合的賞玩門道。

❏ 本書編寫慣例

- 翻譯用語

  在解釋技術原理及範例內容時，會提到許多英文技術詞彙。針對不同詞彙本書做以下處理：

  - 本書核心 - 集合四大物件 Array、List、Set 及 Map 統一不翻保持原文。
  - 若該詞彙的中文翻譯已有普遍共識，則在文章裡第一次出現時於中文翻譯後以括號標註英文原文，之後以中文字詞為主。
  - 若該詞彙沒有統一的翻譯或翻譯後難辨識其原意，則在文章裡統一保留英文原文。
  - 本書另附有中英詞彙對照表於附錄，供讀者參考。

- 提示框

  若要補充段落裡提到的進階內容，或是提示故障排除的方法時，筆者會另以提示框的方式標記註解。若您想要了解更多進階技巧，或是跟著書中範例練習時發生問題，可以參考提示框裡的資訊。

- 範例程式碼

  書中範例程式碼會以 JetBrains Mono[1] 等寬字型及灰底區塊呈現，部份章節為節省篇幅，範例內的程式碼會依照敘述脈絡精簡呈現。若需取得本書完整範例程式碼，可至本書官網範例下載頁 https://collection.kotlin.tips/sample 取得。

❏ 勘誤

技術更新日新月異，即便筆者在撰寫過程已盡力校對，並成立技術審校小組協助找出書中可能的錯誤，但仍無法保證做到完美。若您在閱讀本書的過程中發現任何錯誤，可直接以 Email <shengyoufan@gmail.com> 與筆者聯絡，我會將勘誤公佈在本書官網讓讀者取得修正後的正確內容。

❏ 致謝

本書得以完成需要感謝許多人。首先要感謝 iT 邦幫忙鐵人賽主辦單位每年舉辦鐵人賽，除了每年都能獲得歷練自己的機會外，還能有幸出版書籍。同時要感謝博碩文化團隊的 Abby 不辭辛勞照顧我這種新手作者，並體諒過程中的寫作低潮。也感謝我的編輯小 P 在出版過程中的耐心，以及對各細節的把關和協助，讓本書的品質能符合彼此的期待。再來要感謝我的好朋友們 — Google DevRel 上官林傑、Kotlin GDE 黃健旻、Taiwan Kotlin User Group 主辦人趙家笙百忙之中為我撰文推薦。

我想特別感謝一路以來力挺我的技術審校小組 — Andy、Maggie 及 Tina，長達數月的審校工作就像跑馬拉松，除了要把本書讀好幾遍外，還要驗證所有範例（他 / 她們是最熟本書內容的讀者了 :p ），工作量可想而之。感謝三位不辭辛勞的付出，讓這本書能呈現出最好的樣子。

當然還要感謝我在 JetBrains 的同事，包括我的直屬老闆 Hadi Hariri、Kotlin 傳教士團隊 Svetlana Isakova、Sebastian Aigner、Anton Arhipov、Ekaterina Petrova、Pasha Finkelshteyn 以及 Package Search 團隊 Sebastiano Poggi、Jakub Senohrábek、Lamberto Basti，除了給我很大的空間嘗試外，也在範例上提供我靈感。

最後當然要感謝整個 Kotlin 社群的朋友們，大夥從舉辦讀書會、練功場、Meetup 及參與各式演講、研討會、鐵人賽建立起深厚的革命情感，推廣一個程式語言需要大家的支持與幫忙，謝謝您們！

目錄

02 心法篇

03 實戰篇

技法篇

　　寫程式就像廚藝一樣，在煮出一道美味的佳餚之前，必須先認識各種食材、對營養學等基礎知識有一定程度的了解，打好基礎才能更上層樓。

　　本書的第一部份「技法篇」會先以 Kotlin 集合的語法為核心，介紹其四大物件的基本使用方式，接著建立練習用的範例專案，並透過九個章節把集合可以使用的方法，地毯式掃描一遍。目標不是要大家把所有方法全背起來，而是讓讀者「知道」集合有哪些方法可以用，以便在實作遇到類似的情境時能「想起來」有這些招數可以使。

　　為了達成這個目的，這些章節會設計的像食譜書一樣，透過**目的**及**特性**做兩層分類，逐一展示每一個集合方法的核心用法。最後，筆者會將這些方法整理成一張速查地圖並標註方法對應的章節，在閱讀後續心法及實戰章節時，若覺得對該方法不夠熟悉，可再跳回對應的章節複習，多來回幾次可加深印象、強化記憶。

1-1 集合四大物件

　　想像一下自己在整理房間的情境，通常在整理東西的時候，我們會拿有格子的容器，把同類型的東西一格一格的放好，方便我們儲存、排列或抽換。把這樣的概念對比到寫程式也是類似的，以一個活動報名系統為例，裡面儲存的就是參與者（姓名、電話、Email）的報名資料，這種資料類型就是我們定義的型別（Type），而把這些相同資料類型的物件儲存在同一個容器裡，就是程式語言裡所謂的集合（Collection）。當我們用程式來整理資料時，也會用整理房間同樣的策略，把相同類型的物件放在同個容器裡的不同儲存格裡，接著就可以依照業務需求來操作這些資料，包括排序、統計、過濾、分群、搜尋…等。

　　Kotlin 團隊在語言設計之初，就將 Kotlin 語言裡的一切設計成物件，並把集合相關的程式碼都放在 **kotlin.collections** 的套件（Package）中。集合也不只是拿來儲存資料，還可以透過其屬性及方法做很多額外的處理來滿足任務需求。針對不同的使用情境與目標，Kotlin 共有四種不同的集合類別供我們使用：Array、List、Set、Map。

　　在這個章節裡，我們將綜覽集合四大物件的基礎語法。

1-1-1 Array

　　我們從 Array 開始，它是 Kotlin 集合裡最簡單的結構，其概念及用法在各程式語言裡也幾乎是相通的。Array 是一個用來裝資料的有序結構，我們在使用前要先宣告 Array 的尺寸（或稱大小、長度）以及放入元素的型別，Array 會為這個容器裡的每一格標上編號，這個編號稱為索引（Index），每一格裡放入的物件我們稱為元素（Element 或 Item）。由於電腦底層設計的原因，索引一律從 0 開始計算，每增加一格，索引就往上加 1，以此類推。

　　Array 本身是一個固定尺寸（靜態）的容器，一經宣告後就無法再改變它的
大小。想像一下電腦的記憶體裡有十個格子可以裝資料，當我們在程式裡宣告一
個可以放五個整數（Int）的 Array 時，電腦就會從記憶體裡把其中五格劃分為這
個 Array 的專屬空間。這時我們就沒有辦法從 Array 裡新增或刪除內容，因為電
腦已經在記憶體裡把這五格固定綁在一起，但我們可以從這五格裡取出其中的內
容或是更換放在裡面的元素。換句話說，Array 的尺寸是不可變（Immutable）
但內容是可變（Mutable）的。

❏ 建立 Array

　　要宣告一個 Array 很簡單，Kotlin 標準函式庫提供 **arrayOf()** 函式，直接
宣告放入的型別以及傳入想要儲存在 Array 裡的元素就可以建立對應型別、尺寸
的 Array。

```
val numbers = arrayOf<Int>(1, 2, 3, 4, 5)
```

　　這段程式碼可拆解成幾個部份的資訊：

- 建立名為 **numbers** 的 Array。
- Array 裡元素的型別是 Int。
- 把 1、2、3、4、5 放進 Array 裡。
- Array 尺寸是五格。

　　也就是說，我們建立了一個裝著五個整數型別的 Array，裡面的內容分別是
1、2、3、4、5。

　　輸入完這段程式碼後，您會發現 IntelliJ IDEA 把型別宣告的部份標記成灰色，
意思是我們可以省略型別宣告。這是為什麼呢？因為 Kotlin 編譯器會直接從我們
放進 Array 的元素來做型別推斷，假如我們在 **numbers** 按下 ⌥+↵（macOS）或
Alt+Enter（Windows/Linux）並選擇「**Specifiy type explicitly**」，IntelliJ IDEA 就
會依據 Kotlin 編譯器的資訊將其宣告為 **Array<Int>**。

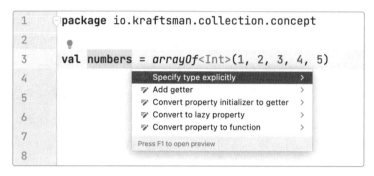

圖 1-1-1　使用 IntelliJ IDEA 自動產生型別宣告

　　換句話說，當我們用 **arrayOf()** 函式建立 Array 時，若有宣告放入的元素，就可以省略型別宣告，靠編譯器型別推斷的能力來省下一些程式碼。若我們在建立 Array 時，想直接指定其尺寸並填入預設內容的話，可以改用物件實例化的語法，比方說我們要宣告一個內含五個 **a** 字元的 Array，可以這樣寫：

```
val arrayOfFiveA = Array(5) { 'a' }
```

　　雖然在宣告時有傳入元素就可以依賴型別推斷，但假如 Array 是空的，就沒有可以推斷型別的依據，這時型別宣告就變成必要的。所以要宣告空的 Array 時，有以下幾種寫法：

```
val emptyArrayUsingArrayOf = arrayOf<Int>()
// 型別是 Array<Int>

val emptyArrayUsingEmptyArray = emptyArray<Int>()
// 型別是 Array<Int>

val emptyArrayOfNull = arrayOfNulls<Int?> (5)
// 型別是 Array<Int?>
```

　　一般來說，Array 只會放入相同型別的元素，若原本 Array 宣告是放 **Int**，但您試圖把其中的元素換成 **String** 的話，IntelliJ IDEA 馬上就會出現紅色波浪線錯誤，程式碼也是無法通過編譯器的。不過，假如您是在宣告 Array 的時候就傳入不同型別的元素，雖然程式不會出錯，但 Array 就會被宣告成 **Array<out Any?>** 型別，失去在集合裡放相同型別元素的初衷，也同時失去編譯器能幫忙揪錯的好處。

```
val mixedArray = arrayOf(1, 2, "Hello", null)
// mixedArray 的型別是 Array<out Any?>
```

從 Java 轉換過來的開發者可能會想使用原始型別的 Array。假如程式的目標平台是 JVM，想要使用 Java 的原始型別，Kotlin 標準函式庫也提供了 **intArrayOf()**、**booleanArrayOf()**、**floatArrayOf()**、**doubleArrayOf()** 等函式，方便我們建立 Java 原始型別的 Array。以 **intArrayOf()** 為例，建立出來的 Array 會以 **int[]** 實例化。

```
val intArray = intArrayOf(1, 2, 3, 4, 5)
val booleanArray = booleanArrayOf(true, false, false, true, true)
val floatArray = floatArrayOf(1.1F, 2.2F, 3.3F, 4.4F, 5.5F)
val doubleArray = doubleArrayOf(1.1, 2.2, 3.3, 4.4, 5.5)
```

❏ 使用 Array

建立出 Array 後，Kotlin 也提供了一系列操作 Array 的方法。如同前面所提，Array 裡的每一個元素都有對應的索引，當我們要從 Array 取出資料時，就得依賴索引來定位元素在 Array 裡的位置。在以索引取值時，可以在變數名稱後面用中括號包住索引值（**[index]**）的方式取出。由於索引的設計是從 0 開始計算，所以要取出 Array 裡第一個元素的方式就是 **[0]**、第二個元素就是 **[1]**，以此類推。

```
val numbers = arrayOf(1, 2, 3, 4, 5)
numbers[0] // 1
numbers[1] // 2
```

　　不過在使用索引取值的時候要注意，以前面這段程式碼為例，索引的值只能在 0 到 4 之間，若傳入大於等於 5 或負數，則程式執行時就會拋出名為 **ArrayIndexOutOfBoundsException** 的例外。

　　除了直接指定索引來拿出 Array 裡的元素外，假如我們想查看 Array 裡有哪些元素，可能會直覺的用 **println()** 印出，但實際試過的讀者會發現，印出來的結果會類似 **[Ljava.lang.Integer;@6bc7c054**，而不是我們想要的 **[1, 2, 3, 4, 5]**。

　　這是因為 Array 本身是一個物件，所以直接把它拿去 **println()** 的話會印出它的類別名稱及雜湊值（Hash Code）。假如要把它的內容印出來的話，我們得用迴圈一個一個印出來。

```kotlin
val numbers = arrayOf(1, 2, 3, 4, 5)

for (element in numbers) {
    println(element)    // 會一行一行印出 1 2 3 4 5
}
```

　　Kotlin 是以物件來實作 Array，所以物件本身就有許多屬性（Attribute）及方法（Method），這些屬性和方法都可以透過點運算子（Dot operator）呼叫，比方說我們想知道 Array 的長度，可以呼叫 **size** 屬性，或是 **count()** 方法都可以取得一樣的結果。

```kotlin
numbers.size        // 5
numbers.count()     // 5
```

　　集合裡有大量的方法可供我們使用，這邊只列出幾個跟取資料和計算有關的方法做範例。

```kotlin
numbers.first()     // 取出第一格資料
numbers.last()      // 取出最後一格資料
```

```
numbers.sum()              // 計算 Array 裡所有數字的總和
numbers.average()          // 計算 Array 裡所有數字的平均值
```

以印出內容為例，我們可以用 **forEach()** 將 Array 裡的元素逐一取出，再搭配 **println()** 將內容印在畫面上，語法與 **for** 迴圈非常類似。

```
numbers.forEach { println(it) }
```

forEach() 接受一個匿名函式（沒有函式名稱的函式，也稱 Lambda，符號記作 λ），這個匿名函式會逐圈拿到 Array 裡的每一個元素，並放入一個暫存變數 **it** 裡，我們可以設計函式裡的動作，比方說 **println()**，這樣就能得到跟使用 **for** 迴圈一樣的結果，而且程式碼行數更短！

除了用迴圈逐一取出元素印在畫面上外，標準函式庫也為 Array 物件設計了一個 **contentToString()** 方法讓我們可以直接將 Array 裡的內容印成一行字串。

```
numbers.contentToString() // [1, 2, 3, 4, 5]
```

關於更多集合方法的使用、傳入匿名函式的設計原理等，在本書第二部份的心法篇會做更詳細的介紹。

1-1-2 List

List 可以視為更好用的 Array，許多特性皆與 Array 相同。它們的資料結構都是像有格子的容器，可以用來裝相同型別的元素，且允許元素重覆出現。List 中的元素同樣也是使用索引記錄其順序，換言之，它是一種有序集合，順序對它來說是重要的。有別於 Array 無法變更尺寸但可以變更內容，List 則是分成兩種類型，一種是尺寸與內容都不可變的 **List**、另一種則是尺寸與內容都可變的 **MutableList**。

對於電腦來說，List 可以視為動態版的 Array，所謂的動態是指它可以把 List 裡的每一個元素分配在任何一個空的記憶體空間裡，也因為可以把元素分散儲存在記憶體的空白位置，在操作一個具有大量資料的 List 時也變得很有彈性。實務上在處理資料時，List 非常好用！

☐ 建立 List

宣告 List 很簡單，Kotlin 標準函式庫提供了兩個函式分別以 **listOf()** 建立不可變的 **List**、以 **mutableListOf()** 建立可變的 **MutableList**。

```
val listOfNumbers = listOf(1, 3, 5, 7, 9)
val mutableListOfNumbers = mutableListOf(2, 4, 6, 8, 10)
```

以這段程式碼來說，**listOfNumbers** 的尺寸和內容都沒辦法修改，而 **mutableListOfNumbers** 則是尺寸和內容都可以修改。透過編譯器的型別推斷，**listOfNumbers** 的型別就會是 **List\<Int\>**、**mutableListOfNumbers** 的型別則是 **MutableList\<Int\>**。一般來說，List 跟 Array 一樣會用來放相同型別的資料。

List 也和 Array 一樣可以用物件實例化的語法，一樣傳入 List 尺寸及產生預設值的匿名函式即可。匿名函式會拿到 List 裡的索引，我們可以拿來做運算。舉例來說，要宣告一個尺寸為三，內容是用索引乘以二的 **List**、或是要宣告一個尺寸為五，內容是 **b** 字元的 **MutableList** 的寫法如下：

```
val listOfA = List(3) { it * 2 }           // [0, 2, 4]
val mutableListOfA = MutableList(5) { 'b' }  // [b, b, b, b, b]
```

另外，我們還可以用 **builder*** 系列的函式來建立 List。一樣可以傳入匿名函式做為產生 List 內容的邏輯，匿名函式會拿到一個 **MutableList**，我們可以使用其身上的方法（如 **add()** 或 **addAll()**）來放入內容，在運算時可以有更多的彈性，編譯器一樣會自動計算最後 List 裡的元素數量及型別來推斷變數的型別，最後回傳不可變 List 的結果。

```
val listByBuilder = buildList {
    add('a')
    addAll(listOf('b', 'c'))
    add('d')
}
// listByBuilder 內容為 [a, b, c, d]，型別為 List<Char>
```

List 是可以接受元素為 Null 的，若在建立 List 的時候就有放入值為 Null 的元素，則型別就會是 Nullable 的類型。假如在建立 List 時，其元素來源可能有 Null，想要把這些 Null 值在放入時就過濾掉，則可以用 **listOfNotNull()**，此函式會自動把所有 Null 的內容去掉，並回傳一個不可變 List。

```
val notNullList = listOfNotNull(1, null, 2, null, 3, null)
// [1, 2, 3]
```

若要宣告一個空的 **List** 或 **MutableList**，則有以下幾種不同的寫法：

```
val emptyList = listOf<Int>()
val emptyMutableList = mutableListOf<Int>()
val emptyListByEmptyList = emptyList<Int>()
```

List 一樣也可以在宣告的時候放入不同型別、甚至是 Null，但回傳的型別就會是 **List<Any?>**，不過若沒有特殊需求，千萬別這樣做，遲早會整到自己。

❏ 使用 List

放進 List 裡的元素也一樣會以索引定位，因此當我們把資料放進 **List** 或 **MutableList** 後，我們一樣可以用中括號加上索引（**[Index]**）來取出 List 裡面的值。

```
val listOfNumbers = listOf(1, 3, 5, 7, 9)
listOfNumbers[0] // 1
```

除了用中括號語法外，也可以用方法來取出資料，比方説 **getOrNull()** 方法，傳入的參數就是索引。函式會回傳指定索引的元素，若索引不存在的話會回傳 Null。

```
val listOfNumbers = listOf(1, 3, 5, 7, 9)
listOfNumbers.get(1) // 3
listOfNumbers.getOrNull(10) // null
```

其實除了 **getOrNull()** 方法以外，標準函式庫提供了大量的方法可以用來取出集合裡的單值或區段，這部份會在後續章節詳細介紹。另外，List 也可以放進 **for** 迴圈來印出所有元素。

```
for (item in listOfNumbers) {
    println(item) // 一行一行印出 1 3 5 7 9
}
```

不過若我們用 **println()** 把 List 印出，您會發現與 Array 不同，**println()** 可以直接把 List 裡的元素逐一印出，這是因為 List 物件在標準函式庫裡有實作 **toString()** 的行為，預設會用逗點及中括號把元素組成字串回傳。

```
println(listOfNumbers) // [1, 3, 5, 7, 9]
```

在用 **for** 迴圈時，若有需要取得元素的元素，可以在把 List 放入 **for** 迴圈時，呼叫 List 的 **withIndex()** 方法，然後在 **for** 迴圈裡用解構（Destructuring）語法把索引與元素分別存入對應的暫存變數裡。

```
for ((index, item) in listOfNumbers.withIndex()) {
    println("$index: $item")
}
```

List 有豐富的屬性及方法來取得 List 的資訊或做資料處理，也可以用 **forEach()** 來改寫用 **for** 迴圈的語法：

```kotlin
val listOfNumbers = listOf(1, 3, 5, 7, 9)

listOfNumbers.size                      // 以屬性取得 List 的尺寸
listOfNumbers.count()                   // 以方法取得 List 的尺寸

listOfNumbers.first()                   // 取出 List 裡的第一個值
listOfNumbers.last()                    // 取出 List 裡的最後一個值

listOfNumbers.sum()                     // 取出 List 裡數字的總和
listOfNumbers.average()                 // 取出 List 裡數字的平均值

listOfNumbers.forEach { println(it) }   // 一行一行印出 1 3 5 7 9
```

若使用 **forEach()** 時也希望能像 **for** 迴圈一樣取得索引，則可改用 **forEachIndexed()**，在匿名函式裡就可以分別取得索引及元素的暫存變數做處理。

```kotlin
listOfNumbers.forEachIndexed { index, item →
    println("$index: $item")
}
```

順道一提，解構語法不僅能用在迴圈取索引和元素時可以使用，List 裡的內容也可以直接解構並宣告到變數裡使用。

```kotlin
val (one, two, three) = listOf(1, 2, 3)
// one 是 1
// two 是 2
// three 是 3
```

因為 List 是不可變的，若是試著修改 List 裡的值會發現 IntelliJ IDEA 會出現錯誤警告。要注意只有 **MutableList** 才可以動態變更其尺寸及內容。

```
mutableListOfNumbers[0] = 1     // 把 Index 0 的內容變成 1
mutableListOfNumbers.add(12)    // 把 12 加進 List 裡
// mutableListOfNumbers 變成 [1, 4, 6, 8, 10, 12]
```

實驗一下會發現，List 這個資料結構是允許資料重複的。假如您的開發情境是不允許集合內有重複元素的話，可以使用接下來介紹的物件 - Set。

```
val duplicateElementInList = listOf(1, 1, 2, 2, 3, 3)
println(duplicateElementInList) // [1, 1, 2, 2, 3, 3]
```

1-1-3 Set

雖然 List 比 Array 更具彈性，可以明確地依需求選擇使用不可變的 **List** 或可變的 **MutableList**。但 List 的資料結構是允許重複的，假如在儲存如會員名單這種不能重複的資料時，List 就沒辦法滿足開發需求，這時就是使用 Set 的時機了。

Set 跟以上兩種集合物件相同，也是一種可以儲存元素的容器，但與 Array、List 不同之處有兩個：第一，Set 並不是靠索引來放置元素，而是靠元素的雜湊值，也就是說在 Set 裡並沒有索引，元素間的順序也沒有意義。第二，Set 也會用雜湊值來識別容器裡各元素的唯一性，也就是說其內部會自動比對放入元素的雜湊值來過濾重覆的資料，當加入一個重覆的元素進去時，新的資料會取代舊的資料。

總括來說，Set 並不在意存入資料時的順序，只在意存入的資料是不是唯一，其餘特性跟 List 相同。

❏ 建立 Set

如同 List 設計，Set 也有可變及不可變兩種，標準函式庫依照慣例提供 **setOf()** 用來宣告不可變的 **Set**、**mutableSetOf()** 用來宣告可變的 **MutableSet**。

```
val setOfNames =
    setOf("Jim", "Sue", "Sue", "Nick", "Nick") // Jim, Sue, Nick
val mutableSetOfNames = mutableSetOf("Jim", "Sue", "Sue", "Nick",
    "Nick") // Jim, Sue, Nick
```

透過 Kotlin 的型別推斷，上面範例中的 **setOfNames** 的型別就會是 **Set<String>**，**mutableSetOfNames** 的型別則會是 **MutableSet<String>**。稍微留意一下這段程式碼，您會發現雖然初始化的時候傳入了五個名字，但最終只有三個元素被存在 Set 裡，這是因為其中重覆的元素會自動被 Set 過濾掉。

Set 一樣也可以用 **builder*** 函數建立，也可以用 **setOfNotNull()** 過濾 Null 值，也可以在宣告的時候放入混合型別的物件。

```
val setByBuilder = buildSet {
    add(1)
    addAll(listOf(2, 3))
    addAll(listOf(3, 4, 5))
    add(4)
} // [1, 2, 3, 4, 5]

val notNullSet = setOfNotNull(1, null, 2, null, 3, null)
// [1, 2, 3]

val mixedSet = setOf(1, 2, "Hello", null)
// mixedSet 的型別是 Set<Any?>
```

同樣可以使用以下幾種寫法來宣告空的 **Set** 或 **MutableSet**：

```
val emptySet = setOf<Int>()
val emptyMutableSet = mutableSetOf<Int>()
val emptySetByEmptySet = emptySet<Int>()
```

❏ 使用 Set

雖然 Set 裡面存放的元素是無順序的，也沒有索引的設計（或是說雜湊值就是該物件的索引），所以理論上我們沒有辦法用索引來取出其中的元素。不過，標準函式庫設計了一個類似 List 的 **get()** 方法叫 **elementAt()**，讓我們一樣可以用索引的方式來取出 Set 裡的元素。

```
val setOfNames = setOf("Jim", "Sue", "Sue", "Nick", "Nick")
setOfNames.elementAt(0) // Jim
```

用 **for** 迴圈或 **forEach()** 來取出所有資料也跟 Array 或 List 的方法是一樣的。

```
for (name in setOfNames) {
    println(name) // 一行一行印出 Jim Sue Nick
}

setOfNames.forEach { println(it) }
// 一行一行印出 Jim Sue Nick
```

Set 的屬性及方法也都與 List 類似。

```
val setOfNames = setOf("Jim", "Sue", "Sue", "Nick", "Nick")

setOfNames.size       // 3
setOfNames.count()    // 3

setOfNames.first()    // Jim
setOfNames.last()     // Nick
```

1-1-4 Map

有別於以上幾種集合物件，Map 是用來儲存成對元素的資料結構，每一個存入的 Value 都配有一個唯一的 Key。由於 Map 在 Key 的儲存是用 Set 實作，所以 Key 一定會對應到一個 Value 且不可重複，而 Value 則無此限制。

Map 的 Key 和 Value 可以依需求放入任何型別，但所有的 Key 一定要是相同型別、Value 的型別也必需統一，不過 Key 與 Value 的型別可相同也可不同。由於 Map 很適合拿來儲存資料之間的關聯，因此在一些程式語言裡，Map 這樣的資料結構也被稱為字典（Dictionary）。尤其當我們在紀錄像 ID 與名字這種對應資料時特別好用，不僅電腦可以拿 Key 做為搜尋時的唯一值，對人類來說有識別字串會較具語意且方便記憶。

❑ 建立 Map

Map 一樣有可變與不可變兩種，按照標準函式庫的慣例，宣告不可變的 **Map** 用 **mapOf()**、宣告可變的 **MutableMap** 則用 **mutableMapOf()**。

```
val mapOfFruit = mapOf("Apple" to 7, "Banana" to 5, "Orange" to 7)
val mutableMapOfFruit =
    mutableMapOf("Apple" to 7, "Banana" to 5, "Orange" to 7)
```

在這個初始化的程式碼裡，我們使用 **to** 來配對 Key 與 Value。透過編譯器的型別推斷，**mapOfFruit** 的型別就會是 **Map<String, Int>**、**mutableMapOfFruit** 的型別則是 **MutableMap<String, Int>**。

在這段範例裡，儲存在 Map 裡的其實就是一組一組水果與數字的配對結構，所以我們也可以用 **Pair** 類別改寫成以下這樣：

```
val mapOfFruitByPair = mapOf(
    Pair("Apple", 7),
    Pair("Banana", 5),
```

```
    Pair("Orange", 7)
)

val mutableMapOfFruitByPair = mutableMapOf(
    Pair("Apple", 7),
    Pair("Banana", 5),
    Pair("Orange", 7)
)
```

Map 也有對應的 **builder*** 函數，在匿名函式裡可以用 **put()**、**putAll()** 等放入元素。Map 是依靠 Key 當做索引且不可重覆，若放入的元素有重覆的 Key，則後放入的元素會取代原本的元素。

```
val mapByBuilder = buildMap {
    put("Banana", 5)
    putAll(
        mapOf(
            "Apple" to 7,
            "Banana" to 5,
            "Orange" to 7,
        )
    )
    put("Apple", 100)
}
// {Banana=5, Apple=100, Orange=7}
```

若需要建立空的 Map，可以用以下幾種宣告方式：

```
val emptyMap = mapOf<String, Int>()
// 型別是 Map<String, Int>

val mutableEmptyMap = mutableMapOf<String, Int>()
// 型別是 MutableMap<String, Int>
```

```
val emptyMapByEmptyMap = emptyMap<String, Int>()
// 型別是 Map<String, Int>
```

由於要指定 Map 裡 Key 及 Value 各自的型別,在 <> 裡就要用逗號分別指定兩者的型別。這段程式碼指名了 Key 會是字串型別而 Value 會是整數型別。

❑ 使用 Map

雖然 Map 沒有索引的設計,但其實 Map 的 Key 就可以拿來當做索引使用,我們可以直接用 Key 放入中括號來取出對應的 Value。

```
mapOfFruit["Apple"]                     // 7
```

Map 也提供眾多方法可以讓我們取值,如 **getValue()** 可以傳入 Key 回傳 Value,又或者 **getOrDefault()** 可以傳入 Key 及預設值,若 Key 不存在時就會以預設值回傳。

```
mapOfFruit.getValue("Apple")     // 7
mapOfFruit.getOrDefault("Apple", 0)  // 7
```

Map 一樣可以用 **for** 迴圈或是 **forEach()** 把所有元素取出,不過跟其他集合物件不同,因為 Map 裡的每一組元素是 Key 及 Value 的配對,在迴圈裡會以 **Map.Entry** 重現,我們可以視情境再用 **.key** 及 **.value** 各自取出。另外,Kotlin 也支援在迴圈取出時,直接以解構語法實例化成兩個暫存變數分別操作。

```
for (fruit in mapOfFruit) {
    println("${fruit.key}: ${fruit.value}")
}

for ((key, value) in mapOfFruit) {
    println("$key: $value")
```

```
}

mapOfFruit.forEach { println("${it.key}: ${it.value}") }

mapOfFruit.forEach { (key, value) →
    println("$key: $value")
}

// 以上 4 種方式都會逐行印出 Apple: 7, Banana: 5, Orange: 7
```

若是 **MutableMap** 的話，我們可以透過 Key 來修改其 Value，直接把 Key 放入中括號並搭配賦值的語法就可以更新 Map 裡的內容。若要新增元素進 Map，則可以用 **put()**，並指定其 Key 與 Value。

```
mutableMapOfFruit["Apple"] = 100
mutableMapOfFruit.put("Grapes", 200)
// mutableMapOfFruit 變為 {Apple=100, Banana=5, Orange=7, Grapes=200}
```

Map 一樣也有許多屬性和方法可以用來做資料處理，不過因為 Map 的資料結構與其他集合物件明顯不同，所以有些在 Array、List 或 Set 身上有的方法在 Map 就不見得存在，在使用時要稍微注意！比方說，與前面的範例相比，Map 就沒有 **first()** 或 **last()** 等方法。

```
val mapOfFruit = mapOf("Apple" to 3, "Banana" to 5, "Orange" to 7)

mapOfFruit.size      // 以屬性取得 Map 的大小
mapOfFruit.count()   // 以方法取得 Map 的大小

mapOfFruit.keys      // 以屬性取得 Map 的所有 Key
mapOfFruit.values    // 以屬性取得 Map 的所有 Value
```

1-1-5 四大物件綜合比較

一次看完 Kotlin 集合的四大物件後，是不是對它們之間相似又有點不同的特性覺得有點混淆呢？在這邊筆者快速重點回顧這四個物件的特色：

❑ Array

- 無法變更尺寸，一經宣告容量即固定的靜態容器。
- 只能存放相同型別的元素，可以變更內容。
- 以索引排序。
- 內容元素可以重複。

❑ List

- 有可變及不可變兩種。
  - `List` 內容不可變，一經宣告變無法更新內容。
  - `MutableList` 內容可變，可以使用如 **add()**、**remove()** 等方法修改 List 裡的內容。
- 以索引排序。
- 內容元素可以重複。

❑ Set

- 有可變及不可變兩種。
  - `Set` 內容不可變，一經宣告變無法更新內容。
  - `MutableSet` 內容可變，可以使用如 **add()**、**remove()** 等法修改 Set 裡的內容。
- 元素間沒有順序。
- 以雜湊值識別元素唯一性，內容不可重複。

❑ Map

- 有可變及不可變兩種。
  - **Map** 內容不可變，一經宣告變無法更新內容。
  - **MutableMap** 內容可變，可以使用如 **put()**、**remove()** 等法修改 Set 裡的內容。
- 適用於儲存 Key/Value 配對型資料。
- Key 就是索引，元素間沒有順序。
- Key 具唯一性，但值則允許重複。
- Key 必須是相同型別、Value 也得是相同型別，但 Key 與 Value 可分屬不同型別。

把三個重點特性整理成表格後，相信更有助於記憶和背誦：

物件	是否有序？	是否唯一？	儲存內容
Array	是	否	元素
List	是	否	元素
Set	否	是	元素
Map	否	Key 是、Value 否	Key/Value 配對

實務上在選擇物件時的心法，大多會先從不可變的 List 開始使用，即便需要修改排序、轉換、計算…等，也大多透過眾多的集合方法完成，真的有需要修改原始 List 內容時，還可以透過 **toMutableList()** 做轉型。除非一開始就確定會修改 List 內容，不然使用 List 即可滿足大部份的需求。

若需要限制元素不能重複，就使用 Set；若是對照表（Lookup Table）的結構，就使用 Map；若想要較輕量、原始型別的集合，就用 Array。抓緊每個物件最重要的特性，掌握好決策模型，就能在正確時機使用適合的物件喔！

1-2 探索集合方法的前置工作

還記得筆者剛開始學習 Kotlin 時,對於集合方法仍很陌生,為了追根究柢,理所當然的查起集合套件的官方文件,這才發現 Kotlin 標準函式庫非常完整,光是內建的集合方法就有上百個,毫不誇張!

由於數量如此龐大,一開始常在英文單字間掙扎,抓不到如 **map()**、**filter()**、**reduce()** 等方法的使用時機與訣竅。後來無意間在網路上看到許多人轉發的這段以表情符號解釋 JavaScript 集合方法後,才如同被點醒般的開始掌握集合方法的竅門。

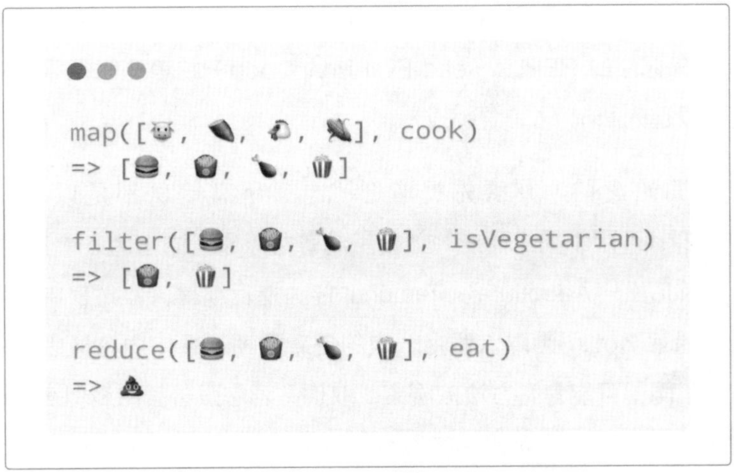

```
map([🐮, 🦐, 🐟, 🍗], cook)
=> [🍔, 🍚, 🍤, 🍖]

filter([🍔, 🧁, 🍤, 🍖], isVegetarian)
=> [🧁, 🍖]

reduce([🍔, 🧁, 🍤, 🍖], eat)
=> 💩
```

圖 1-2-1　以表情符號解釋集合方法

> 💡 **提示**
>
> 請注意!這段程式碼是虛擬碼(Pseudocode),主要用於概念解釋,在程式裡這樣寫是跑不出這種結果的喔!

有了這段經歷，這才意識到學習集合的最佳方式，就是要**先用全局視角綜覽方法的用途並分類**，接著去**了解各方法名稱裡英文詞彙的意義及變化形**，搭配**大量的範例來了解實際效果**，對學習集合有絕對的幫助。因此筆者參考了 Kotlin 官方文件及網路上不同作者的詮釋，融合自身的理解及使用習慣，將集合方法分成九大類別，包括建立（Creation）、取值（Retrieving）、排序（Ordering）、檢查（Checking）、操作（Operation）、分群（Grouping）、轉換（Transformation）、聚合（Aggregation）、轉型（Conversion），其下再依關鍵字分群做地毯式的搜索與整理，從這個章節起，就要帶著讀者一同踏上探索集合方法的旅程。

而在正式進入技法之前，筆者會先示範如何建立本書的練習專案。這個過程並不複雜，但卻是練習使用 IntelliJ IDEA、組織專案架構及寫程式碼前最好的熱身運動，並在接下來的步驟裡練習使用 Kotlin Worksheet [1] 的功能，方便在練習操作集合時有更快的 REPL（Read-Eval-Print-Loop）驗證測試循環，後續在實戰時會更容易進入狀況。

在我們開始之前，必須先提醒您，本書所有範例都是以 IntelliJ IDEA Ultimate 2022.1.* 版本編寫而成，並使用成書之際最新的 Kotlin 1.7.* 搭配 LTS 版本的 OpenJDK － Adoptium[2]（Temurin 17）進行編譯。雖然書中皆以最新版本示範，但隨著 Kotlin 團隊六個月一次的更新週期，書中內容勢必會隨著版本更迭而有所不同，可能會有方法被廢棄或取代。若您跟著書中範例練習時發現結果不一樣，請先檢查一下您使用的工具、SDK 版本是否與本書相同，或是查看 Kotlin 官方文件，確認該範例使用的方法是否有變更。

以下步驟會假設您已經安裝好 IntelliJ IDEA 及 JDK，若您還沒設定好，請先參考本書附錄建立開發環境。

1-2-1　建立練習專案

圖 1-2-2　IntelliJ IDEA 歡迎畫面

首先開啟 IntelliJ IDEA，並在歡迎畫面上點選 **New Project** 按鈕後進到下一步。

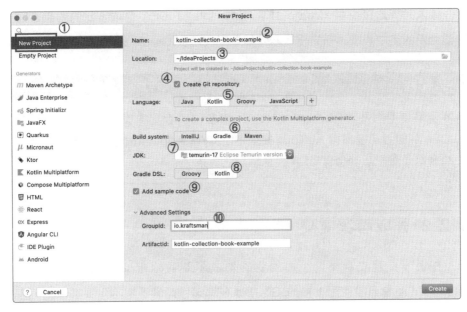

圖 1-2-3　新建專案設定

在 New Project 視窗裡依據以下條件設定：

1. 最左邊的專案樣板裡選擇 **New Project**（新專案）。
2. **Name**（專案名稱）可依自己的喜好命名，或按本書慣例設定成 **`kotlin-collection-book-example`**。
3. 依自己的喜好選擇 **Location**（專案存放位置），或依 IntelliJ IDEA 慣例放在 **`~/IdeaProjects/`** 底下。
4. 勾選專案建立時一併初始化 Git Repository。
5. 選擇專案使用語言為 Kotlin。
6. **Build System** 請選擇 Gradle。
7. **JDK** 選擇本機安裝的 Temurin 17 版。
8. **Gradle DSL** 選擇 Kotlin DSL。
9. 勾選 **Add sample code** 自動產生 Main 檔案。
10. 可依照自己的偏好設定 **GroupId**，筆者慣用的設定是 **`io.kraftsman`**。

輸入完成之後點選 **Create** 建立專案，IntelliJ IDEA 會依照我們的設定建立一個全新的空白專案、初始化版本管理並完成首次 Gradle Build。

💡 提示

本步驟使用的是 IntelliJ IDEA 2022.1 新推出的專案樣板，使用舊版 Intellij IDEA 的讀者可選擇以 Kotlin 專案並搭配 **JVM Application** 樣板建立專案，或升級至最新版 Intellij IDEA 後重新建立專案。

1-2-2 完成首次提交

在上一步建立專案時，由於我們勾選了要初始化 Git Repository，所以 IntelliJ IDEA 會自動使用本機的 Git 指令在專案目錄底下初始化版本管理。若在建立專案時沒有勾選到，或因使用舊版而尚未初始化 Git Repository 的話，可點選 IntelliJ IDEA 上方功能表 **VCS > Enable Version Control Integration...** 選擇使用 Git 做為版本管理系統，按 **OK** 完成初始化。

> 💡 **提示**
>
> 若本機電腦上尚未安裝 Git 版本管理系統的話，筆者以 Homebrew（macOS）及 Scoop（Windows）快速提示如何在兩大主流作業系統上安裝 Git。
>
> **MacOS**
> 打開 Terminal 或其他終端機應用程式（如 iTerm），輸入 Homebrew 安裝指令，即可完成 Git 的安裝：
>
> ```
> # 若還沒安裝 Homebrew 的話先裝 Homebrew
> $ /bin/bash -c "$(curl -fsSL https://raw.githubusercontent.
> com/Homebrew/install/HEAD/install.sh)"
>
> # 以 Homebrew 安裝 Git 版本管理
> $ brew install git
> ```
>
> **Windows**
> 打開 Windows Terminal 或 Power Shell，輸入 Scoop 安裝指令，即可安裝 Git：
>
> ```
> # 若還沒安裝 Scoop 的話先裝 Scoop
> $ Invoke-Expression (New-Object System.Net.WebClient).
> DownloadString('https://get.scoop.sh')
>
> # 若回應需要設定權限的話，則執行以下指令
> $ Set-ExecutionPolicy RemoteSigned -scope CurrentUser
>
> # 以 Scoop 安裝 Git 版本管理
> $ scoop install git
> ```

由於建立專案時我們選擇的 Build System 為 Gradle，而 Gradle 在 Build 的過程中會產生 Artifact 或暫存的快取（Cache）等，這些檔案並不需要放到版本管理中，這時我們可以利用 Git Ignore 的設定技巧將其忽略。

若建立專案時沒初始化 Git Repository，可自行初始化後，手動建立新的空白檔案，命名為 **.gitignore**，輸入以下設定：

▶ 檔名：.gitignore

```
/.gradle
/.idea
/out
/build
*.iml
*.ipr
*.iws
```

建立好 **.gitignore** 檔案後，開啟 IntelliJ IDEA 左邊的 **Commit** 面板，勾選想要加入的檔案，在下方文字框輸入提交紀錄後按畫面左下角 **Commit** 鍵完成首次提交（Commit）。若面板裡的檔案清單沒有即時更新，可按一下左上角的重新整理按鈕。

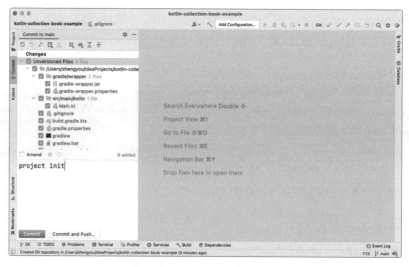

圖 1-2-4　完成首次 Commit

假如您的 IntelliJ IDEA 左邊沒有看到如上圖所示的 **Commit** 面板,請打開偏好設定,如下圖搜尋 `commit` 關鍵字,就會找到視窗左邊的 **Version Control** 底下的 **Commit** 區段,檢查右邊 **Use non-modal commit interface** 是否勾選?沒有的話請勾選後按 **OK** 關閉偏好設定,這樣面板就會出現在 IDE 左邊的區域。

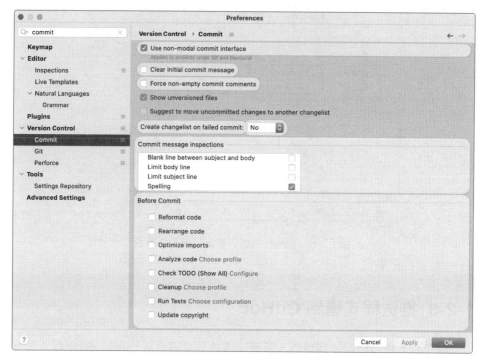

圖 1-2-5　設定 Commit 視窗形式

💡 **提示**

IntelliJ IDEA 預設在提交前會執行程式碼分析,還可以順便檢查 TODO 標記,不過這樣會多花上一些時間掃描。假如您對自己的程式碼品質很有信心,不想讓這些分析增加提交前的檢查時間,可點下圖提交紀錄輸入框上方的齒輪按鈕,在浮動視窗裡取消勾選 **Analyze code** 及 **Check TODO**。

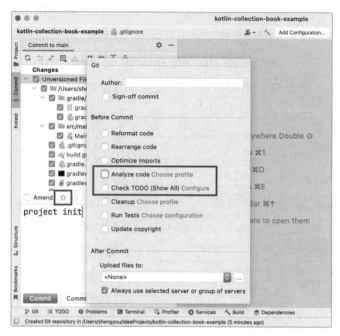

圖 1-2-6　取消程式碼分析及待辦工作檢查

1-2-3　推送程式碼到 GitHub

除了在本機做好版本管理外，筆者建議把程式碼也放一份到 GitHub 上。一方面可做為本機程式碼的備份；另一方面方便分享程式碼給他人討論。IntelliJ IDEA 有兩種將本機程式碼推送到 GitHub 的方式。

第一種方式適合在 GitHub 上還沒有建立 Repository、對 Git 操作不熟悉的讀者，請點選 IDE 上方功能表 **Git** > **GitHub** > **Share Project on Github**，在彈出視窗裡完成以下步驟：

1. 若還沒有在 IntelliJ IDEA 登入過 GitHub，請先點選右下角 **Add account** 連結。

2. 選 擇 **Log in via GitHub...**，IDE 會 開 啟 瀏 覽 器 並 連 線 至 JetBrains Account 網頁詢問是否同意授權讓 JetBrains IDE 取得 GitHub 權限，點擊 **Approve** 按鈕後會再跳轉至 GitHub 讓您登入帳號並完成授權，完成後關閉瀏覽器回到 IDE。

3. 連 結 GitHub 帳 號 後，對話框下方的 **Share by** 就會顯示剛連結的 GitHub 帳號。

4. 確認在 GitHub 上要使用的 **Repository name**。

5. 點擊右下方 **Share** 按鈕，IntelliJ IDEA 就會將程式碼推送至 GitHub。

6. 完成後會彈出提示通知，點選連結可開啟瀏覽器並打開 GitHub Repository 網頁。

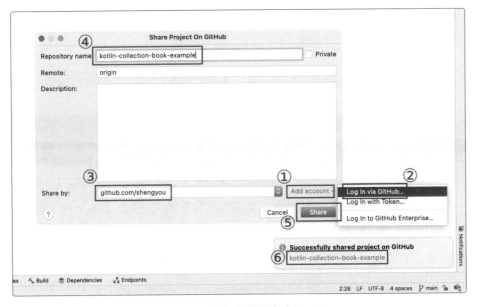

圖 1-2-7 將程式碼推送到 GitHub

第二種方式適合已經有 Repository，習慣自行設定 Git Remote 的讀者。請先取得 Repository URL，接著點選 IDE 上方功能表的 **Git > Manage Remotes**。出

現 Git Remotes 視窗後，點選左上角的 **+** 號，把剛剛取得的 Repository URL 貼上後按 **OK**，IntelliJ IDEA 會測試是否能連上 Repository。

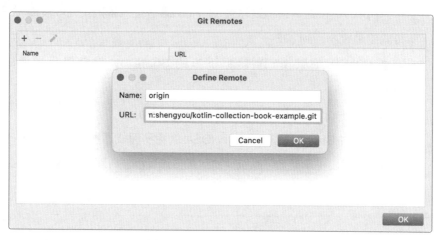

圖 1-2-8　設定 Git Remotes

設定好 **Git Remote** 後，點選上方功能表的 **Git > Push**，就可以將剛建立好的專案推送到 GitHub 上做儲存。

💡 提示

假如您還沒有 GitHub 帳號、或是對新增 Repository 取得 URL、產生 SSH Key 並設定到 GitHub 等不熟悉，這邊列出對應的 GitHub 官方文件，讀者可以依照文件上的説明完成這些步驟。

▶ 申請 GitHub 帳號：

https://docs.github.com/en/get-started/onboarding/getting-started-with-your-github-account

▶ 建立 Repository：

https://docs.github.com/en/get-started/quickstart/create-a-repo

▶ 產生 SSH Key：

https://docs.github.com/en/authentication/connecting-to-github-with-ssh/generating-a-new-ssh-key-and-adding-it-to-the-ssh-agent

▶ 設定 SSH Key 至 GitHub：

https://docs.github.com/en/authentication/connecting-to-github-with-ssh/adding-a-new-ssh-key-to-your-github-account

在接下來練習裡，請養成習慣每完成一個範例就提交一次，每做完一個章節的練習就推送出去，記錄完整學習歷程。版本管理不只能夠幫助我們做程式碼變更的追蹤，在學習的時候也是最好的輔助。尤其剛學新技術時對語法不熟悉，版本管理可以做差異比對及錯誤還原，非常實用！

1-2-4 調整 Gradle 相關設定

由於 IntelliJ IDEA 發佈後，Gradle 也持續更新，因此剛建立的專案不一定使用最新版本的 Gradle。我們可以利用專案建立好的當下，就先把相關工具鏈的工具都升級到最新版。

由於在專案建立時，IntelliJ IDEA 就已經導入 Gradle Wrapper，因此升級就只需要一行指令。在成書之際，Gradle 的最新版本為 7.4.2，筆者就示範用 Gradle Wrapper 將 Gradle 升級到 7.4.2。未來 Gradle 推出新版時，只要修改指令中對應的版本號即可。

```
$ ./gradlew wrapper --gradle-version 7.4.2
```

搭配不同版本的 Kotlin 外掛程式，IntelliJ IDEA 建立的 Gradle Build Script 裡所使用的 Kotlin 編譯器版本也會有所不同，請檢查專案產生出的版本是否為 1.7.0。未來新版本發佈時，可透過修改版本號來升級。另外，在建立專案時，

Target JVM version 預設版本為 1.8（JDK 8），請修改設定升級到 JDK 17。在 IntelliJ IDEA 裡打開 **build.gradle.kts**，確認以下兩處設定：

```
plugins {
    kotlin("jvm") version "1.7.0"
    // ...
}


tasks.withType<KotlinCompile> {
    kotlinOptions.jvmTarget = "17"
}
```

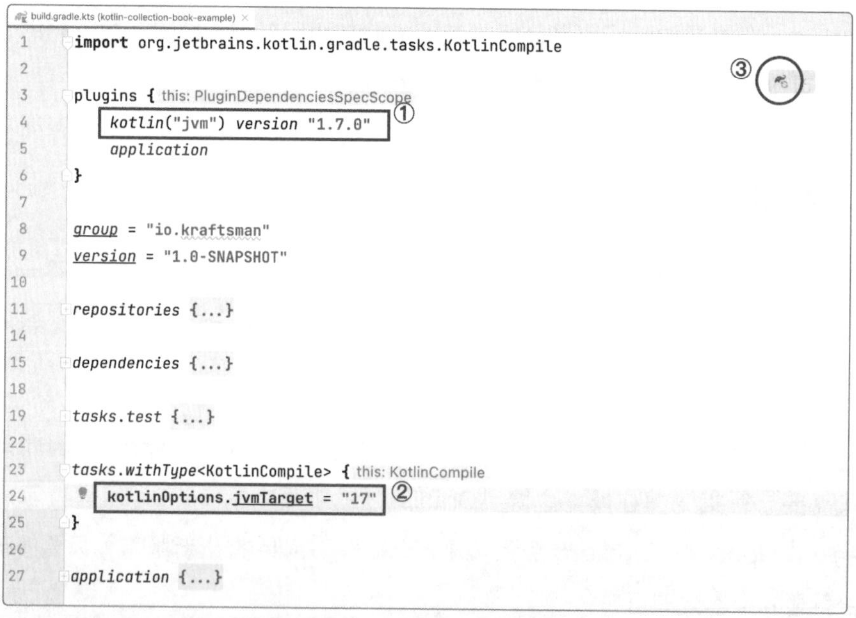

圖 1-2-9　Reload Gradle Project

　　完成後，記得點擊右上角浮動的 **Reload Gradle Project** 按鈕來更新 Gradle 設定，同時也可以善用 Git 的功能，把升級變更的檔案提交一個版本後推送。（本書後續章節為節省篇幅，將不再提醒版本管理的相關步驟。）

1-2-5 建立套件

由於接下來會花九個章節分別介紹橫跨建立、取值、排序、檢查、操作、分群、轉換、聚合、轉型等集合操作技巧，除了範例眾多外，範例之間也會有一些共用的資料類別。因此筆者會建議依照不同的主題建立套件，然後將每一個範例寫在獨立的檔案裡，方便分類及管理。

首先對著專案目錄底下的 **src/main/kotlin** 按右鍵，選擇 New > Package，輸入自己喜歡的套件名稱，以筆者為例是 **io.kraftsman. collection**。

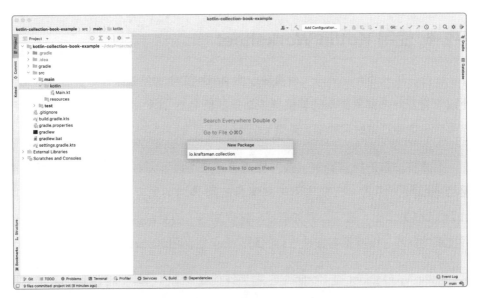

圖 1-2-10　建立專案架構

完成後可以依照本書的分類邏輯，將技法篇的練習放在 **technique** 資料夾、心法篇的練習放在 **concept** 資料夾、實戰篇的練習放在 **practice** 資料夾，至於各範例裡共用的資料類別（Data Class），我們獨立建一個 **data** 資料夾來存放。用同樣邏輯，在 **technique** 資料夾下再分別建立 **creation**、

retrieving、**ordering**、**checking**、**operation**、**grouping**、**transformation**、**aggregation**、**conversion** 等資料夾完成整個範例專案的架構。

> **💡 提示**
>
> 雖然看似在專案裡開了很多資料夾，但不用擔心找不到檔案，書裡每一個範例都會標示對應的檔名。讀者只要在 IntelliJ IDEA 裡**快速按兩下 Shift 鍵**開啟 **Search Everywhere**（全域搜尋），輸入部份檔名就可以快速找到想要的檔案，非常方便，請務必善加利用！

1-2-6 使用 Kotlin Worksheet

一般在寫 Kotlin 程式時，會需要一個 **main()** 函式的檔案當做程式進入點。所以您會看到本書實戰篇的範例檔案都是副檔名為 **.kt** 的檔案，要看程式執行結果時，需要打開對應檔案並點選 **main()** 函式旁的綠色播放鍵。

不過技法篇的練習範例，為方便讀者一來可以不須在每一個檔案裡都寫重覆的 **main()** 函式，二來也不須把集合的回傳結果先存在一個變數裡，再用 **println()** 印出，還可以省去寫好測試程式後，手動點選 **main()** 函式旁綠色播放鍵的麻煩，因此筆者在技法篇的範例會全數採用 Kotlin Worksheet。

Kotlin Worksheet 是 Kotlin 的一種特殊格式，副檔名是 **.ws.kts**。副檔名裡的 **.ws** 就是 Worksheet 的意思，而從結尾的 **.kts** 您大概就猜到它具備 Kotlin Script 的特性，也就是說可以把 Kotlin 當成腳本語言（Scripting Language）用，不需要宣告 **main()** 函式，直接寫要執行的程式碼，這些程式碼會自動被放入一個隱形的 **main()** 函式裡執行。在 IntelliJ IDEA 裡，Kotlin Worksheet 會以特殊的「左右對照」的編輯器開啟，左邊寫的原始碼會在右邊的視窗逐行顯示執行結果，其同時支援即時互動模式（Interactive Mode），也就是說每寫好一段程式碼停下或存檔時，Worksheet 就會自動觸發執行，方便我們一邊寫一邊看結果。Kotlin Worksheet 甚至還能取用專案裡所有的類別及相依套件，這種設計特別適合拿來做教學和示範使用，正好符合本書的需求！

請先練習在 **io.kraftsman.collection** 底下按右鍵，選擇 Kotlin Worksheet 建立一個檔案來練習。檔案建好後，您會發現編輯區跟一般 Kotlin 檔案不同，畫面會左右一分為二，左邊就跟平常寫程式的編輯區一樣，但上面多了一排工具列，請勾選 Make module before Run 及 Interactive mode 兩個選項。尤其當專案有新增類別時，執行前請務必勾選 Make module before Run，運行過程中才能使用剛新增的類別。

我們先試寫一段 Hello World 程式。在編輯器輸入 **println("Hello, Kotlin Worksheet")**，你會發現 IntelliJ IDEA 馬上標為紅色波浪線，這是因為我們沒有在 Gradle Build Script 裡增加 Kotlin Script Runtime。

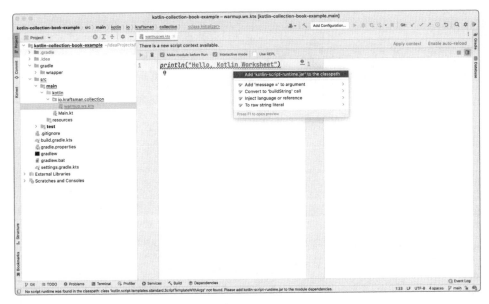

圖 1-2-11　增加 Kotlin Script Runtime

修正方式很簡單，把游標放在有標記紅色波浪線的程式碼上，按 ⌥ + ↵（macOS）或 Alt + Enter（Windows）後 選 擇 **Add 'kotlin-script-runtime.jar' to the classpath** 即可，IntelliJ IDEA 會在 **build.gradle.kts** 裡的 **dependencies** 底下新增 Script Runtime。

```
dependencies {
    implementation(kotlin("script-runtime"))
    // ...
}
```

別忘了再按一次 **Reload Gradle Project** 更新專案相依套件，完成後紅色波浪線就會消失，接下來再試寫一些 Kotlin 程式碼，當您寫到一個段落停下來時，即會看到右邊輸出程式運行的結果。若想要強制 IntelliJ IDEA 重新編譯執行這個 Worksheet，也可以按一下左上角的綠色播放鍵。

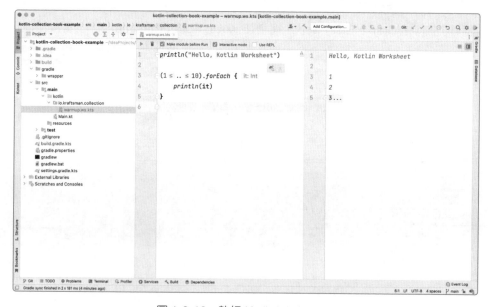

圖 1-2-12　執行 Kotlin Worksheet

在接下來的章節裡，筆者會針對每一個集合方法以獨立的 Kotlin Worksheet 示範語法。

> 💡 **提示**
>
> 您可能還聽過在 IntelliJ IDEA 裡可以建立 Scratch File 來寫 Kotlin Script 並即時執行，做為概念驗證和測試很方便。不過 Scratch File「不屬於」專案的檔案，也無法放在專案的版本管理系統裡帶著走，所以本書使用的是跟它概念類似但可以放在專案內、可以放進版本管理的 Worksheet。

1-2-7 使用本書範例

以上就是建置本書練習專案的步驟，筆者強烈建議您跟著做一次會更有助於後面的學習。不過若您需要筆者的檔案做測試、或是比對差異的話，可以到本書官網的範例頁取得範例 GitHub URL：https://collection.kotlin.tips/sample

圖 1-2-13　本書範例 QR Code

要在 IntelliJ IDEA 使用本書範例很簡單，先點選 IntelliJ IDEA 歡迎頁上的 **Get from VCS** 按鈕，再把本書範例的 Repository URL 貼進 URL 的欄位後按 **Clone** 即可。

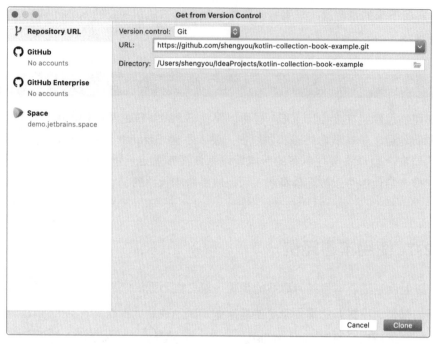

圖 1-2-14　複製本書範例

IntelliJ IDEA 就會將整份範例從 GitHub 上複製下來，預設放在 `~/IdeaProjects` 底下的同名資料夾，並會自動開啟對應的工作區。讀者可以直接按兩下 Shift 鍵開啟 **Search Everywhere** 搜尋框，輸入想要找的範例的部份檔案名稱後，IntelliJ IDEA 會列出符合條件的檔案清單，以上、下鍵選擇想要開啟的 Worksheet 檔案後按 **Enter** 鍵開啟，點選左上角的綠色播放鍵就可以觀看範例執行結果。

1-2-8 錯誤排除

若在執行範例程式碼時遇到錯誤，根據幾種可能發生的原因，可以試著用以下幾種方式排除：

❏ 確認各工具版本

　　請先檢查一下您使用的 JDK、Kotlin 及 IDE 版本是否與本書相同？本書使用 IntelliJ IDEA Ultimate 2022.1.* 搭配 Kotlin 1.7.*、Gradle 7.4.* 及 OpenJDK — Adoptium（Temurin 17）撰寫所有範例程式碼，請先確定您所使用的工具都已正確安裝在開發機器上。若您不熟悉如何更新 IntelliJ IDEA、安裝最新版 JDK、更新 Kotlin 版本，或在 IntelliJ IDEA 明確指定使用的 JDK 版本的話，請參考附錄一系列的圖文說明。

❏ 將 Kotlin Worksheet 改以 Kotlin File 執行

　　Kotlin Worksheet 在使用上有一個小缺點，就是當程式拋出例外（Exception）時，右邊的輸出畫面會呈現一片白。換言之，有時會出現程式前半部看起來是可以運作的，但到後半部時就不知道程式是沒有輸出還是因為例外而終止輸出？

　　當遇到這樣的情況時，可以利用筆者留在 `src/kotlin` 目錄底下的 `Main.kt` 檔案做測試。把原本寫在 Kotlin Worksheet 裡的程式碼複製貼上到 `Main.kt` 的 `main()` 函式裡執行，此時若有任何錯誤，都會在編譯執行後顯示在 **Run** 視窗裡，再根據錯誤訊息修正程式即可。

❏ 善用偵錯工具除錯

　　把 Kotlin Worksheet 的內容貼到 Kotlin File 後，除了可以看 **Run** 視窗裡的錯誤訊息外，還可以用 IntelliJ IDEA 內建的偵錯工具[3] 除錯，只要先在想要停下的程式碼行數旁設定中斷點（Breakpoint），接著點擊 `main()` 函式旁的綠色播放鍵時選擇 **Debug**，程式執行時，就會依照您的中斷設定，停在指定的位置，同時彈出 **Debug** 視窗。我們可以在視窗裡查看程式運行到該行時各變數的內容，也可以依需求 **Step Over**、**Step Into** 或 **Step Out** 做更細微的流程控制找出問題的原因。

若以上各方式仍無法解決您遇到的問題，請參考本書 **4-1 結語** 的延伸學習資源，在線上群組裡提問。若在除錯的過程中發現書中範例有誤、或是有更好的寫法時，也歡迎透過筆者的 Email <shengyoufan@gmail.com> 回報。

1-3 建立集合的方法

在介紹四大物件時，筆者已經介紹常用建立 Array、List、Set 及 Map 的方式，接下來會把這些集合方法依語法整理成更好記憶的架構。最後也會補充 Array 專用、以其他 Array 做為來源複製元素的 Copy 系列方法。

1-3-1 總覽圖

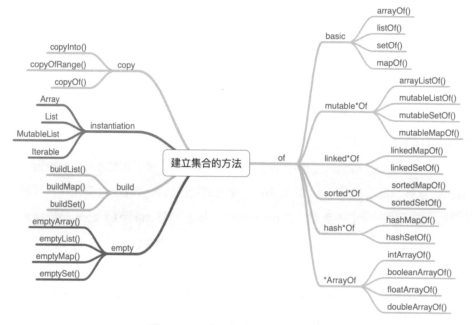

圖 1-3-1　建立集合的方法總覽圖

在「建立」這個用途底下，我們以五個關鍵字做分類，分別是：**of**、**empty**、**build**、**instantiation** 及 **copy**，下面將分別針對不同用法做介紹。

本篇討論的建立集合語法有兩種類型，一種是以 Top-level 函式（Function）宣告，如 **of**、**empty**、**build** 皆屬此類；一種則以類別方法（Class Method）宣告，如 **copy** 系列方法。以下內文在敘述時，會使用「函式」或「方法」來區別其實作方式，特此說明。

1-3-2 Of 系列函式

以 **Of** 結尾的函式是在建立集合時，最常被使用的一個系列。認真一數，數量也不少。這些函式的用法和記憶方式也很簡單，首先決定自己要建立的集合是什麼型別，除了基本的 **Array**、**List**、**Set**、**Map** 外，也有可變的 **ArrayList**、**MutableList**、**MutableSet**、**MutableMap**，還有前面加了個 **Linked**、**Sorted**、**Hash** 的 Set 或 Map。若是 Array 的話，還有原始型別系列的 **IntArray**、**BooleanArray**、**FloatArray**、**DoubleArray** 可以用。

選擇好型別後，再接上 **Of** 組成函式名稱，參數可以傳入**不限數量**、**相同型別**的元素，然後函式就會回傳我們指定的集合物件。由於各函式的使用方法雷同，以下範例程式碼僅以部分函式代表性的示範 **Array**、**List**、**MutableList**、**Map**、**LinkedSet**、**IntArray** 的 **Of** 函式用法。其餘示範請開啟本書範例專案，搭配 IntelliJ IDEA 的 **Search Everywhere** 功能，輸入函式名稱即可打開對應的範例程式觀看詳細示範。

```
val arrayOfNumbers = arrayOf(1, 2, 3, 4, 5)
// [1, 2, 3, 4, 5]

val listOfNumbers = listOf(1, 2, 3, 4, 5)
// [1, 2, 3, 4, 5]
```

```
val mutableListOfNumbers = mutableListOf(1, 2, 3, 4, 5)
// [1, 2, 3, 4, 5]


val mapOfFruit = mapOf(
    "Apple" to 100,
    "Banana" to 12,
    "Orange" to 60)
// {Apple=100, Banana=12, Orange=60}

val linkedSetOfNumbers = linkedSetOf(1, 2, 3, 4, 5)
// [1, 2, 3, 4, 5]

val intArray = intArrayOf(1, 2, 3, 4, 5)
// [1, 2, 3, 4, 5]
```

集合的型別可以是 Nullable 的。以 List 存放 Int 型別為例，在建立集合的時候，若其中有元素包含 Null，在 Kotlin 裡集合的型別就會從 **List<Int>** 變成 **List<Int?>**（問號代表型別為 Nullable）。

若想在建立集合的當下就先把 Null 去掉，確保型別是 Non-Nullable 的話，有 **listOfNotNull()** 及 **setOfNotNull()** 可以使用。

▶ 檔名：.../collection/technique/creation/listOfNotNull.ws.kts

```
val notNullList = listOfNotNull(1, null, 2, null, 3, null)
// [1, 2, 3]
```

不過集合四大物件裡，只有 List 及 Set 提供這種函式，實務上使用要特別注意。

▶ 檔名：.../collection/technique/creation/setOfNotNull.ws.kts

```
val notNullSet = setOfNotNull(1, null, 2, null, 3, null)
// [1, 2, 3]
```

假如需求是反過來，需建立一個指定尺寸，內容全部都先填 Null 做為預設值的 Array，標準函式庫提供了名為 **arrayOfNulls()** 的函式可供使用，只要指定型別及尺寸，就會回傳對應 Nullable 型別的 Array。以建立五個 Int 的 Array 為例，回傳的型別就會是 **Array<Int?>**，內容為 **[null, null, null, null, null]**。

▶ 檔名：.../collection/technique/creation/arrayOfNulls.ws.kts

```
val arrayOfNulls = arrayOfNulls<Int?> (5)
// [null, null, null, null, null]
```

1-3-3 Empty 系列函式

要建立不包含任何元素的集合，也就是所謂 Empty 的集合，有兩種方式：

1. 使用 **Of** 結尾的函式，但是不傳入任何參數。
2. 用 **empty** 為首的系列函式，如：**emptyArray()**、**emptyList()**、**emptySet()** 及 **emptyMap()**。

使用這些以 **empty** 為首的函式時，由於沒有傳入參數做為型別推斷的依據，所以在使用這系列函式時，一定要明確地宣告型別。另外要注意的是，沒有針對可變集合的 **empty** 函式可使用。以下範例程式碼分別示範建立不含元素的集合的宣告方式：

```
val emptyArrayUsingArrayOf = arrayOf<Int>()
val emptyArrayUsingEmptyArray = emptyArray<Int>()
```

```
val emptyList = listOf<Int>()
val emptyMutableList = mutableListOf<Int>()
val emptyListByEmptyList = emptyList<Int>()

val emptySet = setOf<Int>()
val emptyMutableSet = mutableSetOf<Int>()
val emptySetByEmptySet = emptySet<Int>()

val emptyMap = mapOf<String, Int>()
val mutableEmptyMap = mutableMapOf<String, Int>()
val emptyMapByEmptyMap = emptyMap<String, Int>()
```

不論使用以上哪種宣告方式，就結果來說是一樣的，透過閱讀 **listOf()** 和 **emptyList()** 的原始碼就可以知道兩者的實際運作。**emptyList()** 的實作就是單純回傳 **EmptyList** 物件；而 **listOf()** 則是會判斷有沒有傳入的元素，若有就將傳入元素轉成 List，若無就會呼叫 **emptyList()** 回傳 **EmptyList** 物件。

```
// listOf() 原始碼
public fun <T> listOf(vararg elements: T): List<T> =
    if (elements.size > 0) elements.asList() else emptyList()

// emptyList() 原始碼
public fun <T> emptyList(): List<T> = EmptyList
```

> ### 💡 提示
>
> 雖然 Empty 和 Null 在中文翻譯上都可以解釋為「空」，但在程式開發裡兩者是不一樣的概念。以字串型別為例，Empty String 意指長度為 0 的字串；而 Null 則是表示其物件參考為無（Nothing）[1]。
>
> 在 StackOverflow 討論串裡的這張衛生紙捲圖巧妙地演繹了 Empty 和 Null 的差別 [2]：

圖 1-3-2　圖解 Empty 與 Null 的差異

本書為避免誤解並忠實呈現原意，Empty 與 Null 皆使用英文原文。

1-3-4 Builder 系列函式

為了讓我們在建立集合時有更高的彈性，標準函式庫提供了一系列 Builder 函式。Builder 系列方法都是以 **build** 為函式名稱前綴，緊接著要建立的型別，函式需要傳入 λ 做為建立集合的程式碼，λ 會收到對應的可變集合型別（如 **MutableList**、**MutableSet** 或 **MutableMap**），因此我們可以用可變集合才提供的方法來新增或移除集合的元素，其中包括 **add()**、**addAll()**、**remove()**、**removeAll()** …等。

```
val listByBuilder = buildList {
    add('a')
    addAll(listOf('b', 'c'))
    add('d')
}
// listByBuilder 的型別為 List<Char>
// 內容為 [a, b, c, d]，

val setByBuilder = buildSet {
```

```
    add(1)
    addAll(listOf(2, 3))
    addAll(listOf(3, 4, 5))
    add(4)
}
// setByBuilder 的型別為 Set<Int>
// 內容為 [1, 2, 3, 4, 5]，

val mapByBuilder = buildMap {
    put("Apple", 100)
    putAll(
        mapOf(
            "Banana" to 12,
            "Orange" to 60,
        )
    )
}
// mapByBuilder 的型別為 Map<String, Int>
// 內容為 {Apple=100, Banana=12, Orange=60}
```

在使用 Builder 系列函式時要注意兩件事：

1. 這個系列的函式只有 **buildList()**、**buildSet()** 及 **buildMap()** 三個，並無包含建立 Array 的 Builder 函式。

2. 雖然在 Builder 函式的 λ 裡，可以使用可變集合才有的方法來新增、刪除元素，但完成後函式回傳的仍是不可變集合。

> 💡 提示
>
> 上例在示範 Builder 函式時，我們省略了函式名稱後面的小括號，再以大括號包住一段程式碼來操作可變集合後回傳結果。寫法跟一般函式不同，這代表什麼意思呢？

閱讀 **buildList()** 在標準函式庫裡的原始碼，這個函式只有一個參數，且參數型別為 **MutableList<E>.() → Unit**，這表示使用 **buildList()** 要傳入一個匿名函式（以大括號包住、沒有名字的函式），該函式不需傳入參數，也不會回傳結果（回傳 Unit）：

```
public inline fun <E> buildList(@BuilderInference builderAction:
MutableList<E>.() → Unit): List<E> {
    // ...
}
```

這種從外部傳入做為函式參數的匿名函式，我們稱它為 **Lambda**，可以用希臘字元 λ 表示（本書皆以此符號表示）。而當 λ 參數是函式最後一個參數時，Kotlin 的語法糖允許我們將函式本體放到小括號外，而當 λ 參數是函式的唯一參數時，我們甚至可以省略小括號，所以前面的程式碼才能如此精簡地呈現。

若暫時不習慣這種寫法，原始寫法為：

```
val listByBuilder = buildList ({ /* ... */ })
```

關於集合可以支援 λ 參數及詳細的原始碼解析，請參考本書第二部份心法篇 **2-1 探索集合實作奧秘**一篇裡的解釋。

1-3-5 Instantiation 系列方法

在集合的四大物件裡，Array 及 List 支援以實例化（Instantiation）的方式建立集合，這種宣告方式不僅可以先把空間留下來，也能預先填入預設值。在建構式（Constructor）裡，可以傳入想要產生的集合尺寸以及產生預設值的 λ 參數，λ 裡可取得集合裡的索引，若有需要可使用索引值做額外的數列處理。

```
val arrayOfA = Array(5) { 'a' }
// [a, a, a, a, a]
```

```
val listOfA = List(3) { it * 2 }
// [0, 2, 4]
```

不只是 **Array** 及 **List**，可變的 **MutableList**，甚至最上層的父類別 **Iterable** 都支援以實例化的方式建立集合。

```
val mutableListOfA = MutableList(3) { index → "A$index" }
// [A0, A1, A2]

val iterableOfNumbers = Iterable {
    iterator {
        yield(2)
        yield(4)
        yieldAll(1..5 step 2)
    }
}
// [2, 4, 1, 3, 5]
```

1-3-6 Copy 系列方法

在建立 Array 的時候，除了自行傳入元素外，也可以從其他 Array 複製元素來建立新的 Array。標準函式庫裡有三個 **copy** 開頭的方法可以滿足這種使用情境。

假如我們想把已經存在的 Array 當成來源，將其中的元素複製過來變成新的 Array，可以使用 **copyOf()** 方法。**copyOf()** 接收一個參數 **size**，可以指定新建立的 Array 尺寸。

當來源 Array 與新建立的 Array 尺寸不同時：

1. 若新建立的 Array 尺寸小於來源 Array 的尺寸，則會依照新建立 Array 的 **size** 參數截斷成符合的大小。

2. 若新建立的 Array 尺寸大於來源 Array 的尺寸，則在多出來的位置填入
   預設值。根據不同型別的 Array，會填入不同型別的預設值。

▶ 檔名：.../collection/technique/creation/copyOf.ws.kts

```
val arrayOfNumbers = intArrayOf(1, 2, 3, 4, 5)
val smallerArrayOfNumbers = arrayOfNumbers.copyOf(2)
// [1, 2]
val biggerArrayOfNumbers = arrayOfNumbers.copyOf(6)
// [1, 2, 3, 4, 5, 0]

val arrayOfStrings = arrayOf("Apple", "Banana", "Orange")
val smallerArrayOfStrings = arrayOfStrings.copyOf(3)
// [Apple, Banana, Orange]
val biggerArrayOfStrings = arrayOfStrings.copyOf(5)
// [Apple, Banana, Orange, null, null]
```

在範例的第一部份，來源 Array 裡放了五個整數，若從中複製兩個元素建
立新 Array，則新建立的 Array 內容就是來源 Array 的前兩個元素。若新建立的
Array 有六格空間，則多出來的空間會填入 0。而範例的第二部份，來源 Array
裡放了三個字串，若從中複製三個元素建立新 Array，則新建立的 Array 內容就
是來源 Array 的前三個元素。若建立的 Array 有五格空間，則多出來的空間會填
入 Null。由此可見，不同型別在複製後使用預設值的差異。

若從來源 Array 複製時，不想全部複製而只想複製部份元素的話，可以
使用 copyOfRange() 方法。copyOfRange() 方法接受兩個參數，一個是
fromIndex 表示從哪個索引開始複製、一個是 toIndex 表示到哪個索引前停
下。

▶ 檔名：.../collection/technique/creation/copyOfRange.ws.kts

```
val arrayOfNumbers = arrayOf(1, 2, 3, 4, 5)
val copiedArrayOfNumbers = arrayOfNumbers.copyOfRange(2, 4)
```

```
// [3, 4]

val arrayOfStrings = arrayOf("Apple", "Banana", "Orange")
val copiedArrayOfStrings = arrayOfStrings.copyOfRange(1, 3)
// [Banana, Orange]
```

在使用 **copyOfRange()** 方法時要注意兩個地方：

1. **fromIndex** 包括在選定的範圍內但 **toIndex** 值不包含，在設定複製區間時要注意索引實際抓到的範圍。
2. 傳入的參數不可以超過來源 Array 的索引範圍，若超過的話會拋出 **IndexOutOfBoundsException** 例外。

假如不想透過複製建立新的 Array，而是希望把來源 Array 的內容複製到指定的 Array 裡去蓋掉現有內容的話，則可以使用 **copyInto()** 方法。**copyInto()** 接受四個參數：

1. 第一個參數是**目標 Array**，也就是我們要寫入的目的地。
2. 第二個參數是**目標 Array** 的偏移值，也就是要從目標 Array 的第幾個位置開始寫入。
3. 第三個參數是設定要從**來源 Array** 的哪一個索引開始複製。
4. 第四個參數是設定要在**來源 Array** 的哪一個索引前停下。

```
val arrayOfFruits = arrayOf("Apple", "Banana", "Orange")
val destinationArray = arrayOf("Blackberry", "Coconut", "Cherry",
"Peach", "Avocado")

arrayOfFruits.copyInto(destinationArray, 1, 1, 3)
// [Blackberry, Banana, Orange, Peach, Avocado]
```

在上面這個範例裡，來源 **arrayOfFruits** 共有三個元素 Apple、Banana、Orange，目標是要把元素複製到 **destinationArray**。由於偏移值是 1，所以會從 Coconut 的位置開始覆寫。複製的範圍是 **arrayOfFruits** 索引值 1 及 2 的元素（在索引值 3 前停下），複製的內容就是 Banana、Orange，覆寫掉的就是原本 Coconut、Cheery 所在的位置，最後 **destinationArray** 裡的元素就會變成 **[Blackberry, Banana, Orange, Peach, Avocado]**。

大家一定會好奇，這些 Copy 開頭的方法只有 Array 才有，那其他集合要做類似的動作時該怎麼做？由於集合方法絕大部份都是在執行動作後回傳一個全新的集合，所以直接使用各集合方法即可。比方說想做到 **copyOf()** 的複製效果，可以使用集合轉型裡 **to** 開頭的方法、想要做到 **copyOfRange()** 複製一段區間的效果，可以使用集合取值的 **slice()** 方法。

```
val cities = listOf("Berlin", "Munich", "Hamburg")

val copiedCities = cities.toList()
// ["Berlin", "Munich", "Hamburg"]

val partialCities = copiedCities.slice(1..2)
// [Munich, Hamburg]
```

上面這段範例裡，**cities** 裡有 3 個城市名稱，當呼叫 **toList()** 方法時，會將 **cities** 裡的內容複製一份轉成 List 後回傳，所以 **copiedCites** 裡的內容就跟 **cities** 一模一樣。而 **slice()** 方法則是把索引值從 1 到 2 這段範圍的內容複製出來後回傳，所以 **partialCities** 裡的內容就是 **cities** 裡的第二個及第三個元素。

目前對這些轉型、取值的集合方法還不熟沒關係，後續章節會有更完整的介紹及範例。

1-3-7 回顧

本章綜覽五種用來建立集合的方法：

1. 以 `Of` 結尾的系列函式，可依函式名稱及傳入的元素建立指定型別的集合。

2. 以 `empty` 開頭的系列函式，可依函式名稱及指定的型別建立不包含任何元素的集合。

3. 只有 List、Set 及 Map 有 Builder 系列函式可使用，在 λ 內操作元素後回傳不可變集合。

4. Array、List、MutableList 及 Iterable 可用實例化的方式，指定尺寸及預設值建立對應型別的集合。

5. Array 有三個 Copy 系列方法，可從來源 Array 複製元素後建立新 Array。

雖然有這麼多種建立集合的方法，但只要掌握以上五種方式各自的特性，就可以靈活地在合適的情境底下使用。實務上筆者建議先使用 `Of` 系列的函式來建立集合，若在建立集合時需要較彈性的寫法，再考慮使用 Builder 或 Instantiation 系列。若確定要一個不含任何元素的集合才用 Empty 系列函式、需要複製 Array 時才使用 Copy 系列的方法。

▌ 1-4 從集合取值的方法

將資料放進集合裡，最終還是要「拿」出來，也就是從集合取值。不過，看似簡單的提取動作，要取得精準、用法直覺，也得靠對取值方法的完整認識。在這個章節裡，我們就來探索跟取值有關的集合方法。

1-4-1 總覽圖

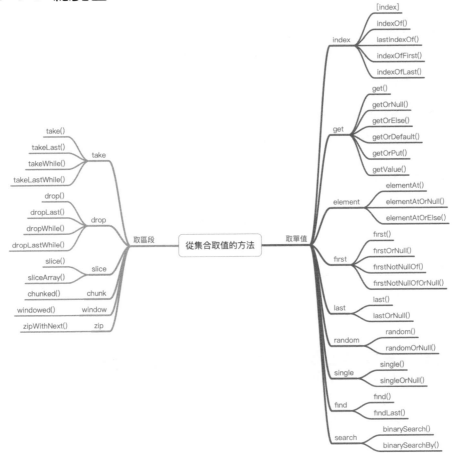

圖 1-4-1　從集合取值的方法總覽圖

　　由於「取值」方法為數眾多，因此筆者先以取值數量差異區分：「取單值」及「取區段（取多個值或一段區間）」兩種。在取單值的方法裡，再以九個關鍵字做分類，分別是 `index`、`get`、`element`、`first`、`last`、`random`、`single`、`find` 及 `search`。而在取區段的方法裡，則以六個關鍵字分類，分別是 `take`、`drop`、`slice`、`chunk`、`window` 及 `zip`。以下依上述兩層式的結構，先介紹取單值的方法，再介紹取區段的方法，並依據各方法特色做一系列示範。

1-4-2 Index 取單值系列方法

從集合裡取出元素，最簡單的方式就是用中括號 **[ ]** 加上索引位置取值。在下方的範例裡，內含 **[5, 2, 2, 6, 2, 3, 7]** 七個整數的 List，其索引值為 0 至 6，若要取出第四格位置的數字，則用 **[3]** 表示，回傳值就是 **6**。

▶ 檔名：.../collection/technique/retrieving/element/index.ws.kts

```
val numbers = listOf(5, 2, 2, 6, 2, 3, 7)

numbers[3] // 6
```

使用索引取值時，要記得索引值是從 0 開始編號，且給定的索引值要確實存在，不然程式執行時會拋出 **IndexOutOfBoundsException** 例外。

💡 提示

由於 Kotlin Worksheet 動態執行的特性，使其在偵測集合索引是否超出範圍的能力與 Kotlin File 相比較為不足。若在 Kotlin File 裡試圖對集合取出超過索引範圍的值時，IntelliJ IDEA 會將程式碼以黃色背景色標記，並在該行跳出燈泡提示。按 F2 將游標跳至有問題的程式碼時，也會出現 **Index is always out of bounds** 的錯誤說明。

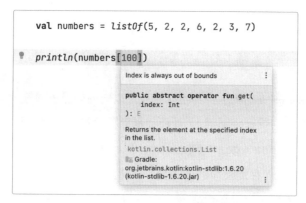

圖 1-4-2 IntelliJ IDEA 提示取值索引超出範圍

除了可以用索引取出元素外，取值方法裡有 **indexOf()** 及 **lastIndexOf()** 兩個方法可使用元素搜尋其索引值。**indexOf()** 依指定元素搜尋集合裡「第一個」符合的元素，若沒有符合的元素則回傳 -1。

▶ 檔名：.../collection/technique/retrieving/element/indexOf.ws.kts

```
val numbers = listOf(5, 2, 2, 6, 2, 3, 7)

numbers.indexOf(2)
// 回傳 1
// 集合裡有三個 2，第一個 2 的索引值為 1

numbers.indexOf(1)
// 回傳 -1
// 集合裡沒有 1 這個元素
```

lastIndexOf() 則是搜尋集合裡「最後一個（Last）」符合元素的索引值，若沒有符合的元素則回傳 -1。

```
val numbers = listOf(5, 2, 2, 6, 2, 3, 7)

numbers.lastIndexOf(2)
// 回傳 4
// 集合裡有三個 2，最後一個 2 的索引值為 4

numbers.lastIndexOf(10)
// 回傳 -1
```

indexOf() 及 **lastIndexOf()** 這兩個方法的搜尋方式，是找出與傳入元素相同的元素索引值，若想要自訂搜尋條件的話，可以用 **indexOfFirst()** 及 **indexOfLast()**。這兩個方法支援傳入 λ 做為條件判斷，**indexOfFirst()** 會取出第一個通過條件判斷式（回傳 True）的元素索引值，若沒有符合的元素則回傳 -1：

▶ 檔名：.../collection/technique/retrieving/element/indexOfFirst.ws.kts

```
val numbers = listOf(5, 2, 2, 6, 2, 3, 7)

numbers.indexOfFirst { it < 3 }
// 集合裡第一個小於 3 的元素是 2
// 回傳其索引值 1

numbers.indexOfFirst { it > 100 }
// 集合裡沒有大於 100 的元素
// 回傳 -1
```

與 **indexOfFirst()** 檢查方向相反，**indexOfLast()** 則是取出最後一個通過條件判斷式的元素索引值，若沒有符合的元素則回傳 -1：

▶ 檔名：.../collection/technique/retrieving/element/indexOfLast.ws.kts

```
val numbers = listOf(5, 2, 2, 6, 2, 3, 7)

numbers.indexOfLast { it < 3 }
// 集合裡最後一個小於 3 的元素為 2
// 回傳其索引值 4

numbers.indexOfLast { it > 100 }
// 集合裡沒有大於 100 的元素
// 回傳 -1
```

1-4-3 Get 取單值系列方法

以中括號取值的寫法雖然簡單直覺，但若想用符合語意的方法來取值的話，標準函式庫有 **get()** 方法可用。只是將索引值用函式參數傳入，其反應跟使用中括號時相同。若傳入的索引值超出範圍（索引不存在），一樣會拋出 **IndexOutOfBoundsException** 例外：

▶ 檔名：.../collection/technique/retrieving/element/get.ws.kts

```
val listOfNames = listOf("Tom", "John", "Allen", "Sean")

listOfNames.get(1) // John
```

使用 **get()** 方法取值時，IntelliJ IDEA 會以灰色波浪線提示可以修改寫法，按 F2 會顯示 **Should be replaced with indexing** 的改寫提示。

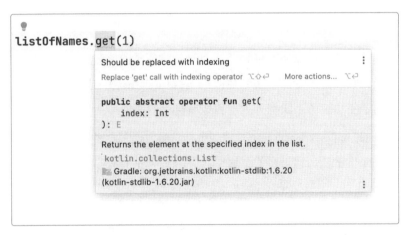

圖 1-4-3　IntelliJ IDEA 提示以中括號取代 get() 方法

這是因為 **get()** 方法有實作索引存取運算子（Indexed Access Operator）[1]，所以直接使用中括號會較有效率且語法也更簡潔。

因此一般來説較少使用 **get()** 方法取值，而是用 **get** 為首的系列方法來指定回傳值該怎麼處理。比方説，若在取值時遇到索引超出範圍，不希望程式拋出例外而是回傳 Null 時，可使用 **getOrNull()**。由於會回傳 Null，就可以搭配貓王運算子 **?:**（Elvis Operator）指定預設值。

▶ 檔名：.../collection/technique/retrieving/element/getOrNull.ws.kts

```
val listOfNames = listOf("Tom", "John", "Allen", "Sean")
```

```
listOfNames.getOrNull(1)
// 回傳第二個位置的元素 John

listOfNames.getOrNull(10)
// 索引超出範圍回傳 null

listOfNames.getOrNull(10) ?: "Unknown Person"
// 索引超出範圍回傳 null
// 經運算子處理,回傳 Unknown Person
```

搭配運算子雖然可以指定預設值,但若預設值需要比較複雜的邏輯判斷,程式碼看起來比較沒這麼簡潔,這時可改用 **getOrElse()**,其接受傳入 λ 參數來指定要如何產生預設值,讓例外處理可以有更大的彈性。

▶ 檔名:.../collection/technique/retrieving/element/getOrElse.ws.kts

```
val listOfNames = listOf("Tom", "John", "Allen", "Sean")

listOfNames.getOrElse(1) { "Unknown Person" }
// 索引沒超出範圍,回傳 John

listOfNames.getOrElse(100) {
    if (it > 50) "Out of range" else "Unknown Person"
}
// 索引超出範圍且值超過 50
// 回傳 Out of range
```

由於 Map 在資料結構上與 Array、List 或 Set 不同,因此在以 **get** 為首的系列方法裡,還有三個針對 Map 操作而設計的方法,包括 **getValue()**、**getOrDefault()**、**getOrPut()**。

getValue() 可以視為 **get()** 的 Map 版,傳入要搜尋的 Key 值,方法會回傳 Key 值對應的 Value,若 Key 值不存在的話會拋出 **NoSuchElementException**,

和用中括號傳入 Key 值取 Value 的結果是一樣的。

▶ 檔名：.../collection/technique/retrieving/element/getValue.ws.kts

```kotlin
val orders = mapOf(
    "Sue" to Address("Taipei", "116"),
    "Mary" to Address("Keelung", "202"),
    "Peter" to Address("Taoyuan", "326"),
    "Amos" to Address("Taichung", "423"),
    "Craig" to Address("Tainan", "703"),
)

orders.getValue("Sue")
// Address(city=Taipei, postcode=116)

orders["Sue"]
// Address(city=Taipei, postcode=116)
```

　　而 **getOrDefault()** 的行為則與 **getOrElse()** 類似，都可以 Key 值不存在時指定預設值，差別在 **getOrDefault()** 是針對 Map 做設計，所以傳入的第一個參數是 Key、第二個參數是要回傳的預設值，而不是傳入 λ。

▶ 檔名：.../collection/technique/retrieving/element/getOrDefault.ws.kts

```kotlin
val orders = mapOf(
    "Sue" to Address("Taipei", "116"),
    "Mary" to Address("Keelung", "202"),
    "Peter" to Address("Taoyuan", "326"),
    "Amos" to Address("Taichung", "423"),
    "Craig" to Address("Tainan", "703"),
)

orders.getOrDefault("Sue", Address("Taitung", "950"))
// Key 值 Sue 存在，回傳對應的 Value
// Address(city=Taipei, postcode=116)
```

```
orders.getOrDefault("Simon", Address("Taitung", "950"))
// Key 值 Simon 超過範圍，回傳預設值
// Address(city=Taitung, postcode=950)
```

若在 Map 取值時該 Key 值不存在，我們不只是想拿到預設值，還希望可以一併把預設值寫進 Map，這時可以使用 **getOrPut()**，在取值時一步搞定超省事。**getOrPut()** 的第一個參數是要搜尋的 Key 值、第二個則是當 Key 值不存在時，要呼叫的 λ 參數。換句話說，λ 內可依業務需求進行較為複雜的運算，不只單純回傳固定值。

▶ 檔名：.../collection/technique/retrieving/element/getOrPut.ws.kts

```
val orders = mutableMapOf(
    "Sue" to Address("Taipei", "116"),
    "Mary" to Address("Keelung", "202"),
    "Peter" to Address("Taoyuan", "326"),
    "Amos" to Address("Taichung", "423"),
    "Craig" to Address("Tainan", "703"),
)

orders.getOrPut("Sue") { Address("Taitung", "950") }
// Key 值 Sue 存在，回傳對應的 Value
// Address(city=Taipei, postcode=116)

orders.getOrPut("Simon") { Address("Taitung", "950") }
// Key 值 Simon 超過範圍，回傳預設值
// Address(city=Taitung, postcode=950)
/* orders 因寫入一筆新資料而變成
{
  Sue=Address(city=Taipei, postcode=116),
  Mary=Address(city=Keelung, postcode=202),
  Peter=Address(city=Taoyuan, postcode=326),
```

```
  Amos=Address(city=Taichung, postcode=423),
  Craig=Address(city=Tainan, postcode=703),
  Simon=Address(city=Taitung, postcode=950)
}
*/
```

由於這個方法會變更 Map 的內容，所以要注意只有 `MultableMap` 才有 `getOrPut()` 方法喔！

1-4-3 Element 取單值系列方法

集合四大類別裡除了 Set 以外，其他類別都有索引或 Key。因為 Set 是無順序且沒有索引，所以無法像 Array 或 List 使用中括號搭配索引值來取出元素。因此標準函式庫提供另一系列以 `element` 為首的方法，可以「模擬」如 `get()` 方法以索引的方法取出 Set 內的元素，當索引超出範圍時，也會拋出 `IndexOutOfBoundsException` 例外。

▶ 檔名：.../collection/technique/retrieving/element/elementAt.ws.kts

```
val setOfNames = setOf("Tom", "John", "Allen", "Sean")

setOfNames.elementAt(1) // John
```

不希望拋出例外的話，也有如 `getOrNull()` 的 `elementAtOrNull()`，當搜尋的索引值超出集合的範圍時，會以 Null 回傳。也可以仿照前面的範例，搭配貓王運算子 `?:`（Elvis Operator）來指定預設值。

▶ 檔名：.../collection/technique/retrieving/element/elementAtOrNull.ws.kts

```
val setOfNames = setOf("Tom", "John", "Allen", "Sean")

setOfNames.elementAtOrNull(1)
// 回傳第二個位置的元素 John
```

```
setOfNames.elementAtOrNull(10)
// 超出範圍，回傳 null

setOfNames.elementAtOrNull(10) ?: "Unknown Person"
// 超出範圍，elementAtOrNull() 回傳 null
// 經運算子處理，回傳 Unknown Person
```

如同 List 提供的 **getOrElse()** 方法，Set 也有 **elementAtOrElse()** 可以在索引之外多傳入一個 λ 參數，以指定回傳預設值如何產生。

▶ 檔名：.../collection/technique/retrieving/element/elementAtOrElse.ws.kts

```
val setOfNames = setOf("Tom", "John", "Allen", "Sean")

setOfNames.elementAtOrElse(1) { "Unknown Person" }
// 索引沒超出範圍，回傳 John

setOfNames.elementAtOrElse(100) {
    if (it > 50) "Out of range" else "Unknown Person"
}
// 索引超出範圍且值超過 50
// 回傳 Out of range
```

順帶一提，雖然這系列以 **element** 為首的方法是為了 Set 而設計的，但其他集合類別也可以使用這系列的方法喔！

1-4-4 First 取單值系列方法

除了前面介紹的這些以索引為核心的方法取值外，標準函式庫也將常用的取值操作，設計成更能表達意圖的方法供開發者使用。以取出集合裡的第一個元素為例，雖然可以直接用中括號搭配索引值為 0 取值，標準函式庫另外設計了

first() 方法讓位置取值以更語意的方式呈現：

▶ 檔名：.../collection/technique/retrieving/element/first.ws.kts

```
val numbers = listOf(2, 3, 5, 6, 7)

numbers.first()
// 取出第一個位置的元素，回傳 2
// 效果等同 numbers[0]
```

　　不過若集合裡沒有任何元素，**first()** 會拋出 **NoSuchElementException** 例外，若遇到這種情況，希望回傳 Null 而不是例外時，可以改用 **firstOrNull()**。

▶ 檔名：.../collection/technique/retrieving/element/firstOrNull.ws.kts

```
val emptyList = emptyList<Int>()
val nothingInList = listOf<Int>()

emptyList.firstOrNull() // null
nothingInList.firstOrNull() // null
```

　　first() 及 **firstOrNull()** 這兩個方法也支援以傳入的 λ 做為取值條件，當使用 λ 語法時，語意就會變成「回傳『第一個滿足條件』的元素」，若集合內沒有任何元素滿足條件的話，會拋出 **NoSuchElementException** 例外。

```
numbers.first { it > 3 }
// 回傳第一個大於 3 的元素為 5

emptyList.firstOrNull { it > 3 }
// 因為是 Empty List 所以回傳 null

nothingInList.firstOrNull { it > 3 }
// 集合內沒有任何元素，所以回傳 null
```

從 Kotlin 1.5 開始，以 **first** 為首的系列方法多了兩個新方法 - **firstNotNullOf()** 及 **firstNotNullOfOrNull()**。乍看方法名稱會覺得這命名是在繞口令嗎？下面範例將帶您瞭解這組方法的使用情境。

假設一個內含 **Employee** 資料類別的員工清單，其中 **skills** 是 Nullable 屬性，當想取出第一個 **skills** 不是 Null 的「值」而非「元素」，意即回傳的不是 **Employee** 資料類別而是 **skills** 屬性的內容，該怎麼達成？

```kotlin
data class Employee(
    val id: Int,
    val name: String,
    val department: String,
    val skills: List<String>? = null
)

val employees = listOf(
    Employee(1, "Tom", "Backend", listOf("DB", "API")),
    Employee(2, "John", "IT", listOf("Network", "Hardware")),
    Employee(3, "Simon", "Backend"),
    Employee(4, "Mark", "IT"),
    Employee(5, "Tracy", "Design", listOf("Graphic")),
)
```

策略一，先用 **first()** 搭配 **it.skills ≠ null** 取出第一個 **skills** 不是 Null 的 **Employee**，接著再用點運算子 **.skills** 取出對應的屬性。若考量集合有可能是 Empty 的情境，則可以改用 **firstOrNull()**，但因為回傳值有可能 Null，所以取值時要用 **?.** 取出。

▶ 檔名：.../collection/technique/retrieving/element/firstNotNullOf.ws.kts

```kotlin
employees.first { it.skills ≠ null }
    .skills
// 回傳 [DB, API]
```

```
employees.firstOrNull { it.skills ≠ null }
    ?.skills
// 回傳 [DB, API]
```

策略二，先用 **mapNotNull()** 把集合裡各個 **Employee** 裡 **skills** 屬性不是 Null 的元素都轉換出來，再用 **first()** 取出第一個元素即可。

▶ 檔名：.../collection/technique/retrieving/element/firstNotNullOf.ws.kts

```
employees.mapNotNull { it.skills }
    .first()
// 回傳 [DB, API]
```

雖然以上兩種作法都可以達成目標，但整個過程編譯器得建立一個 **skills** 暫存列表，而且在閱讀程式碼時，得在腦中轉換兩次才能了解程式碼的意圖。藉助 Kotlin 1.5 新推出的 **firstNotNullOf()**，在方法名稱上加了 **Of** 介系詞，代表不只是取出集合裡的元素，更會拿出其屬性值。雖然方法名稱較長，但更明確地描述其功能，追求語意無價！

▶ 檔名：.../collection/technique/retrieving/element/firstNotNullOf.ws.kts

```
employees.firstNotNullOf { it.skills }
// [DB, API]

emptyList.firstNotNullOf { it.skills }
// 拋出 NoSuchElementException

nothingInList.firstNotNullOf { it.skills }
// 拋出 NoSuchElementException
```

而 **firstNotNullOfOrNull()** 方法的使用情境，是當 **firstNotNullOf()** 方法遇到集合內沒有任何元素滿足條件時，不拋例外而回傳 Null。

▶ 檔名：.../collection/technique/retrieving/element/firstNotNullOfOrNull.ws.kts

```
emptyList.firstNotNullOfOrNull { it.skills }
// null


nothingInList.firstNotNullOfOrNull { it.skills }
// null
```

1-4-5 Last 取單值系列方法

既然有 **first()** 方法，想當然爾就會有 **last()** 方法。與 **first()** 用法相反，**last()** 會取出集合裡最後一個元素，其意義就等同取出索引值為集合尺寸減一的元素（因為索引值由 0 開始計算，其數值會比集合尺寸少 1）。

▶ 檔名：.../collection/technique/retrieving/element/last.ws.kts

```
val numbers = listOf(2, 3, 5, 6, 7)


numbers.last() // 7
numbers[numbers.size - 1] // 7
```

last() 同 **first()** 也支援傳入 λ 做為取值條件，語意就變為「回傳『最後一個』滿足條件的元素」，若集合內沒有任何元素滿足條件則會拋出 **NoSuchElementException** 例外。

▶ 檔名：.../collection/technique/retrieving/element/last.ws.kts

```
val numbers = listOf(2, 3, 5, 6, 7)
val emptyList = emptyList<Int>()
val nothingInList = listOf<Int>()


numbers.last { it < 6 }
// 回傳最後一個小於 6 的元素為 5
```

```
emptyList.last()
emptyList.last { it < 6 }
nothingInList.last()
nothingInList.last { it < 6 }
// 以上四行皆拋出 NoSuchElementException
```

last() 一樣也有 **lastOrNull()** 的版本，當集合內沒有任何元素，不想拋出例外而希望回傳 Null 時使用。

▶ 檔名：.../collection/technique/retrieving/element/lastOrNull.ws.kts

```
numbers.lastOrNull() // 7
emptyList.lastOrNull() // null
nothingInList.lastOrNull() // null


numbers.lastOrNull { it < 6 } // 5
emptyList.firstOrNull { it < 6 } // null
nothingInList.firstOrNull { it < 6 } // null
```

1-4-6 Random 取單值系列方法

有時為了創造取值時的隨機感，會需要從集合裡隨機取出一個元素，最經典的例子就是抽獎（相信大家一定有被抓去寫尾牙抽獎程式的經驗）。隨機取值最簡單的策略，就是先產生一個從 0 到集合尺寸減一的整數，再以這個整數做為索引取值。

▶ 檔名：.../collection/technique/retrieving/element/random.ws.kts

```
val numbers = listOf(2, 3, 5, 6, 7)


numbers[Random.nextInt(numbers.size)]
// 每次取出的值會是 2, 3, 5, 6, 7 的其中一個值
```

自行計算集合長度再搭配索引取值，雖然可以達到隨機取值的目標，但程式碼過於冗長且需要人為拆解語意。因此，標準函式庫提供 **random()** 方法讓開發者從集合裡隨機取值，除了程式碼簡潔外，方法命名也很直覺、富語意。

▶ 檔名：.../collection/technique/retrieving/element/random.ws.kts

```
numbers.random()
// 每次回傳的值會是 2, 3, 5, 6, 7 的其中一個值
```

若是閱讀 **random()** 方法的原始碼，其實作就是產生隨機數字再以 **elementAt()** 索引取值：

```
public fun <T> Collection<T>.random(random: Random): T {
    if (isEmpty())
        throw NoSuchElementException("Collection is empty.")
    return elementAt(random.nextInt(size))
}
```

按照取值方法的設計慣例，若集合是 Empty 的話，**random()** 會拋出 **NoSuchElementException** 例外。因此，若集合有可能是 Empty 的話，可改用 **randomOrNull()**，若集合是 Empty 則回傳 Null。

▶ 檔名：.../collection/technique/retrieving/element/randomOrNull.ws.kts

```
val numbers = mutableListOf(2, 3, 5, 6, 7)
val emptyList = emptyList<Int>()
val nothingInList = listOf<Int>()

numbers.clear()                  // 清空集合
numbers.randomOrNull()           // null

emptyList.randomOrNull()         // null
nothingInList.randomOrNull()     // null
```

1-4-7 Single 取單值系列方法

single() 方法適用於集合裡只有一個元素,而要把這唯一元素取出時使用。**single()** 根據集合不同的狀態會有三種反應:

1. 若集合裡只有一個元素,會回傳該元素。
2. 若集合裡沒有任何元素,則會拋出 **NoSuchElementException** 例外。
3. 若集合裡有超過一個元素,則會拋出 **IllegalArgumentException** 例外。

▶ 檔名:.../collection/technique/retrieving/element/single.ws.kts

```
val onlyOneNumber = listOf(2)

onlyOneNumber.single() // 2
```

single() 也接受傳入 λ 做為取值操作,假如通過條件的只有一個元素,就會回傳該元素,其餘拋出例外的行為與不傳入參數時相同。

▶ 檔名:.../collection/technique/retrieving/element/single.ws.kts

```
val numbers = listOf(2, 2, 3, 2, 2, 2)

numbers.single { it ≠ 2 } // 3
```

single() 也有方法名稱含 **OrNull** 的版本,當集合內沒有元素、或集合裡有一個元素以上、沒有元素通過 λ 條件或多於一個元素通過 λ 條件時,原本會拋出例外的情境都改為回傳 Null。

▶ 檔名:.../collection/technique/retrieving/element/singleOrNull.ws.kts

```
val numbers = listOf(2, 2, 3, 2, 2, 2)
val emptyList = emptyList<Int>()
val nothingInList = listOf<Int>()
```

```
numbers.singleOrNull()                     // null
emptyList.singleOrNull()                   // null
nothingInList.singleOrNull()               // null


numbers.singleOrNull { it > 5 }            // null
emptyList.singleOrNull { it > 5 }          // null
nothingInList.singleOrNull { it > 5 }  // null
```

1-4-8 Find 取單值系列方法

當集合裡元素愈來愈多，就免不了要在其中「找」東西。**find()** 方法接受一個 λ 參數可以依條件找出集合裡「第一個」符合條件的元素，假如沒有任何元素符合的話，就會回傳 Null。

▶ 檔名：.../collection/technique/retrieving/element/find.ws.kts

```
val words = listOf("Lets", "find", "something", "in", "collection",
"somehow")

words.find { it.startsWith("some") }    // something
words.find { it.startsWith("any") }     // null
```

敏銳的讀者會發現 **find()** 方法其行為與 **firstOrNull()** 雷同，的確，閱讀 **find()** 在標準函式庫裡的實作，會發現 **find()** 就是封裝 **firstOrNull()** 方法。

```
public inline fun <T> Iterable<T>.find(predicate: (T) →
Boolean): T? {
    return firstOrNull(predicate)
}
```

用過 **filter()** 方法的讀者也會覺得 **find()** 方法的功能用 **filter()** 也可以做到，其實不然，透過 IntelliJ IDEA 把方法回傳的型別顯示出來就知道差異。**find()** 方法的回傳型別是 **T?**，也就是該方法「只」回傳「一個」元素，若找不到就回傳 Null；而 **filter()** 方法的回傳型別是 **List<T>**，也就是「多個」元素，即不論回傳的是一個還是多個元素都會包裝在一個 List 裡，若沒有符合條件的元素，就回傳 Empty List。開發時可依照不同情境，挑選適合的集合方法使用。

▶ 檔名：.../collection/technique/retrieving/element/find.ws.kts

```
words.filter { it.startsWith("s") }
// 回傳型別為 List<String>
// 回傳內容為 [something, somehow]

words.filter { it.startsWith("z") }
// 回傳型別為 List<String>
// 回傳內容為 []
```

與 **find()** 動作相同但「方向」相反，**findLast()** 則是從集合的後面往前搜尋找出「第一個」符合條件的元素，假如沒有任何元素符合的話，就會回傳 Null。

▶ 檔名：.../collection/technique/retrieving/element/findLastnd.ws.kts

```
words.findLast { it.startsWith("some") }
// somehow

words.findLast { it.startsWith("any") }
// null
```

與 **find()** 的實作概念雷同，**findLast()** 其實就是標準函式庫用 **lastOrNull()** 做的封裝。這種不同方法名稱但底層相同的作法，主要是為了適應不同的開發情境所需的語意。

1-4-9 Search 取單值系列方法

搜尋集合元素時，若想用二元搜尋 [2] 以取得較好的搜尋效率，標準函式庫提供 **binarySearch()** 及 **binarySearchBy()** 兩個方法。**binarySearch()** 可傳入要搜尋的元素及搜尋比較時的邏輯，搜尋後若有結果會回傳索引值，若沒有結果，則會回傳小於 0 的負值。

binarySearch() 可接受最多四個參數：

1. 第一個參數是要搜尋的元素實體。
2. 第二個參數需要傳入一個 **Comparator** 做為搜尋比較時的邏輯。
3. 第三個參數可指定搜尋範圍的索引起始值，預設為 0。
4. 第四個參數可指定搜尋範圍的索引終止值，預設為集合尺寸。

▶ 檔名：.../collection/technique/retrieving/element/binarySearch.ws.kts

```
val products = listOf(
    Product("FT-0851", "Banana", 10.0),
    Product("FT-0422", "Watermelon", 150.0),
    Product("FT-0342", "Apple", 80.0),
    Product("FT-0982", "Grapes", 200.0),
    Product("FT-0952", "Orange", 60.0),
)

products.sortedBy { it.price }
    .binarySearch(
        Product("FT-0422", "Watermelon", 150.0),
        compareBy { it.name }
    )
// 回傳索引值為 3
```

上例先以 **Product** 的 **price** 屬性排序，所以回傳集合內的順序為 Banana、Orange、Apple、Watermelon、Grapes，再依 **name** 屬性搜尋 Watermelon 後，回傳索引值為 3。

　　binarySearchBy() 接受一個 Key 值做為搜尋比較時的基準，以及如何選出 Key 值的 λ 選擇器，其最多也可以支援四個參數，參數順序與 **binarySearch()** 稍有不同：

1. 第一個參數是搜尋比較時的基準 Key 值。
2. 第二個參數可指定搜尋範圍的索引起始值，預設為 0。
3. 第三個參數可指定搜尋範圍的索引終止值，預設為集合尺寸。
4. 第四個參數是選出 Key 值的 λ 選擇器。

▶ 檔名：.../collection/technique/retrieving/element/binarySearchBy.ws.kts

```
products.sortedBy { it.price }
    .binarySearchBy(80.0) {
        it.price
    }
// 回傳索引值為 2
```

　　使用 **binarySearchBy()** 時，先看第四個 λ 選擇器參數回傳的類別屬性為何，再由第一個 Key 參數決定搜尋時的屬性值。在上例裡，λ 選擇器以 **Product** 的 **price** 屬性為搜尋目標，而 Key 為 **80.0** 代表要搜尋價格為八十元的商品。依照排序後的結果，價格為八十元的商品為 Apple，按 **price** 排序後的索引值為 2。

　　在使用 **binarySearch()** 及 **binarySearchBy()** 這兩個二元搜尋的方法前，要注意**集合必需先排序過**[3]，所以上面兩個範例在呼叫以二元搜尋前，都先用 **sorted()** 方法排序。

　　以上介紹的集合取值方法都只能取出單一值，接下來介紹的集成方法可以取多個值。

1-4-10 Take 取區段系列方法

假如要從集合取出多個值，標準函式庫提供四個以 `take` 為首的方法。首先，若想從集合的前面拿元素，可以用 `take()`，參數接受一個大於 0 的整數 **n**，方法會從第一個元素往後取 **n** 個後回傳。若傳入的數量大於集合尺寸，則會回傳整個集合。

▶ 檔名：.../collection/technique/retrieving/parts/take.ws.kts

```
val numbers = listOf(1, 2, 3, 4, 5, 6)

numbers.take(3)
// [1, 2, 3]

numbers.take(100)
// 超過集合尺寸，回傳整個集合
// [1, 2, 3, 4, 5, 6]
```

想想反向取值，也就是從集合的後面拿數個元素的話，可改用 `takeLast()`。不過要注意 `takeLast()` 是「拿後面 n 個」，不是「從後面開始拿 n 個」，也就是說回傳的集合會維持原本的順序。若想要反轉回傳集合內的順序，可搭配集合排序方法。

▶ 檔名：.../collection/technique/retrieving/parts/takeLast.ws.kts

```
numbers.takeLast(3)
// [4, 5, 6]

numbers.takeLast(100)
// 超過集合尺寸，回傳整個集合
// [1, 2, 3, 4, 5, 6]
```

在取值時，用 `takeWhile()` 可以傳入 λ 參數做為取值的條件，只要元素能通過 λ 參數的條件判斷式（回傳 True）就會被取出，直到第一個無法通過條件（回傳 False）的元素後停下。若第一個元素就無法通過條件，回傳的就會是 Empty 集合。

▶ 檔名：.../collection/technique/retrieving/parts/takeWhile.ws.kts

```
val fruits = listOf("Grape", "Muskmelon", "Pear", "Kumquat")

fruits.takeWhile {
    it.length > 4
}
// 第一個長度 ≤ 4 的水果是 Pear
// 回傳 [Grape, Muskmelon]

fruits.takeWhile {
    it.startsWith('A')
}
// 沒有水果的名字開頭是 A
// 回傳 []
```

takeLastWhile() 的行為與 **takeWhile()** 相同，只是反過來從後面執行條件。

▶ 檔名：.../collection/technique/retrieving/parts/takeWhile.ws.kts

```
fruits.takeLastWhile {
    it.length > 4
}
// 由後往前第一個長度 ≤ 4 的水果是 Pear
// 回傳 [Kumquat]

fruits.takeLastWhile {
    it.startsWith('Z')
}
// 沒有水果的名字開頭是 Z
// 回傳 []
```

1-4-11 Drop 取區段系列方法

　　take() 是從集合裡選定要回傳元素的數量後取值，而 **drop()** 則是選定要「丟棄」元素的數量後，將集合剩餘的元素回傳。兩者概念近似但動作相反，在操作時，**drop()** 與 **take()** 相同皆是由前面開始動作，**take()** 由前面開始取得元素，而 **drop()** 則是由前面開始丟棄元素，由參數 **n** 決定要丟棄幾個。若傳入的數量大於集合尺寸，則會回傳 Empty 集合。

▶ 檔名：.../collection/technique/retrieving/parts/drop.ws.kts

```
val numbers = listOf(1, 2, 3, 4, 5, 6)

numbers.drop(3)
// [4, 5, 6]

numbers.drop(100)
// 超過集合尺寸，回傳 Empty 集合
// []
```

　　dropLast() 則是從後面丟棄 **n** 個元素後回傳，與 **takeLast()** 相同，在回傳時並不會改變原本元素在集合裡的順序。

▶ 檔名：.../collection/technique/retrieving/parts/dropLast.ws.kts

```
numbers.dropLast(4)
// [1, 2]

numbers.dropLast(100)
// 超過集合尺寸，回傳 Empty 集合
// []
```

　　這些以 **drop** 開頭的系列方法也可傳入 λ 參數做為丟棄條件，只要通過（回傳 True）傳入 **dropWhile()** λ 參數的元素就會被丟棄，直到第一個無法通過條

件（回傳 False）的元素停下。若第一個元素就是無法通過條件的話，就等於是
回傳原本的集合。

▶ 檔名：.../collection/technique/retrieving/parts/dropWhile.ws.kts

```
val fruits = listOf("Grape", "Muskmelon", "Pear", "Kumquat")

fruits.dropWhile {
    it.length > 4
}
// 第一個長度 ≤ 4 的水果是 Pear
// 回傳 [Pear, Kumquat]

fruits.dropWhile {
    it.startsWith('A')
}
// 沒有水果的名字開頭是 A
// 回傳 [Grape, Muskmelon, Pear, Kumquat]
```

dropLastWhile() 的行為與 **dropWhile()** 相同，只是執行的順序相反，
從後面開始執行條件判斷，直到遇到第一個無法通過的元素後停下回傳。

▶ 檔名：.../collection/technique/retrieving/parts/dropLastWhile.ws.kts

```
fruits.dropLastWhile {
    it.length > 4
}
// 第一個長度 ≤ 4 的水果是 Pear
// 回傳 [Grape, Muskmelon, Pear]

fruits.dropLastWhile {
    it.contains('a') or it.contains('e')
}
// 所有元素都有包含 a 或 e
// 回傳 []
```

1-4-12 Slice 取區段系列方法

用 **take()** 或 **drop()** 等兩種方法只能從前面或後面取值，若想從集合中間「切」一段元素出來，或是從指定的數個索引位置取值，標準函式庫提供 **slice()**，可以兩種方式將元素從集合中截取出來：

1. 傳入一個 **Range** 物件，方法會依 **Range** 物件描述的區間資訊抓取元素後以 List 回傳。
2. 將想取出元素的索引值放入集合（只要是 **Iterable** 物件都可以）後傳入，方法會依集合內索引值的順序抓取元素後以 List 回傳。若有重覆的索引值也會重覆抓取，若索引超出範圍則會拋出 **ArrayIndexOutOf BoundsException** 例外。

第一種方式，以 **Range** 物件產生要抓取的元素索引序列，由於索引由 0 開始計算，所以傳入 **1..3** 對應到索引值為 1、2、3 的元素。我們可以用 **step** 來指定每一步的間隔，在截取時就可以跳著抓。比方說傳入 **0..4 step 2** 代表由 0 開始每次前進 2 格到 4 的時候停下，也就是抓取索引值 0、2、4 的元素後回傳。

▶ 檔名：.../collection/technique/retrieving/parts/slice.ws.kts

```
val fruits = listOf(
    "Grape",
    "Muskmelon",
    "Pear",
    "Kumquat",
    "Coconut",
    "Avocado",
    "Tangerine"
)
```

```
fruits.slice(1..3)
// 抓取索引值 1 到 3 的元素
// [Muskmelon, Pear, Kumquat]

fruits.slice(0..4 step 2)
// 索引值由 0 開始每次加 2 到 4 停下
// 索引值為 0, 2, 4
// [Grape, Pear, Coconut]
```

第二種方式，**slice()** 會依照傳入參數集合裡的索引值去抓取指定的元素回傳。假如傳入的是 List，且裡面有重覆的元素，則回傳的集合裡就會有重覆的值。不想重覆的話可改傳 Set，由於 Set 天生就會去除重覆，所以抓取索引時就不會有重覆的值，不過回傳集合的大小就會與傳入 Set 的大小不同。

▶ 檔名：.../collection/technique/retrieving/parts/slice.ws.kts

```
fruits.slice(listOf(3, 0, 0))
// 抓取索引為 3, 0, 0 的元素
// 回傳 [Kumquat, Grape, Grape]

fruits.slice(setOf(3, 5, 0))
// 也可以傳入 Set
// 回傳 [Kumquat, Avocado, Grape]

fruits.slice(setOf(3, 0, 0))
// Set 會過濾重覆，所以只回傳 2 個元素
// [Kumquat, Grape]
```

要注意 **slice()** 方法只有 List 可以使用，若正在操作的集合物件不是 List，可以用轉型方法 **toList()** 轉型成 List 後再操作。若正在操作的物件是 Array 的話，標準函式庫有 **sliceArray()** 可以使用，用法與 **slice()** 大致相同，不過回傳的是 Array 物件。

▶ 檔名：.../collection/technique/retrieving/parts/sliceArray.ws.kts

```kotlin
val fruits = arrayOf(
    "Grape",
    "Muskmelon",
    "Pear",
    "Kumquat",
    "Coconut",
    "Avocado",
    "Tangerine"
)

strings.sliceArray(1..3)
// 抓取索引值 1 到 3 的元素
// [Muskmelon, Pear, Kumquat]

strings.sliceArray((0..4 step 2).toList())
// 索引值由 0 開始每次加 2 到 4 停下
// 要將 Progression 轉成 List（或 Set）
// 索引值為 0, 2, 4
// [Grape, Pear, Coconut]

strings.sliceArray(listOf(3, 0, 0))
// 抓取索引為 3, 0, 0 的元素
// 回傳 [Kumquat, Grape, Grape]

strings.sliceArray(setOf(3, 5, 0))
// 也可以傳入 Set
// 回傳 [Kumquat, Avocado, Grape]

strings.sliceArray(setOf(3, 0, 0))
// Set 會過濾重覆，所以只回傳 2 個元素
// [Kumquat, Grape]
```

1-4-13 Chunk 取區段方法

若需要把集合切成一塊一塊固定長度的小段，不必手動用迴圈動刀，標準函式庫提供的 **chunked()** 就可以用於這種情境。只要傳入一個指定區塊大小的正整數參數 **size**，**chunked()** 會依照參數值將集合切成數段 List 後，再以 **List<List<T>>** 的格式回傳，若集合尺寸無法被 **size** 參數整除，最後一個區塊的尺寸會不足 **size** 的大小。**chunked()** 的行為可用下圖解釋：

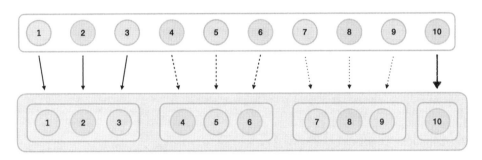

圖 1-4-4　圖解 checked() 方法行為

以一個有十個元素的集合為例，若每三個元素切一段，則可以切成三段完整、一段只有一個元素共四段子集合：

▶ 檔名：.../collection/technique/retrieving/parts/chunked.ws.kts

```
val numbers = listOf(1, 2, 3, 4, 5, 6, 7, 8, 9, 10)

numbers.chunked(3)
// [[1, 2, 3], [4, 5, 6], [7, 8, 9], [10]]
```

chunked() 支援以傳入的 λ 參數做二次處理，比方說把回傳的每一個子集合裡的數字加總，或將子集合裡的字串串接成一個大字串…等。一般做過二次處理後，最終回傳的型別就會被 λ 裡的的行為轉型。

▶ 檔名：.../collection/technique/retrieving/parts/chunked.ws.kts

```kotlin
val numbers = listOf(1, 2, 3, 4, 5, 6, 7, 8, 9, 10)
val chars = listOf('a', 'b', 'c', 'd', 'e', 'f', 'g')

numbers.chunked(3) { it.sum() }
// [6, 15, 24, 10]
// 型別為 List<Int>

chars.chunked(2) {
    it.joinToString(
        separator = "+",
        prefix = "(",
        postfix = ")"
    )
}
// [(a+b), (c+d), (e+f), (g)]
// 型別為 List<String>
```

chunked() 方法並不會更動原始集合裡的內容，因此方法使用過去分詞命名。

1-4-14 Window 取區段方法

另一種將集合分段的方式是先設定一段範圍，然後以這個範圍逐「格」移動來取出元素。想像一下前方有五個物件，而手上拿著一次只能看到三個物件的「窗戶」，從第一個物件的位置逐格移動，移動時把每一格可以看到的範圍收成一個子集合，這種取值方法就稱做 **windowed()**。**windowed()** 的行為可用下圖解釋：

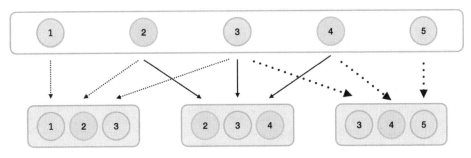

圖 1-4-5　圖解 windowed() 方法行為

　　以一個有五個元素的集合為例，若用一個三格窗戶移動取值，則從頭到尾移動完可以拿到三個子集合。要注意的是，**windowed()** 預設每次移動一格，所以回傳的子集合的第一個元素會是父集合裡的每一個元素，父集合裡的元素也會重複地出現在子集合裡：

▶ 檔名：.../collection/technique/retrieving/parts/windowed.ws.kts

```
val numbers = listOf(1, 2, 3, 4, 5)

numbers.windowed(3)
/*
  [
    [1, 2, 3],
    [2, 3, 4],
    [3, 4, 5]
  ]
*/
```

　　若這種行為模式不符需求，**windowed()** 也提供四個參數可做彈性調整：

1. 第一個參數 **size** 是窗戶的尺寸。

2. 第二個參數 **step** 每次移動的格數。

3. 第三個參數 **partialWindows** 則是布林值。在取值時，若想保留不足一段的子集合則傳 True，反之則傳 False

4. 第四個參數 **transform** 則是要做二次操作時，可傳入 λ 參數做轉換。

▶ 檔名：.../collection/technique/retrieving/parts/windowed.ws.kts

```
numbers.windowed(
    size = 3,
    step = 2,
    partialWindows = true
)
/*
  [
  [1, 2, 3],
  [3, 4, 5],
  [5]
  ]
*/

numbers.windowed(
    size = 3,
    step = 2,
    partialWindows = false
)
/*
  [
  [1, 2, 3],
  [3, 4, 5]
  ]
*/

numbers.windowed(size = 3,
    step = 2,
    partialWindows = false
) { it.sum() }
// [6, 12]
```

在上面的前兩個範例裡，可以看出 **partialWindows** 對回傳內容的影響。另外，**windowed()** 方法並不會更動原始集合裡的內容，因此方法使用過去分詞命名。

1-4-15 Zip 取區段方法

還有一種取區段的 **zipWithNext()** 方法，是將前後相鄰的兩個元素，以每次移動一格的方式抓取，也就是說，每一次取值時，會將集合裡的每一個元素跟下一個元素做成一個 Pair 後回傳：

▶ 檔名：.../collection/technique/retrieving/parts/zipWithNext.ws.kts

```
val numbers = listOf(1, 2, 3, 4, 5)

numbers.zipWithNext()
/*
   [
     (1, 2),
     (2, 3),
     (3, 4),
     (4, 5)
   ]
*/
```

以上述內含五個數字的集合為例，每兩個元素被配成一組，所以回傳的 List 裡就有四個 Pair 物件。另外，**zipWithNext()** 也支援二次操作，傳入的 λ 會收到兩個參數，即每一格裡拿到的兩個相鄰元素，可依需求做處理或轉型。

▶ 檔名：.../collection/technique/retrieving/parts/zipWithNext.ws.kts

```
numbers.zipWithNext { a, b -> a * b } // [2, 6, 12, 20]
```

延續前面的例子，λ 收到的參數對應 **a** 跟 **b**，依序配對為 **(1, 2)**、**(2, 3)**、**(3, 4)**、**(4, 5)**，將其相乘得到的結果就是 **[1*2, 2*3, 3*4, 4*5]**，計算後的結果就是 **[2, 6, 12, 20]**。

1-4-16 回顧

本章以「取單值」及「取區段」兩大塊，一共討論了十五種從集合取值的方法：

❑ **取單值的系列方法共九種：**

- 以 **index** 開頭的系列方法，可以用中括號搭配索引取值、也可以用元素找出其索引值，搜尋時可以依元素或 λ 參數找出符合條件的第一個或最後一個索引。

- 以 **get** 開頭的系列方法除了以索引取值外，還可以搭配 OrNull、OrElse 設定回傳值的內容。針對 Map 則提供除了可以取值與設定預設值外，還有當元素不存在就寫入的 **getOrPut()** 方法。

- 以 **element** 開頭的系列方法，是專為沒有索引設計的 Set 而設計，方法名稱及用方皆與 **get** 系列雷同，而且不僅適用於 Set，其他集合物件也可使用。

- 取單值的三種方法：**[index]**、**get()** 和 **elementAt()** 在不同集合物件上的使用條件不同，整理表格如下：

	Array	List	Set	Map
[index]	✓	✓	X	✓
get()	✓	✓	X	✓
elementAt()	✓	✓	✓	X

- 取單值時，各方法的使用策略供參考：
  - 若是操作 Set 則一定使用 `elementAt()`。
  - 沒有特別考量時，優先使用中括號的寫法。
  - 若是需要處理 Nullable，則用 `get()`。
- 以 `first` 開頭的系列提供更有語意取出第一個值的方法，除了考量 Null 及 NotNull 的設計外，也有結尾為 Of 的方法可直接取出元素的屬性值。
- 以 `last` 開頭的系列方法除了取值的方向與 `first` 開頭的系列方法相反外，其餘功能皆同。
- 以 `random` 開頭的系列方法可隨機取值。
- 以 `single` 開頭的系列方法可回傳集合裡的唯一元素或是唯一通過 λ 參數的元素。
- `find()` 及 `findLast()` 就是為 `firstOrNull()` 及 `lastOrNull()` 取另一種名字的封裝。
- 若要以二元搜尋法來搜尋集合內的元素，可用 `binarySearch` 開頭的系列方法，但在使用前要先排序。

❑ 取區段的系列方法共六種：

- 以 `take` 開頭的系列方法，可從集合的前面或後面取出指定數量的元素，或依指定條件取值，直到不符合條件時停下。
- 以 `drop` 開頭的系列方法，可從集合的前面或後面丟棄指定數量的元素後，回傳剩餘的元素；或依指定條件丟棄元素，直到不符合條件時停下後，回傳剩餘的元素。
- `slice()` 可用 Range 物件指定集合取值的區段，也可以傳入想要抓取元素的索引值集合取值。
- `chunked()` 可將集合切成一塊一塊固定長度的小段，還可傳入 λ 參數做二次處理。

- **windowed()** 可將集合依特定範圍逐格移動取值，回傳包含取值子集合的集合，還可傳入 λ 參數做二次處理。

- **zipWithNext()** 可將前後相鄰的兩個元素，以每次移動一格的方式配對，回傳包含 Pair 的集合，還可傳入 λ 參數做二次處理。

- **slice()** 與 **windowed()** 方法都不會更動原始集合裡的內容，因此方法使用過去分詞命名。

筆者也是在整理完這個章節後才發現，原來光是集合取值，標準函式庫就提供了這麼多種方法供開發者使用。雖然乍看覺得眼花撩亂，但讀者只要掌握各方法名稱的英文原義，搭配以上對各方法用途的重點摘要及使用策略，就能更快找出合乎開發情境對應的方法。若一時迷失在眾多方法時，別忘了參照 1-12 集合方法速查地圖，即可幫助回憶每個方法的使用情境及用法。

1-5 排序集合的方法

在處理資料時，有時順序是重要的。比方說，我們希望由小至大排列集合裡的數字，或是將集合裡的字串依字母順序從 a 排到 z。而 Kotlin 在比較兩個 List 的時候，即便內容元素相同，但順序不同也會被視為不同的 List，由此可見，順序在資料處理的重要性。在這個章節裡，我們就來探索與排序有關的集合方法。

1-5-1 總覽圖

圖 1-5-1　排序集合的方法總覽圖

在「排序」這個用途底下，我們以三個關鍵字做分類，分別是：**sort**、**reverse** 及 **shuffle**，下面將針對排序處理做一系列示範。

1-5-2 Sort 系列方法

要對集合裡的元素排序很簡單，使用 **sorted()** 方法，Kotlin 會以自然排序（Natural Order）的方式排列所有元素。所謂自然排序，意指依自然慣例排序不同類型的資料。以數字（Numeric）類型而言，就是照著數學概念由小至大排序，亦即 0 排在 1 前面、-3 排在 -5 前面；對字元（Char）來說，則是由 a 排至 z；若是字串（String），則依第一個單字的字首做排序。

▶ 檔名：.../collection/technique/ordering/sorted.ws.kts

```
val numbers = listOf(4, 1, 3, 5, 2)
val chars = setOf('b', 'y', 'p', 'x', 'h')
val strings = setOf("Grape", "Muskmelon", "Kumquat", "Pear")

numbers.sorted()
// [1, 2, 3, 4, 5]

chars.sorted()
// [b, h, p, x, y]
```

```
strings.sorted()
[Grape, Kumquat, Muskmelon, Pear]
```

若排序時想由大至小，也就是反向排列的話，則在原本的方法名稱後面加上 `Descending` 即可。

▶ 檔名：.../collection/technique/ordering/sortedDescending.ws.kts

```
numbers.sortedDescending()
// [5, 4, 3, 2, 1]

chars.sortedDescending()
// [y, x, p, h, b]

strings.sortedDescending()
// [Pear, Muskmelon, Kumquat, Grape]
```

自然排序雖然直覺且常用，不過實務上常需要自訂排序邏輯。含自訂排序邏輯的方法在標準函式庫的方法命名慣例是在方法名稱加上 **By** 關鍵字成為 **sortedBy()** 方法，其支援傳入 λ 來指定排序邏輯。舉例來說，在排序字串時，想依照字串長度做為排序的依據，可以這樣寫：

▶ 檔名：.../collection/technique/ordering/sortedBy.ws.kts

```
val fruits = listOf("Grape", "Muskmelon", "Kumquat", "Pear")

fruits.sortedBy { it.length }
// [Pear, Grape, Kumquat, Muskmelon]
```

上面的範例裡，**sortedBy()** 會以傳入的 λ 進行運算後，依照字串長度的數值做自然排序，將水果的名字由短至長排序。若是想要反向排序的話，標準函式庫也提供 **Descending** 後綴的 **sortedByDescending()** 可以使用：

▶ 檔名：.../collection/technique/ordering/sortedByDescending.ws.kts

```
fruits.sortedByDescending { it.length }
// [Muskmelon, Kumquat, Grape, Pear]
```

標準函式庫將 **sortedBy()** 和 **sortedByDescending()** 設計成可接受傳入 λ，讓使用更有彈性，排序依據也不限單純的字串長度，也可以是字元。比方說，依照字串的最後一個字元做反向排序，則可以這樣表示：

▶ 檔名：.../collection/technique/ordering/sortedByDescending.ws.kts

```
fruits.sortedByDescending { it.last() }
// [Kumquat, Pear, Muskmelon, Grape]
```

延續水果名稱的例子，**it.last()** 會將每一個水果名稱的最後一個字元取出成 **e**、**n**、**t**、**r**，再依自然排序的反向排序成 **t**、**r**、**n**、**e** 後，回傳 **[Kumquat, Pear, Muskmelon, Grape]**。

另一種自訂排序邏輯的方式，就是先宣告一個 **Comparator** 實例，該實例可接受兩個相同型別的參數，並定義比較邏輯。比較邏輯通常透過條件判斷或數值計算，比較邏輯的回傳值必須為整數，以回傳的整數來決定先後順序，並依此進行排序[1]。回傳整數共有三種結果：

1. 正數表示數字較大、排序較後。
2. 負數表示數字較小、排序較前。
3. 0 表示兩者相等。

宣告完 **Comparator** 實例後，再搭配 **sortedWith()** 使用即可：

▶ 檔名：.../collection/technique/ordering/sortedWith.ws.kts

```
val target = listOf("aaa", "bb", "c")
val lengthComparator = Comparator { str1: String, str2: String →
    str1.length - str2.length
```

```
}

target.sortedWith(lengthComparator)
// [c, bb, aaa]
```

若覺得先宣告 **Comparator** 實例有點冗長，有幾種替代方式。一種是將實作 **Comparator** 比較運算的程式碼以 λ 傳入，另一種是用標準函式庫裡的 **compareBy()** 函式實作，在 λ 參數內做比較運算，若要反向排序也有加上 **Descending** 後綴的 **compareByDescending()** 函式可使用。

▶ 檔名：.../collection/technique/ordering/sortedWith.ws.kts

```
target.sortedWith { str1, str2 →
    str1.length - str2.length
}
// [c, bb, aaa]

target.sortedWith(compareBy { it.length })
// [c, bb, aaa]

target.sortedWith(compareByDescending { it.length })
// [aaa, bb, c]
```

compareBy() 可依需求指定多重排序條件，排序時比較的型別也不限定數字類型，也支援文字類型。以水果倉庫的庫存量為例，在 List 裡儲存了水果名稱與現有庫存數的 Pair，想先以水果名排序，再以庫存量排序時，可在 **compareBy()** 指定多個排序參數。

▶ 檔名：.../collection/technique/ordering/sortedWith.ws.kts

```
val warehouse = listOf(
    "Apple" to 123,
    "Papaya" to 8,
```

```
    "Orange" to 72,
    "Grape" to 21,
    "Banana" to 205,
    "Pineapple" to 47
)

warehouse.sortedWith(
    compareBy({ it.first }, { it.second })
)
/*
  [
    (Apple, 123),
    (Banana, 205),
    (Grape, 21),
    (Orange, 72),
    (Papaya, 8),
    (Pineapple, 47)
  ]
*/
```

上述這些以 **sort** 為首的方法都不會更動原始集合裡的內容，方法名稱皆使用過去分詞命名。

1-5-3 Reverse 系列方法

通常排序集合裡的元素是為了依順序取出，不過有時排序後情境一變，可能又需要反序取出。這時我們雖然可以重新用加上 **Descending** 後綴的方法重新排序，不過更簡單的作法是直接反轉已經排好序的集合即可。標準函式庫提供 **reversed()** 方法讓我們反轉集合裡元素的順序：

▶ 檔名：.../collection/technique/ordering/reversed.ws.kts

```
val numbers = listOf(1, 5, 3, 2, 4)

numbers.reversed() // 反轉成 [4, 2, 3, 5, 1]
```

從上例可以觀察到，**reversed()** 方法會直接反轉現有集合內元素的順序，在反轉前**不會**預先排序過。若希望結果可以依數字大小排序的話，可以在呼叫 **reversed()** 方法之前先呼叫 **sorted()** 方法。

▶ 檔名：.../collection/technique/ordering/reversed.ws.kts

```
numbers.sorted()    // 先正向排序成 [1, 2, 3, 4, 5]
        .reversed() // 再反轉成 [5, 4, 3, 2, 1]
```

當然，以上例的情境來説，要取得一樣的結果，也可以用 **sorted Descending()** 完成。

▶ 檔名：.../collection/technique/ordering/reversed.ws.kts

```
numbers.sortedDescending()
// [5, 4, 3, 2, 1]
```

由此可見在使用集合方法時，可視當下開發情境選擇最適合的方法來實作，標準函式庫的方法提供了極大的彈性供我們組合運用。另外，**reversed()** 方法不會更動原始集合裡的內容，方法名稱依慣例使用過去分詞命名。

1-5-4 Shuffle 系列方法

有時為了創造隨機性，需要把集合裡的順序弄亂，或是換一種方式講，以「隨機順序」做排序。以經典的抽獎程式為例，集合裡放的是準備抽出的得獎名單（以 **LotteryDrawer** 資料類別為例），每次抽獎前都要先把抽獎箱搖一搖以示公平，這時就需要隨機排序。

要讓集合裡的元素隨機排列，呼叫 **shuffled()** 方法即可。由於 **shuffled()** 方法不會更動原始集合裡元素的順序，而是建立一個新的集合回傳，因此方法名稱使用過去分詞命名。

▶ 檔名：.../collection/technique/ordering/shuffled.ws.kts

```
val raffle = listOf(
    LotteryDrawer("John"),
    LotteryDrawer("Tom"),
    LotteryDrawer("Mary"),
    LotteryDrawer("Sean"),
    LotteryDrawer("Paul"),
)

raffle.shuffled()
// 實際運行時，每次出現的結果都會不同
/*
  [
    LotteryDrawer(name=Paul),
    LotteryDrawer(name=Tom),
    LotteryDrawer(name=Sean),
    LotteryDrawer(name=John),
    LotteryDrawer(name=Mary)
  ]
*/
```

從上例可以觀察出，**shuffled()** 會回傳整個隨機排序過後的集合。所以要從中抽出得獎者的話，可以先搭配集合取值方法 first() 拿出第一個元素後，再取出物件屬性。

▶ 檔名：.../collection/technique/ordering/shuffled.ws.kts

```
raffle.shuffled()
    .first()
```

```
   .name
// Mary（實際運行時，每次出現的結果都會不同）
```

若要一次抽出多位得獎者，則可搭配 **take()** 方法取出指定數量的元素，再以迴圈取出物件屬性。

▶ 檔名：.../collection/technique/ordering/shuffled.ws.kts

```
raffle.shuffled()
   .take(3)
// 實際運行時，每次出現的結果都會不同
/*
  [
  LotteryDrawer(name=Paul),
  LotteryDrawer(name=Tom),
  LotteryDrawer(name=Mary)
  ]
*/
```

在使用集合物件時，像這樣串聯多個方法達成運算目標是很常見的用法。隨著學會的集合方法愈來愈多，就愈能發揮其威力。本書第三部份實戰篇 **3-1 樂透選號**一篇裡還會有更深入的討論。

1-5-5 回顧

本章綜覽三種用來排序集合的方法：

1. 以 **sort** 開頭的系列方法，可依自然排序、傳入 λ 或 **Comparator** 排序集合內的元素順序。
2. **reversed()** 方法可反轉集合內的元素順序。
3. **shuffled()** 方法可將集合內元素隨機排序。

　　這個章節討論的集合方法皆是用在排序，實務上通常會如我們示範 Reverse 或 Shuffle 系列方法的例子，以排序方法搭配其他集合方法做綜合運用。而在使用集合方法時，達成目的的作法也往往不只一種方式，開發者可視當下情境選擇最適合的解決方案。另外，這系列的方法名稱使用的都是過去分詞，這表示**這些操作都不會更動原本集合的內容**，而是將集合依指定方式排序後回傳一個新的集合做結果。若要保留排序後的結果，需宣告新的變數來儲存，在使用上要特別注意。另外，關於集合命名的慣例，可以參考本書第二部份心法篇 **2-2 集合方法變化形釋疑**一篇的討論。

1-6　檢查集合的方法

　　之所以會在集合裡放資料，通常都是為了拿來運算或比較，也就是要檢查其中的內容，方便做邏輯判斷，比方說集合裡有沒有內容、裡面是不是包含某個元素⋯等。在本章節中，我們要來探索這些跟檢查有關的集合方法。

1-6-1　總覽圖

圖 1-6-1　檢查集合的方法總覽圖

　　在「檢查」用途底下，以三個關鍵字做分類，其中包含：`is`、`condition` 及 `contains`，下面分別針對不同情境做檢查和比對。

1-6-2 Is 系列方法

在操作集合時，常有的情境是要檢查集合裡是否有元素、內容是否為空…等判斷。該怎麼判斷集合裡是否有元素呢？直覺的想法就是偵測集合的尺寸，若尺寸為 0 就代表集合裡沒有元素，反之就代表集合裡有元素。

要偵測集合的尺寸，我們有兩種策略可以使用，一種是讀取集合的 `size` 屬性，其會回傳集合尺寸的整數值，若 `size` 為 0 則表示集合不含任何元素；反之若 `size` 大於 0 則表示集合裡有元素。

▶ 檔名：.../collection/technique/checking/isEmpty.ws.kts

```
val numbers = mutableListOf(1, 2, 3, 4, 5)

if (numbers.size == 0) {
    println("集合不含任何元素")
} else {
    println("集合裡有元素")
}
```

💡 提示

本段範例在寫相等判斷時，兩個 =（等於）符號會相黏在一起變成一個較長的等於。若寫 <=（小於等於）及 >=（大於等於），在 IDE 裡會顯示成 ≤ 及 ≥。會有這種如數學記號的視覺效果，是因為筆者的 IntelliJ IDEA 選擇的字型為 JetBrains Mono，並開啟合字顯示（Font Ligature）[1]。若想在 IDE 裡有這種合字顯示的效果，請進入 **Preference** > **Editor** > **Font** 設定，將 **Font** 設定為 **JetBrains Mono**，並勾選 **Enable ligatures** 後儲存設定。

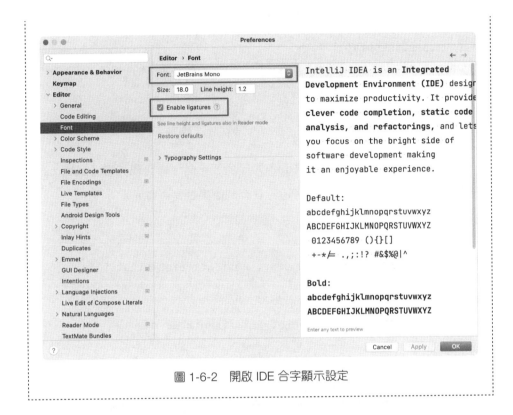

圖 1-6-2　開啟 IDE 合字顯示設定

除了使用屬性來偵測外，也可以用相同概念的 **count()** 方法達到同樣效果：

▶ 檔名：.../collection/technique/checking/isEmpty.ws.kts

```
if (numbers.count() == 0) {
    println("集合不含任何元素")
} else {
    println("集合裡有元素")
}
```

雖然在判斷式裡測試集合尺寸是可行的，但若想讓程式碼更有**語意**的話，可以用 **isEmpty()** 取代。所以上例可以改寫成這樣：

▶ 檔名：.../collection/technique/checking/isEmpty.ws.kts

```
if (numbers.isEmpty()) {
    println("集合不含任何元素")
} else {
    println("集合裡有元素")
}
```

閱讀標準函式庫裡 **ListBuilder** 類別的原始碼，會發現其實 **isEmpty()** 方法就是以集合長度 **length** 是否等於 0 來判斷集合是否有元素：

```
internal class ListBuilder<E> private constructor(
    // ...
) : MutableList<E>, RandomAccess, AbstractMutableList<E>(),
    Serializable {
    // ...
    override fun isEmpty(): Boolean = length == 0
    // ...
}
```

當 IntelliJ IDEA 發現有程式碼是以 **count() == 0** 做為判斷集合是否有內容時，會以灰色波浪線提示開發者改用 **isEmpty()**。當看到提示時，可以先按鍵盤的 F2 讓游標跳到灰色波浪線的位置，再按 ⌥+↵（macOS）或 Alt+Enter（Windows 或 Llnux）呼叫 **Quick Fix** 提示，選擇 **Replace size zero check with 'isEmpty'**。IntelliJ IDEA 就會自動調整這段程式碼。

圖 1-6-3　使用 Quick Fix 調整程式碼

為實驗 **isEmpty()** 的功能，我們用 **clear()** 方法把集合裡的所有元素清空，再用 **isEmpty()** 判斷集合的內容。一前一後比對就可以確認 **isEmpty()** 的偵測效果。

▶ 檔名：.../collection/technique/checking/isEmpty.ws.kts

```
numbers.isEmpty() // false
numbers.clear()
numbers.isEmpty() // true
```

若是建立集合時，就是用 Empty 系列的函式，則以 **isEmpty()** 偵測就會回傳 **true**。

▶ 檔名：.../collection/technique/checking/isEmpty.ws.kts

```
val emptyNumbers = emptyList<Int>()
emptyNumbers.isEmpty() // true
```

既然有 **isEmpty()** 這種檢查集合裡是否有元素的方式，集合也提供與 **isEmpty()** 功能相反的 **isNotEmpty()**，用來偵測集合裡是否有元素。

▶ 檔名：.../collection/technique/checking/isNotEmpty.ws.kts

```
val numbers = mutableListOf(1, 2, 3, 4, 5)

numbers.isNotEmpty()            // true
numbers.clear()
numbers.isNotEmpty()            // false
numbers.addAll(listOf(6, 7, 8))
numbers.isNotEmpty()            // true
```

實際使用時，狀況有可能會更複雜，需要同時考量到 Empty 和 Null 的情境。眾所皆知 Kotlin 的特色之一就是對 Nullable 的處理，所以這部份在標準函式庫裡也有對應的函式。假如集合有可能是 Null 時，也可以透過 **isNullOrEmpty()** 來做 Null 或 Empty 檢查：

▶ 檔名：.../collection/technique/checking/isNullOrEmpty.ws.kts

```
var numbers: List<Int>? = null

numbers.isNullOrEmpty() // true
numbers = listOf(1,2,3)
numbers.isNullOrEmpty() // false
```

有了 **isNullOrEmpty()**，就不需要寫出如 **collection == null ||** **collection.isEmpty()** 這樣複雜的判斷式，直接透過符合語意的方法偵測即可。不過請注意，上例在宣告 **numbers** 時用的是 **var** 關鍵字，所以我們才能修改 **numbers** 的參考。

1-6-3 Condition 系列方法

在檢查相關的集合方法裡，有三個可以一次檢查集合裡的內容是否通過指定條件的方法：**any()**、**none()** 及 **all()** 可以使用。我們先從 **any()** 及 **none()** 談起，它們跟 **isEmpty()** 和 **isNotEmpty()** 功能類似但語意稍有不同。

假如集合裡至少有一個元素的話，**any()** 就會回傳 **true**，效果同 **isNotEmpty()**：

▶ 檔名：.../collection/technique/checking/any.ws.kts

```
val fruits = listOf("Grape", "Papaya", "Pineapple", "Pear")
val emptyList = emptyList<String>()

fruits.any()        // true
fruits.isEmpty()    // false
fruits.isNotEmpty() // true
```

```
emptyList.any()            // false
emptyList.isEmpty()        // true
emptyList.isNotEmpty()     // false
```

在上例裡，筆者把 **any()**、**isEmpty()** 及 **isNotEmpty()** 三個方法放在一起比較，讀者可以從回傳結果了解這三者之間相同與相異之處。

不過若 **any()** 只是拿來像 **isNotEmpty()** 這樣用就太可惜了，因為 **any()** 除了可以不用傳入參數使用外，也支援傳入 λ 做為判斷條件使用。也就是說，若集合裡有「任一元素」通過 λ 的檢查條件（符合英文 Any 的語意），**any()** 就會回傳 **true**，讓這個方法在使用上更有彈性。

▶ 檔名：.../collection/technique/checking/any.ws.kts

```
val fruits = listOf("Grape", "Papaya", "Pineapple", "Pear")

fruits.any { it.endsWith("e") } // true
fruits.any { it.endsWith("z") } // false
```

語意跟 **any()** 相反的就是 **none()**。假如集合內沒有任何元素的話，**none()** 就會回傳 **true**，效果等同 **isEmpty()**。

▶ 檔名：.../collection/technique/checking/none.ws.kts

```
val fruits = listOf("Grape", "Papaya", "Pineapple", "Pear")
val emptyList = emptyList<String>()

fruits.none()             // false
fruits.isEmpty()          // false
fruits.isNotEmpty()       // true

emptyList.none()          // true
emptyList.isEmpty()       // true
emptyList.isNotEmpty()    // false
```

　　none() 跟 **any()** 一樣支援以傳入的 λ 做為判斷條件，若集合裡沒有任何一個元素通過 λ 條件的話，**none()** 就會回傳 **true**，反之回傳 **false**。

▶ 檔名：.../collection/technique/checking/none.ws.kts

```
val fruits = listOf("Grape", "Papaya", "Pineapple", "Pear")

fruits.none { it.endsWith("z") } // true
fruits.none { it.endsWith("a") } // false
```

　　all() 跟 **any()** 及 **none()** 稍有不同，**all()** 一定要傳入 λ 參數做為條件來檢查是否「全部的元素」都符合 **all()** 的判斷式，若全部符合就會回傳 **true**，反之則回傳 **false**。

▶ 檔名：.../collection/technique/checking/all.ws.kts

```
val fruits = listOf("Grape", "Papaya", "Pineapple", "Pear")

fruits.all { it.endsWith("e") } // false
```

　　但在使用 **all()** 時要注意 Vacuous Truth（空洞的真理，意思是條件永遠為真），也就是説，假如用 **all()** 檢查 Empty 的集合，則不管如何都會回傳 **true**。

▶ 檔名：.../collection/technique/checking/all.ws.kts

```
val emptyList = emptyList<String>()

emptyList.all { it == "anything" } // true
```

1-6-4 Contains 系列方法

另一個常見的情境是想要檢查一個集合裡是否「包含」指定元素。標準函式庫提供一系列以 **contains** 為首的方法，傳入一個要檢查的元素，若集合裡有任一元素跟檢查元素相同則回傳 **true**，反之回傳 **false**。

▶ 檔名：.../collection/technique/checking/contains.ws.kts

```
val fruits = listOf("Grape", "Papaya", "Pineapple", "Pear")

fruits.contains("Papaya") // true
fruits.contains("Banana") // false
```

值得一提的是，**contains()** 用法其實跟 **in** 關鍵字的效果相同，所以上面這個例子可以改寫成更簡潔、更像英文語句的寫法如下：

▶ 檔名：.../collection/technique/checking/contains.ws.kts

```
"Papaya" in fruits // true
"Banana" in fruits // false
```

不過 **contains()** 只能檢查一個傳入的元素，若想檢查多個元素則要用 **containsAll()**。但使用上要稍加注意，**containsAll()** 會檢查「全部的元素」，也就是說要所有指定的元素都存在才會回傳 **true**。

▶ 檔名：.../collection/technique/checking/containsAll.ws.kts

```
val fruits = listOf("Grape", "Papaya", "Pineapple", "Pear")

fruits.containsAll(listOf("Grape"))  // true
fruits.containsAll(listOf("Banana")) // false

fruits.containsAll(listOf("Grape", "Pineapple")) // true
fruits.containsAll(listOf("Papaya", "Banana"))   // false
```

contains() 方法若用在 Map，則預設檢查是 Map 的 Key，若傳入與 Key 不同型別的參數就無法通過編譯。為了讓使用意圖更明確，筆者建議可以改用 containsKey()，指明要檢查的是 Key。

▶ 檔名：.../collection/technique/checking/containsKey.ws.kts

```kotlin
val warehouse = mapOf(
    "Apple" to 10,
    "Banana" to 20,
    "Orange" to 5,
)

warehouse.contains("Apple") // true

warehouse.containsKey("Apple")  // true
warehouse.containsKey("Grapes") // false
```

聰明的您一定想到，依照慣例 Kotlin 既然有 containsKey() 那就一定會有 containsValue() 吧？沒錯！使用 containsValue() 並傳入一個跟 Map Value 相同型別的參數，就可以檢查該 Value 是否包含在 Map 裡。

▶ 檔名：.../collection/technique/checking/containsValue.ws.kts

```kotlin
val warehouse = mapOf(
    "Apple" to 10,
    "Banana" to 20,
    "Orange" to 5,
)

warehouse.containsValue(10)  // true
warehouse.containsValue(200) // false
```

1-6-5 回顧

本章綜覽三種用來檢查集合內容的方法：

1. 以 is 開頭的系列方法，可以用來檢查集合是否 Empty、NotEmpty 或 NullOrEmpty。
2. 三種 Condition 方法都是針對集合內所有元素做檢查，檢查的條件可透過 λ 傳入。
3. 以 contains 開頭的系列方法則分檢查單值、多個以及針對 Map 的 Key 及 Value 的不同用法。

除了記憶以上三種分類的集合方法外，本章所介紹的這些集合檢查方法的使用情境都是「問句」，也就是說在使用時的語境都類似「是不是？」「有沒有？」，所以記得這些集合方法回傳的一定是布林值（Boolean），這樣在使用上應該會更能掌握其用法。

1-7 操作集合的方法

Kotlin 標準函式庫把絕大多數的集合方法都設計成「處理後回傳一個新的集合」，也就是說，這些方法一般都不會更動到原始集合裡的元素。如此設計可有效防止使用者意外覆寫集合內容，而當需要變更集合裡的內容時，標準函式庫裡也有提供對應的方法可以使用。這個章節將討論這些可以實際操作集合內容的方法：

1-7-1 總覽圖

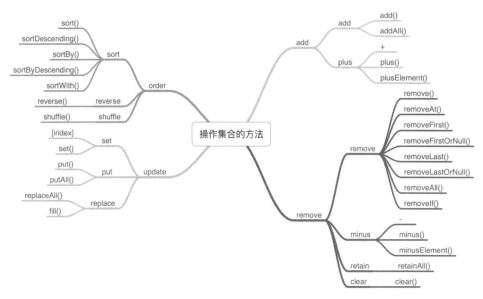

圖 1-7-1　操作集合的方法總覽圖

　　在「操作」這個用途底下，我們以四個關鍵字做分類，分別是：**add**、**remove**、**update** 及 **order** ，下面將分別針對各方法做介紹。

1-7-2 Add 系列方法

　　在現有集合裡新增元素，可用 **add()** 方法把要新增進集合的元素當成參數傳入即可，方法會回傳 True/False 來表示新增成功與否。在撰寫程式碼時，IntelliJ IDEA 也會依型別推斷來檢查傳入的元素是否能放入集合裡，若傳入元素的型別不一致，則 IDE 會以紅色波浪線提示。

▶ 檔名：.../collection/technique/operation/add.ws.kts

```
val numbers = mutableListOf(1, 3, 5, 7, 9)

numbers.add(8)
// numbers 的內容為 [1, 3, 5, 7, 9, 8]
```

　　預設 **add()** 會將傳入的元素放到集合的最後一個位置，若是想要指定元素放置的位置，則可在呼叫 **add()** 時傳入兩個參數，第一個參數是索引位置、第二個參數是要放入集合的元素。

▶ 檔名：.../collection/technique/operation/add.ws.kts

```
numbers.add(2, 4)
// numbers 的內容為 [1, 3, 4, 5, 7, 9, 8]
```

　　在設定索引位置時，要注意不能超出集合的索引範圍，不然執行時會拋出 **IndexOutOfBoundsException** 例外。若需一次在集合裡增加多個元素，可以用 **addAll()**。使用時把要傳入的元素放在一個集合裡再整包傳進去，預設也是依序將這些元素接在原本集合元素的最後面。若需指定元素的插入位置，可以在第一個參數指定。

▶ 檔名：.../collection/technique/operation/addAll.ws.kts

```
val numbers = mutableListOf(1, 3, 5, 7, 9)

numbers.addAll(listOf(4, 6, 8))
// numbers 的內容為 [1, 3, 5, 7, 9, 4, 6, 8]

numbers.addAll(2, listOf(4, 6, 8))
// numbers 的內容為 [1, 3, 4, 6, 8, 5, 7, 9, 4, 6, 8]
```

　　有別於 **add()** 和 **addAll()** 會將元素寫入集合，標準函式庫另外提供以 **plus** 開頭的方法讓開發者可以將一個或多個元素加進集合內，與 **add()** 不同的是，**plus()** 會回傳相加的結果而不是布林值 [1]，但同樣地也不會動到原始集合的內容。

▶ 檔名：.../collection/technique/operation/plus.ws.kts

```kotlin
val names = mutableListOf("John", "Tom", "Mary")

names.plus("Simon")
// 方法回傳 [John, Tom, Mary, Simon]
// names 的內容還是 [John, Tom, Mary]

names.plus(listOf("Sue", "Terry"))
// 方法回傳 [John, Tom, Mary, Sue, Terry]
// names 的內容還是 [John, Tom, Mary]
```

由於標準函式庫在實作 **plus()** 方法時，使用運算子多載（Operator Overloading）實作算數運算子（Arithmetic Operator），因此我們可以直接把集合用加號（**+**）執行相加的操作，如同數字相加一樣。

▶ 檔名：.../collection/technique/operation/plus.ws.kts

```kotlin
names + "Simon"
// 回傳 [John, Tom, Mary, Simon]
// 但 names 還是 [John, Tom, Mary]
// 效果與 names.plus("Simon") 相同
```

標準函式庫還同時用 **plusAssign()** 實作增量賦值（Augmented Assignments），所以還可以用 **+=** 將元素加進集合裡，其作用與 **add()** 相同，會直接變更原本集合裡的元素 [2]。

▶ 檔名：.../collection/technique/operation/plusAssign.ws.kts

```kotlin
val names = mutableListOf("John", "Tom", "Mary")

names.plusAssign("Simon")
```

```
// 方法不會回傳
// names 的內容為 [John, Tom, Mary, Simon]

names += "Craig"
// 方法不會回傳
// names 的內容為 [John, Tom, Mary, Simon, Craig]

names.add("Christina")
// 方法回傳 true
// names 的內容為 [John, Tom, Mary, Simon, Craig, Christina]
```

由於 **plus()** 可接受一個元素或一個集合兩種型別的參數，而當傳入的參數是集合時，會自動取出集合裡的所有元素後加入集合裡。但若原始集合是巢狀結構時，用 **plus()** 把集合加進巢狀結構時，**plus()** 會把集合裡的元素「展開」後加入原始集合裡，而不是把集合加進集合。這時就要用 **plusElement()** 來顯式地表明操作意圖 [3]，以下例子可以更具體地比較其中的差異。

▶ 檔名：.../collection/technique/operation/plusElement.ws.kts

```
val names = mutableListOf(
    listOf("John", "Tom"),
    listOf("Mary")
)

names.plusElement(listOf("Simon", "Bruce"))
// [[John, Tom], [Mary], [Simon, Bruce]]
// 回傳型別為 List<List<String>>

names.plus(listOf("Simon", "Bruce"))
// [[John, Tom], [Mary], Simon, Bruce]
// 回傳型別變為 List<Any>
```

1-7-3 Remove 系列方法

若要刪除集合內的元素，根據不同需求，標準函式庫提供了不同方法可供使用。以最單純的刪除單一元素來說，可使用 **remove()**，傳入要刪除的目標元素，方法會在集合內搜尋這個元素後刪除並回傳 True；若在集合裡找不到欲刪除的元素，則集合維持不變且回傳 False。

▶ 檔名：.../collection/technique/operation/remove.ws.kts

```
val numbers = mutableListOf(1, 3, 5, 7, 9)

numbers.remove(3)
// numbers 的內容為 [1, 5, 7, 9]

numbers.remove(100)
// numbers 的內容為 [1, 5, 7, 9]
```

若想用索引值來刪除指定位置的元素，可用 **removeAt()**，傳入要刪除的位置的索引值，方法會回傳被刪除的元素，若有需要可再用變數存起來。當然，使用時一樣要注意索引是否超出範圍，不然會拋出 **IndexOutOfBoundsException** 例外。

▶ 檔名：.../collection/technique/operation/removeAt.ws.kts

```
val numbers = mutableListOf(1, 3, 5, 7, 9)

numbers.removeAt(1)
// 回傳 3
// numbers 的內容為 [1, 5, 7, 9]
```

若要刪除集合內的多個元素，可用 **removeAll()**，傳入一個包含要刪除元素的集合，**removeAll()** 方法會搜尋整個集合裡的元素，只要符合的就會刪除，並略過搜尋不到的元素。

▶ 檔名：.../collection/technique/operation/removeAll.ws.kts

```
val numbers = mutableListOf(1, 3, 5, 7, 9)

numbers.removeAll(listOf(2, 3, 7))
// numbers 的內容為 [1, 5, 9]
```

removeAll() 也支援傳入 λ 參數做判斷邏輯 ，若通過 λ 條件就會被刪除，反之會留下。

▶ 檔名：.../collection/technique/operation/removeAll.ws.kts

```
val names = mutableListOf("John", "Tom", "Mary")

names.removeAll { it.contains('o') }
// names 的內容為 [Mary]
```

雖然可以用索引值來刪除集合裡的第一個元素，不過標準函式庫提供了更具語意的 **removeFirst()** 方法，其會回傳被刪除的元素；若集合裡沒有元素則會拋出 **NoSuchElementException** 例外。

▶ 檔名：.../collection/technique/operation/removeFirst.ws.kts

```
val numbers = mutableListOf(1, 3, 5, 7, 9)

numbers.removeFirst()
// 回傳 1
// numbers 的內容為 [3, 5, 7, 9]
```

若不希望拋出例外，標準函式庫提供以 OrNull 結尾的 **removeFirstOrNull()** 方法，當集合裡沒有元素時，刪除動作不會觸發例外而是回傳 Null。

▶ 檔名：.../collection/technique/operation/removeFirstOrNull.ws.kts

```
val emptyListOfNumbers = mutableListOf<Int>()
```

```
emptyListOfNumbers.removeFirstOrNull()
// 回傳 null
// emptyListOfNumbers 的內容為 []
```

與 **removeFirst()** 方向相反，若要刪除集合裡最後一個元素，可用 **removeLast()** 方法，其方法會回傳被刪除的元素，若集合裡沒有元素則會拋出 **NoSuchElementException** 例外。

▶ 檔名：.../collection/technique/operation/removeLast.ws.kts

```
val numbers = mutableListOf(1, 3, 5, 7, 9)

numbers.removeLast()
// 回傳 9
// numbers 的內容為 [1, 3, 5, 7]
```

考量到集合裡可能會沒有元素，且不想因呼叫 **removeLast()** 方法導致拋出例外的情況，可以選擇使用 **removeLastOrNull()** 方法，當集合裡沒有元素時，刪除動作不會觸發例外而是回傳 Null。

▶ 檔名：.../collection/technique/operation/removeLastOrNull.ws.kts

```
val emptyListOfNumbers = mutableListOf<Int>()

emptyListOfNumbers.removeLastOrNull()
// 回傳 null
// emptyListOfNumbers 的內容為 []
```

若要以條件來移除集合裡的元素，可以用 **removeIf()** 方法，並傳入一個條件判斷式做為 λ 參數，符合條件的元素就會被移除，不符合條件的元素則會被留下，其功能與 **removeAll()** 雷同。

▶ 檔名：.../collection/technique/operation/removeIf.ws.kts

```
val names = mutableListOf("John", "Tom", "Mary")

names.removeIf { it.contains('o') }
// 回傳 true
// names 的內容為 [Mary]
```

　　與 **plus()** 操作相反，**minus()** 讓開發者可以將一個或多個元素從集合內刪除，**minus()** 會回傳相減的結果，並不會更動到原始集合的內容。

▶ 檔名：.../collection/technique/operation/minus.ws.kts

```
val names = mutableListOf("John", "Tom", "Mary")

names.minus("Tom")
// 方法回傳 [John, Mary]
// names 的內容還是 [John, Tom, Mary]

names.minus(listOf("Tom", "John"))
// 方法回傳 [Mary]
// names 的內容還是 [John, Tom, Mary]
```

　　與 **plus()** 方法相同，**minus()** 方法也有用運算子多載實作算數運算子，因此集合可以直接用減號（**-**）刪除元素，就如同像數字相減一樣。

▶ 檔名：.../collection/technique/operation/minus.ws.kts

```
names - "Mary"
// 回傳 [John, Tom]
// 但 names 還是 [John, Tom, Mary]
// 效果與 names.minus("Mary") 相同
```

　　標準函式庫也為 **minusAssign()** 實作減量賦值，所以可以用 **-=** 將元素從集合刪除，其作用與 **remove()** 相同，會直接變更原本集合裡的元素。

▶ 檔名：.../collection/technique/operation/minusAssign.ws.kts

```kotlin
val names = mutableListOf("John", "Tom", "Mary")

names.minusAssign("Tom")
// 方法不會回傳
// names 的內容為 [John, Mary]

names -= "John"
// 方法不會回傳
// names 的內容為 [Mary]

names.remove("Mary")
// 方法回傳 true
// names 的內容為 []
```

與 **plus()** 遇到的問題雷同，當傳入一個集合給 **minus()** 試圖刪除巢狀結構的集合時，由於 **minus()** 會把傳入的集合「展開」成單一元素，因此無法刪除巢狀結構裡的集合。這時就要用 **minusElement()** 來顯式地表明操作意圖，下例可表達出其差異。

▶ 檔名：.../collection/technique/operation/minusElement.ws.kts

```kotlin
val names = mutableListOf(
    listOf("Simon", "Bruce"),
    listOf("John", "Tom", "Mary"),
)

names.minusElement(listOf("Simon", "Bruce"))
// [[John, Tom, Mary]]
// 回傳型別為 List<List<String>>

names.minus(listOf("Simon", "Bruce"))
```

```
// [[Simon, Bruce], [John, Tom, Mary]]
// 無法刪除 [Simon, Bruce]
```

與 **remove** 方法的行為相反，若是要「保留」集合裡的特定元素，可用 **retainAll()** 方法。傳入一個想要保留元素的集合，**retainAll()** 方法會保留清單裡的元素，並刪除剩餘元素。

▶ 檔名：.../collection/technique/operation/retainAll.ws.kts

```
val numbers = mutableListOf(1, 3, 5, 7, 9)

numbers.retainAll(listOf(2, 5, 7))
// numbers 的內容為 [5, 7]
```

與 **removeAll()** 方法相同，**retainAll()** 同樣也支援傳入 λ 參數做為判斷邏輯，若通過 λ 條件元素就會被保留，反之會移除。

▶ 檔名：.../collection/technique/operation/retainAll.ws.kts

```
val names = mutableListOf("John", "Tom", "Mary")

names.retainAll { it.contains('o') }
// numbers 的內容為 [John, Tom]
```

最後，與刪除動作有關的最後一個方法，就是開大絕用 **clear()** 清空整個集合！

▶ 檔名：.../collection/technique/operation/clear.ws.kts

```
val numbers = mutableListOf(1, 3, 5, 7, 9)

numbers.clear()
// numbers 的內容為 []
```

1-7-4 Update 系列方法

除了新增和刪除元素外，標準函式庫也提供一系列方法來更新集合裡的元素。由於操作集合時大多會以索引值來定位元素在集合裡的位置，需要更新元素時，可以直接用中括號括住索引值（**[index]**），並搭配賦值語法設定新值來更新集合裡的元素。

▶ 檔名：.../collection/technique/operation/index.ws.kts

```
val numbers = mutableListOf(1, 2, 3, 4, 5)

numbers[2] = 100
// numbers 的內容為 [1, 2, 100, 4, 5]
```

之所以可以用索引值來覆寫指定位置的元素，是因為標準函式庫以運算子多載實作 **set()** 方法。所以我們也可以用 **set()** 方法來更新集合內的元素，傳入要更新的索引位置及元素，方法就會將更新的元素覆寫至指定的位置，同時回傳原本在這個位置的元素。使用 **set()** 方法時也要注意索引不能超出範圍，不然也會拋出 **IndexOutOfBoundsException** 例外。實務上在使用時，除非需要回傳值，不然 IntelliJ IDEA 會建議改成用中括號的語法來更新集合元素。

▶ 檔名：.../collection/technique/operation/set.ws.kts

```
val numbers = mutableListOf(1, 2, 3, 4, 5)

numbers.set(2, 100)
// 回傳 3
// numbers 的內容為 [1, 2, 100, 4, 5]
```

Map 因為資料格式與其他集合物件不同，要新增元素時不能用 **add()** 或 **addAll()**，而是用將新增、更新兩種操作合而為一的 **put()**，傳入的第一個參數是存進 Map 時的 Key、第二個參數是對應的 Value。若 Key 已存在，會覆

寫原本的 Value，並回傳原本的元素；若 Key 不存在，就會將 Key/Value 新增至
Map 裡。

▶ 檔名：.../collection/technique/operation/put.ws.kts

```
val names = mutableMapOf(
    1 to "John",
    2 to "Tom",
    3 to "Mary",
)


names.put(3, "Simon")
// Key 已存在，覆寫原值
// 回傳 Mary
// names 的內容為 {1=John, 2=Tom, 3=Simon}


names.put(4, "Craig")
// Key 不存在，新增內容
// names 的內容為 {1=John, 2=Tom, 3=Simon, 4=Craig}
```

使用 **put()** 方法時，IntelliJ IDEA 也會建議改成用中括號的語法來更新集合
元素，其底層也是呼叫 **set()** 方法。

```
names[5] = "Rita"
// names 的內容為 {1=John, 2=Tom, 3=Simon, 4=Craig, 5=Rita}
```

與 **addAll()** 的設計概念相同，**putAll()** 可以一次新增多個元素進
Map。在處理重複 Key 值時，**putAll()** 與 **put()** 的行為相同，若 Key 已存
在，會覆寫原本的 Value，若 Key 不存在，就會將 Key/Value 新增至 Map 裡。

▶ 檔名：.../collection/technique/operation/putAll.ws.kts

```
val names = mutableMapOf(
    1 to "John",
    2 to "Tom",
```

```
    3 to "Mary",
)

names.putAll(
    mapOf(
        3 to "Simon",
        4 to "Bruce",
    )
)
// names 的內容為 {1=John, 2=Tom, 3=Simon, 4=Bruce}
```

　　除了更新指定位置的元素外，標準函式庫也提供可大量更新集合內容的方法，包括 **replaceAll()** 及 **fill()**。**replaceAll()** 方法接受傳入一個 λ 參數來更新集合內所有元素，λ 操作會套用在每一個元素上，且會覆寫原始集合的內容。

▶ 檔名：.../collection/technique/operation/replaceAll.ws.kts

```
val numbers = mutableListOf(1, 3, 5, 7, 9)

numbers.replaceAll { it * 2 }
// numbers 的內容為 [2, 6, 10, 14, 18]
```

　　而 **fill()** 方法則可快速填充集合裡的值，其效果同 **replaceAll()** 但填入相同元素。

▶ 檔名：.../collection/technique/operation/fill.ws.kts

```
val numbers = mutableListOf(1, 3, 5, 7, 9)

numbers.fill(10)
// numbers 的內容為 [10, 10, 10, 10, 10]
// 效果同 numbers.replaceAll { 10 }
```

若是原始集合的型別為 Array 的話，還可以透過第二及第三個參數來指定填充的起始值與終止值。

▶ 檔名：.../collection/technique/operation/fill.ws.kts

```
val numberArray = intArrayOf(1, 3, 5, 7, 9)

numberArray.fill(10, 0, 2)
// numberArray 的內容為 [10, 10, 5, 7, 9]
```

1-7-5 Order 系列方法

除了修改集合裡的元素內容外，修改集合裡元素的排列順序也是操作集合的一種方式。標準函式庫提供一系列調整集合元素順序的方法，包括以 **sort** 為首的系列方法、**reverse()** 及 **shuffle()**。

最簡單、直覺的排序方式就是自然排序，其對數字類型來說就是照著數學觀念由小至大做排序，即 0 排在 1 前面、-5 排在 -3 前面；而對字元或字串來說，則是依 a-z 的順序來排。要以自然排序調整集合裡元素的順序，可用 **sort()** 方法。

▶ 檔名：.../collection/technique/operation/sort.ws.kts

```
val numbers = mutableListOf(4, 1, 3, 5, 2)
val chars = mutableListOf('b', 'e', 'a', 'd', 'c')
val strings = mutableListOf(
    "cherry",
    "apple",
    "banana",
    "grape",
    "papaya"
)
```

```
numbers.sort()
// numbers 的內容為 [1, 2, 3, 4, 5]

chars.sort()
// chars 的內容為 [a, b, c, d, e]

strings.sort()
// strings 的內容為
/*
  [
    apple,
    banana,
    cherry,
    grape,
    papaya
  ]
*/
```

若原始集合的型別是 Array 的話，還可以透過第二及第三個參數以索引值來指定排序的範圍。以一個內含五個元素的 Array 為例，可指定排序範圍從索引值 0 開始到索引值 3 停下（不包括 3），這樣索引值 3 到 4 之間的元素就不會被排序。

▶ 檔名：.../collection/technique/operation/sort.ws.kts

```
val intArray = intArrayOf(4, 1, 5, 3, 2)

intArray.sort(0, 3)
// intArray 的內容為 [1, 4, 5, 3, 2]
```

若排序時想由大至小，也就是反向排列的話，則在原本的方法名稱後面加上 **Descending** 即可。

▶ 檔名：.../collection/technique/operation/sortDescending.ws.kts

```
numbers.sortDescending()
// numbers 的內容為 [5, 4, 3, 2, 1]

chars.sortDescending()
// chars 的內容為 [e, d, c, b, a]

strings.sortDescending()
// strings 的內容為
/*
  [
    papaya,
    grape,
    cherry,
    banana,
    apple
  ]
*/

intArray.sortDescending(0, 3)
// intArray 的內容為 [5, 4, 1, 3, 2]
```

　　自然排序雖然直覺且常用，不過實務上常需要自訂排序邏輯。含自訂排序邏輯的方法在標準函式庫的方法命名慣例是在方法名稱加上 **By** 關鍵字成為 **sortedBy()** 方法，並支援傳入 λ 來指定排序邏輯。

▶ 檔名：.../collection/technique/operation/sortBy.ws.kts

```
val fruits = mutableListOf("Grape", "Muskmelon", "Kumquat", "Pear")

fruits.sortBy { it.length }
// fruits 的內容為 [Pear, Grape, Kumquat, Muskmelon]
```

上面的範例裡，**sortBy()** 會以傳入的 λ 進行運算後，依照字串長度的數值做自然排序，若想反向排序的話，可以使用加上 **Descending** 後綴的 **sortByDescending()**。

▶ 檔名：.../collection/technique/operation/sortByDescending.ws.kts

```
fruits.sortByDescending { it.length }
// fruits 的內容為 [Muskmelon, Kumquat, Grape, Pear]
```

另一種自訂排序邏輯的方式，就是先宣告一個 **Comparator** 實例，再搭配 **sortWith** 使用即可：

▶ 檔名：.../collection/technique/operation/sortWith.ws.kts

```
val target = mutableListOf("aaa", "bb", "c")
val lengthComparator = Comparator { str1: String, str2: String ->
    str1.length - str2.length
}

target.sortWith(lengthComparator)
// target 的內容為 [c, bb, aaa]
```

若覺得先宣告 **Comparator** 實例有點冗長，也可以用標準函式庫裡的 **compareBy()** 函式實作，傳入一個包含比較邏輯的 λ 做到相同的效果。若要反向排序也有加上 **Descending** 後綴的 **compareByDescending()** 函式可使用。

▶ 檔名：.../collection/technique/operation/sortWith.ws.kts

```
target.sortWith(compareBy { it.length })
// target 的內容為 [c, bb, aaa]

target.sortWith(compareByDescending { it.length })
// target 的內容為 [aaa, bb, c]
```

除了照順序排好外，若只需要把集合裡元素的順序反轉，可用 **reverse()**。

▶ 檔名：.../collection/technique/operation/reverse.ws.kts

```
val numbers = mutableListOf(1, 3, 5, 7, 9)

numbers.reverse()
// numbers 的內容為 [9, 7, 5, 3, 1]
```

或是想把集合裡的元素隨機排序，則可用 **shuffle()**。

▶ 檔名：.../collection/technique/operation/shuffle.ws.kts

```
val numbers = mutableListOf(1, 3, 5, 7, 9)

numbers.shuffle()
// 實際運行時，每次出現的結果都會不同
// [9, 3, 7, 5, 1]
```

1-7-6 回顧

本章綜覽四種用來操作集合的方法：

1. **add()** 及 **addAll()** 可新增一個或數個元素至集合，**plus()**、**plusAssign()** 則是實作運算子多載的方法，而 **plusElement()** 是為了巢狀集合而設計。

2. **remove()**、**removeAll()**、**removeAt()** 可從集合刪除一個或數個元素、或從指定索引位置刪除。**minus()**、**minusAssign()** 則是實作運算子多載的方法，而 **minusElement()** 是為了巢狀集合而設計。其餘 **remove** 開頭的系列方法則提供更有語意的方法名稱來移除第一個、最後一個、符合條件的元素。另外還有保留元素的 **retainAll()** 及清空集合的 **clear()**。

3. 使用中括號或 **set()** 可以更新集合裡的元素內容，針對 Map 物件則用 **put()** 及 **putAll()**。想要填充集合可用 **fill()**，要依條件取代集合裡的內容則用 **replaceAll()**。

4. **sort** 開頭的系列方法，可依自然排序、傳入 λ 或 **Comparator** 排序集合內的元素順序，**reverse()** 方法可反轉集合內的元素順序，而 **shuffle()** 方法可將集合內元素隨機排序。

　　本章討論的方法，除了以 **plus** 和 **minus** 為首的幾個方法不會更動到原始集合內容外，其他都會改變集合內的元素、甚至是尺寸，因此這些操作都是基於可變集合。若操作的並非可變集合，IntelliJ IDEA 也不會提示這些方法。另外，眼尖的讀者應該有注意到，Order 系列方法的名稱與 1-5 排序集合的方法裡的名稱很類似，差異就在本章所介紹的方法命名用的都是原形動詞（比方說 **sort()**、**shuffle()** 及 **reverse()** 等），而排序一章的方法命名則是用過去分詞（比方說 **sorted()**、**shuffled()** 及 **reversed()** 等）。關於標準函式庫的命名慣例與方法行為的差異，本書第二部份心法篇 **2-2 集合方法變化形釋疑**一篇會有更詳細的釋疑。

1-8 集合分群的方法

　　在使用集合整理資料時，分類、過濾都是很常見的需求。本書在討論分群概念時，是用較為廣義的概念詮釋，只要是做為分類（依條件將內容物分成不同的子群體）、分割（依條件將內容物分成符合條件及不符合條件的兩個子群體）、去除重覆（從集合裡找出不重覆的內容）、過濾（依條件將內容物分成符合條件的子群體）都被歸納到這個分類的方法裡，而 Kotlin 標準函式庫針對這些需求也內建了非常豐富的方法可供使用。在這個章節裡，我們就來探索跟分群有關的方法。

1-8-1 總覽圖

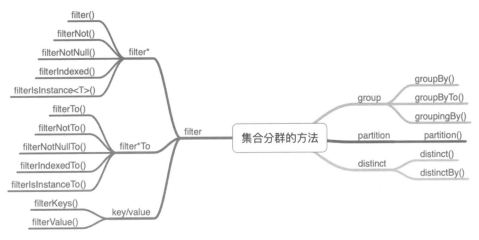

圖 1-8-1　集合分群的方法總覽圖

在「分群」這個用途底下，我們以四個關鍵字做分類：**group**、**filter**、**partition** 及 **distinct**，下面將針對排序處理做一系列示範。

1-8-2　Group 系列方法

要將集合裡的元素分群，可使用 **groupBy()**。從方法名稱多了 By 就可以猜出，由於每次分群的條件都不同，所以標準函式庫把這個方法設計成可以傳入 λ 參數以自訂分群邏輯。**groupBy()** 會在分群後回傳一個新建立的 Map，這個 Map 的 Key 是分群時的條件、而 Value 是對應原始集合裡被分群的元素。舉個例子，在集合裡存放數個水果字串，若想依水果名字的字首做分類，我們可以用 **groupBy()** 並在傳入的 λ 參數裡結合字串方法 **first()** 做分群條件：

▶ 檔名：.../collection/technique/grouping/groupBy.ws.kts

```
val fruits = listOf(
    "cOcoNut",
```

```
    "PaPaYa",
    "CRanBerry",
    "pINEApple",
    "BaNaNa",
    "PeaR"
)

fruits.groupBy { it.first() }
/*
    {
      c=[cOcoNut],
      P=[PaPaYa, PeaR],
      C=[CRanBerry],
      p=[pINEApple],
      B=[BaNaNa]
    }
*/
```

上例中的水果字串，筆者故意混雜英文大小寫，而 **groupBy()** 在分群時會依據大小寫分開處理，所以回傳的 Map 裡就會有小寫 c、大寫 C、小寫 p、大寫 P 及大寫 B 的獨立群組。

groupBy() 能做的處理不僅於此，其支援不只一個參數，還能傳入第二個參數來改變最終輸出的值。換句話說，**groupBy()** 可以傳入兩個 λ 參數，第一個 λ 參數是 **keySelector**，也就是以什麼為基準做分群；第二個 λ 參數是 **valueTransform**，也就是我們要對元素執行的轉換操作。延續上例，假如我們希望在分群時可以大小寫合併計算，則可以在第一個 λ 參數選出第一個字元時統一轉成大寫，回傳時所有元素就會以大寫分群。輸出時若想統一變成字首大寫的水果字串，則利用第二個 λ 參數先將所有字串轉成小寫後，再把第一個字元變大寫即可：

▶ 檔名：.../collection/technique/grouping/groupBy.ws.kts

```
fruits.groupBy(
    { it.first().uppercaseChar() },
    { it.lowercase().replaceFirstChar(Char::uppercaseChar) }
)
/*
  {
    C=[Coconut, Cranberry],
    P=[Papaya, Pineapple, Pear],
    B=[Banana]
  }
*/
```

可以看到 **groupBy()** 支援兩個 λ 的威力，原本需要混合多個集合方法才能做到的工作，現在只需一次呼叫就可以完成，精簡冗長的程式碼。

除了以數字、字元這些原始型別做分群外，實務上更多是要幫自訂類別分群。只要依照一樣的邏輯，通過 λ 參數選出要用哪個屬性分群以及如何輸出結果即可。比方說一份員工清單，裡面存放的是名為 **Employee** 的資料類別，共有 **id**、**name** 及 **department** 三個屬性，我們想要依照 **department** 來做分群，輸出時只需要 **name** 即可，只要傳入兩個 λ 就可以輕鬆做到：

▶ 檔名：.../collection/technique/grouping/groupBy.ws.kts

```
val employees = listOf(
    Employee(1, "Tom", "Backend"),
    Employee(2, "John", "IT"),
    Employee(3, "Simon", "Backend"),
    Employee(4, "Mark", "IT"),
    Employee(5, "Tracy", "Design"),
)

employees.groupBy(
```

```
    { it.department },
    { it.name }
)
/*
  {
    Backend=[Tom, Simon],
    IT=[John, Mark],
    Design=[Tracy]
  }
*/
```

在使用 **groupBy()** 時要注意，其回傳的是不可變集合。也就是說，在分群後就無法再修改回傳的集合內容。假如實務上需要可變集合的結果，可使用 **groupByTo()** 方法。**groupByTo()** 共有三個參數，第一個參數 **destination** 是當方法回傳時，要把結果寫入的目的地，其餘兩個參數與 **groupBy()** 相同。也就是說 **groupByTo()** 會在分群完成後，把結果「附加」至傳入的可變集合裡。即便分群完成，我們仍可修這個可集變合裡的元素。

▶ 檔名：.../collection/technique/grouping/groupByTo.ws.kts

```
// 原始集合
val phoneToYear = listOf(
    "Nexus One" to 2010,
    "Pixel 2" to 2017,
    "Pixel 4a" to 2020,
    "iPhone 4" to 2010,
    "iPhone X" to 2017,
    "Galaxy Note 8" to 2017,
    "Galaxy S11" to 2020
)
// 宣告一個可變集合做目的地使用
val phonesByYear = mutableMapOf<Int, MutableList<String>>()
```

```
// 以 groupByTo() 分群
phoneToYear.groupByTo(
    phonesByYear, // 目的地
    { it.second }, // Key 選擇器
    { it.first } // Value 轉換器
)
/* 分群後的結果
  {
    2010=[Nexus One, iPhone 4],
    2017=[Pixel 2, iPhone X, Galaxy Note 8],
    2020=[Pixel 4a, Galaxy S11]
  }
*/


// 修改 phonesByYear 內容
phonesByYear[2020] = mutableListOf("iPhone 12")

/* 因為是可變集合所以內容變更
  {
    2010=[Nexus One, iPhone 4],
    2017=[Pixel 2, iPhone X, Galaxy Note 8],
    2020=[iPhone 12]
  }
*/
```

　　有時分群後，需要對回傳的分群結果做二次操作，比方說計算分群後各子群組裡分別有多少元素。這時可先用 **groupingBy()** 並傳入 λ 參數做分群條件，**groupingBy()** 會回傳 **Grouping** 類別，讓我們可以再串接如 **eachCount()**、**fold()**、**reduce()** 及 **aggregate()** …等方法做二次運算。

　　以一個程式語言清單為例，假如想知道在這些程式語言裡字首相同的程式語言各有多少個時，可以先用 **groupingBy()** 再加上 **eachCount()** 算出結果：

▶ 檔名：.../collection/technique/grouping/groupingBy.ws.kts

```kotlin
val languages = listOf(
    "java",
    "scala",
    "kotlin",
    "javascript",
    "groovy",
    "ruby",
    "react",
    "swift"
)

languages.groupingBy {
    // 先以字首分群後轉大寫
    it.first().uppercase()
}.eachCount() // 再計算子群組裡的數量
// {J=2, S=2, K=1, G=1, R=2}
```

由上例可見，通常 **groupingBy()** 後的二次操作會再次改變回傳 Map 裡 Value 的格式與內容，在取用時要注意資料結構與型別的最終結果。

若僅用 **groupBy()** 做到一樣的效果，就得手動計算後再多一個步驟轉換成 Map，由此可見 **groupingBy()** 的好用之處。

▶ 檔名：.../collection/technique/grouping/groupingBy.ws.kts

```kotlin
languages.groupBy {
    // 先以字首分群後轉大寫
    it.first().uppercase()
}.map {
    // 手動計算子群組裡的數量
    it.key to it.value.count()
}.toMap() // 再轉型回 Map
// {J=2, S=2, K=1, G=1, R=2}
```

為節省篇幅，本章節僅示範 **eachCount()** 的使用，若想知道 **fold()**、**reduce()** 及 **aggregate()** 的使用方法，請再查閱本書技法篇裡對應的章節。

1-8-3 Partition 系列方法

有別於 **group** 開頭系列方法是傳入一個分類選擇器，集合裡的所有元素都會被分類到一個子群組裡，**partition()** 則是傳入一個條件判斷式，集合裡的所有元素會被分類成符合條件的一群以及不符合條件的一群。

partition() 接受一個 λ 參數，λ 內含分群的條件判斷式，分群後會以一個 Pair 物件包裝兩個 List，一個 List 是符合條件的所有元素，存入 Pair 的 **first** 屬性，另一個 List 是不符合條件的其他元素，存入 Pair 的 **second** 屬性。以一個元素是 **Teacher** 資料類別的教師清單集合為例，若將教師以等級三做為分水嶺分群（等級不足三的以及等級超過三的），只要以 λ 傳入 **level ≤ 3** 的條件判斷式，**partition()** 方法就會回傳包含兩個 List 的 Pair 物件，可用 **first** 及 **second** 屬性取出：

▶ 檔名：.../collection/technique/grouping/partition.ws.kts

```
val staff = listOf(
    Teacher(1, "Tommy", "Wong", 3),
    Teacher(3, "John", "Doe", 1),
    Teacher(5, "Sean", "Lin", 6)
)

val dividedStaff = staff.partition { it.level ≤ 3 }

/* 回傳型別為 Pair<List<Teacher>, List<Teacher>>
(
  [
    Teacher(id=1, firstName=Tommy, lastName=Wong, level=3),
```

```
      Teacher(id=3, firstName=John, lastName=Doe, level=1)
  ],
  [
      Teacher(id=5, firstName=Sean, lastName=Lin, level=6)
  ]
)
*/

dividedStaff.first
/*
  [
      Teacher(id=1, firstName=Tommy, lastName=Wong, level=3),
      Teacher(id=3, firstName=John, lastName=Doe, level=1)
  ]
*/

dividedStaff.second
/*
  [
      Teacher(id=5, firstName=Sean, lastName=Lin, level=6)
  ]
*/
```

在指派由 **partition()** 方法回傳的變數時，以小括號 **()** 包住兩個變數
（**junior**、**senior**），其動作會將回傳 Pair 裡的兩個 List 直接指派給兩個變
數，這種一次完成「取出內容」及「指派變數」兩個動作稱為**解構**，可以讓程式
碼更簡潔。

▶ 檔名：.../collection/technique/grouping/partition.ws.kts

```
val (junior, senior) = staff.partition { it.level ≤ 3 }
/*
junior 型別為 List<Teacher>，內容為
```

```
[
  Teacher(id=1, firstName=Tommy, lastName=Wong, level=3),
  Teacher(id=3, firstName=John, lastName=Doe, level=1)
]
senior 型別為 List<Teacher>，內容為
[
  Teacher(id=5, firstName=Sean, lastName=Lin, level=6)
]
*/
```

> 💡 **提示**

關於 Kotlin 解構語法的詳細介紹以及在集合上的應用，可以參考本書第二
部份心法篇 **2-1 探索集合實作奧祕**一篇的內容。

λ 參數讓 **partition()** 在使用上非常彈性，只要是能回傳布林值的條件判
斷式都可以傳入，除了上面範例示範的分離相同類別外，甚至也可以用來分離不
同的類別，如下：

▶ 檔名：.../collection/technique/grouping/partition.ws.kts

```
val people = listOf(
    Teacher(1, "Tommy", "Wong", 3),
    Teacher(3, "John", "Doe", 1),
    Student(5, "Sean", "Lin", "sean.lin@gmail.com", 6)
)

val (teachers, students) = people.partition { it is Teacher }
/*
teachers 變數內容為
[
  Teacher(id=1, firstName=Tommy, lastName=Wong, level=3),
  Teacher(id=3, firstName=John, lastName=Doe, level=1)
```

```
]
students 變數內容為
[
  Student(id=5, firstName=Sean, lastName=Lin, email=..., grade=6)
]
*/
```

> **💡 提示**
>
> 利用 **partition()** 方法將不同類別分群的範例，在 Kotlin Worksheet 裡
> 會因發生錯誤而暫時無法順利運作，但程式碼實際上是可以運作的。因此
> 在範例程式碼裡暫時以註解的方式關閉，若想要測試這段程式碼，可以複
> 製這段程式碼至獨立的 Kotlin File 裡實驗。

當然實務上若有需要，也可以用正反兩種條件，針對同一個集合過濾兩次來
取得相同的分群結果，不過使用較為符合語意的 **partition()** 且一次完成是不
是更帥氣呢？

1-8-4 Distinct 系列方法

把資料儲存在 Array 或 List 時是允許元素重覆的。但若開發情境所需，要把
重覆的元素去除時可以怎麼做呢？標準函式庫設計了 **distinct()** 方法，其可
去除集合裡重覆的元素並以一個新的 List 物件回傳：

▶ 檔名：.../collection/technique/grouping/distinct.ws.kts

```
val numbers = listOf(1, 1, 1, 2, 2, 2, 3, 3, 3, 4, 5, 6, 7, 8, 9)
val strings = listOf("Tommy", "John", "John", "Sean", "John",
"Sean")

numbers.distinct()
```

```
// [1, 2, 3, 4, 5, 6, 7, 8, 9]

strings.distinct()
// [Tommy, John, Sean]
```

不過，腦筋動得快的讀者大概有想到，Set 不就是一種不允許重覆的集合嗎？是不是能先把 List 轉成 Set 後再轉回 List 就可以把重覆去掉，如以下程式碼：

▶ 檔名：.../collection/technique/grouping/distinct.ws.kts

```
numbers.toSet().toList()
// [1, 2, 3, 4, 5, 6, 7, 8, 9]

strings.toSet().toList()
// [Tommy, John, Sean]
```

實驗證明還真的可以！有趣的是，若在 IntelliJ IDEA 裡對著 **distinct()** 方法按 ⌘+B（macOS）或 Ctrl+B（Windows）打開標準函式庫裡的原始碼，其方法實作還真的就是先將 **Iterable** 轉成 **MutableSet** 再轉回 **List** 達到去除重覆的效果：

```
public fun <T> Iterable<T>.distinct(): List<T> {
    return this.toMutableSet().toList()
}
```

若需自訂去除重覆的比較基準時，標準函式庫也依照慣例在方法名稱上加上 By 實作 **distinctBy()** 方法，其可傳入名為 **selector** 的 λ 來指定要做為判定重覆比對的基準，並依集合內的順序留下第一個不重覆的元素：

▶ 檔名：.../collection/technique/grouping/distinctBy.ws.kts

```
val chars = listOf('A', 'a', 'b', 'B', 'A', 'a')
```

```
chars.distinctBy { it.uppercaseChar() }
// [A, b]
```

在上例裡，集合裡混雜著大小寫的 A、B 兩種字元，在傳入 **distinctBy()** 的 λ 裡指定比較重覆基準為字元的大寫字母，當程式由左至右比對時，第一個 A 原本就是大寫所以被留下、第二個 a 變大寫後跟第一個元素重複所以被去除、第三個 b 變大寫後是 B 因為還沒重複所以被留下、第四個 B 跟第三個元素在變大寫後重複所以被去除、第五個 A 及第六個 a 都因為重複也都被去除，所以最後回傳只剩 **[A, b]**。再看另一種情境：

▶ 檔名：.../collection/technique/grouping/distinctBy.ws.kts

```
var fruits = listOf("apple", "banana", "mango", "berry")

fruits.distinctBy { it.first() }
// [apple, banana, mango]
```

在第二種情境裡，傳入 **distinctBy()** 的 λ 裡指定比較重覆基準為字串的第一個字元，範例裡水果清單的第一個字元分別是 **a**、**b**、**m**、**b**，去除掉第四個重複的 b 後，就只剩下前三個元素留下，所以最後回傳的是 **[apple, banana, mango]**。

distinctBy() 不僅用在單純的數字或字元上，同樣的操作也可應用在自訂的類別上。以存放 **Employee** 資料類別（屬性有 **id**、**name** 及 **department**）的員工清單為例，想要去除掉重覆部門的員工，只要在傳入 **distinctBy()** 的 λ 裡指定比較重覆基準為 **it.department** 即可：

▶ 檔名：.../collection/technique/grouping/distinctBy.ws.kts

```
val employees = listOf(
    Employee(1, "Tom", "Backend"),
    Employee(2, "John", "IT"),
```

```
    Employee(3, "Simon", "Backend"),
    Employee(4, "Mark", "IT"),
    Employee(5, "Tracy", "Design"),
)

employees.distinctBy { it.department }
/*
  [
  Employee(id=1, name=Tom, department=Backend),
  Employee(id=2, name=John, department=IT),
  Employee(id=5, name=Tracy, department=Design)
  ]
*/
```

範例裡不重複的部份有 Backend、IT 及 Design，第一次不重覆出現是在索引為 0、1、4 的位置，所以回傳 List 裡的員工就是 Tom、John 及 Tracy。

1-8-5 Filter 系列方法

本書為簡化集合方法分類，把過濾也視為一種分群動作，即依條件將集合元素分離出符合條件的子群體的概念。過濾集合使用的方法為 **filter()**，由於每次的過濾條件都不盡相同，**filter()** 接受一個 λ 參數可自訂過濾條件，**filter()** 會將集合裡的元素逐一用傳入的 λ 參數做判斷，經條件判斷回傳 True 的就會留下、反之則會被濾掉。

▶ 檔名：.../collection/technique/grouping/filter.ws.kts

```
val fruits = listOf("Grape", "Papaya", "Pineapple", "Pear")

fruits.filter { it.startsWith('P') }
// [Papaya, Pineapple, Pear]
```

若欲過濾條件相反時，不需手動反轉條件判斷式，可以用反向語意的 **filterNot()** 來描述過濾條件，元素經條件判斷後回傳 True 的會被濾掉、反之則會被留下。

▶ 檔名：.../collection/technique/grouping/filterNot.ws.kts

```
val fruits = listOf("Grape", "Papaya", "Pineapple", "Pear")

fruits.filterNot { it.startsWith('P') }
// [Grape]
```

若集合裡有元素是 Null（集合的型別為 **Collection<T?>**），在過濾時希望一併去除，則可呼叫方法名稱含 NotNull 的 **filterNotNull()** 方法來去除集合裡所有的 Null 值。

▶ 檔名：.../collection/technique/grouping/filterNotNull.ws.kts

```
val fruits = listOf("Grape", null, "Muskmelon", null, "Kumquat",
"Pear")

fruits.filterNotNull()
// [Grape, Muskmelon, Kumquat, Pear]
```

看到這邊或許會好奇，其實可以用 **filter()** 配上 **it ≠ null** 的 λ 參數來達成去除 Null 的結果？標準函式庫為何需要多設計一個方法呢？

其實這兩種作法有一個根本的不同，使用 **filterNotNull()** 回傳的會是 Non-Nullable 的集合，預設就處理不允許存入 Null，而 **filter()** 回傳的是 Nullable 的型別。因此，若希望方法回傳的是 Non-Nullable 的結果，記得可以使用 **filterNotNull()** 而不需人工處理。

▶ 檔名：.../collection/technique/grouping/filterNotNull.ws.kts

```
// fruits 型別為 List<String?>
val fruits = listOf(
```

```
    "Grape",
    null,
    "Muskmelon",
    null,
    "Kumquat",
    "Pear"
)

val notNullFruits = fruits.filterNotNull()
// notNullFruits 型別為 List<String>
// 內容 [Grape, Muskmelon, Kumquat, Pear]

val notEqualNullFruits = fruits.filter { it ≠ null }
// notEqualNullFruits 型別為 List<String?>
// 內容 [Grape, Muskmelon, Kumquat, Pear]
```

在過濾的迴圈裡，假如需要取得集合的索引，標準函式庫也提供了含索引的方法 **filterIndexed()**，方法會在每一次迴圈的 λ 裡傳入該次的索引值及元素，可利用這些參數做額外的處理或判斷。

▶ 檔名：.../collection/technique/grouping/filterIndexed.ws.kts

```
val fruits = listOf("Grape", "Papaya", "Pineapple", "Pear")


fruits.filterIndexed { index, element →
    (index ≠ 0) && (element.length < 5)
}
// [Pear]
```

假如集合在宣告時沒有限定型別，也就是型別為 **Collection<Any>**，則該集合裡就可能含有各種型別的元素。假如想將指定型別的元素過濾出來，只要用 **filterIsInstance<T>()** 就可以方便、輕鬆地完成：

▶ 檔名：.../collection/technique/grouping/filterIsInstance.ws.kts

```
val people = listOf(
    Teacher(1, "Tommy", "Wong", 3),
    Teacher(3, "John", "Doe", 1),
    Student(5, "Sean", "Lin", "sean.lin@gmail.com", 6)
)

people.filterIsInstance<Teacher>()
/*
  [
    Teacher(id=1, firstName=Tommy, lastName=Wong, level=3),
    Teacher(id=3, firstName=John, lastName=Doe, level=1)
  ]
*/

people.filterIsInstance<Student>()
/*
  [
    Student(id=5, firstName=Sean, lastName=Lin, email=..., grade=6)
  ]
*/
```

以上示範的這些過濾方法回傳的都是不可變集合，也就是說在方法過濾後就無法再修改回傳的集合內容。若需要方法回傳可變集合的結果，標準函式庫提供一系列名稱含 **To** 的方法，包括 **filterTo()**、**filterNotTo()**、**filterNotNullTo()**、**filterIndexedTo()**、**filterIsInstanceTo()**。

這系列名稱含 To 的方法在功能上跟前面的示範方法完全相同，差別在於增加了方法的第一個參數 **destination**。**destination** 參數須傳入一個可變集合做為目的地，當集合過濾後，會把結果「附加」到這個可變集合裡。以 **filterTo()** 為例，我們先宣告內含一個元素的可變 List **shoppingList**，並

做為 **destination** 參數傳入 **filterTo()**，在過濾完成後，結果就會被附加進 **shoppingList** 裡。由於 **shoppingList** 是一個可變集合，所以仍然可以新增元素：

▶ 檔名：.../collection/technique/grouping/filterTo.ws.kts

```
val fruits = listOf("Grape", "Papaya", "Pineapple", "Pear")
val shoppingList = mutableListOf("Apple")

fruits.filterTo(shoppingList) {
    it.length > 5
}
// 這時 shoppingList 內容為 [Apple, Papaya, Pineapple]

shoppingList.add("Banana")
// 這時 shoppingList 內容為 [Apple, Papaya, Pineapple, Banana]
```

閱讀 **filterTo()** 的原始碼會發現，方法會以迴圈將集合裡的元素逐一以條件判斷式測試，若回傳 True 就會將該元素附加到 **destination** 目標集合裡。而在方法完成後，也會回傳 **destination** 結果。

```
public inline fun <T, C : MutableCollection<in T>> Iterable<T>.
filterTo(
    destination: C,
    predicate: (T) → Boolean
): C {
    for (element in this)
        if (predicate(element))
            destination.add(element)
    return destination
}
```

瞭解這個實作特性後，我們就知道傳入 **filterTo()** 的 **destination** 參數不一定是內含元素的集合，也可以是不含元素的集合，甚至直接在參數上宣告新集合也是可以的，最後用新變數接收 **filterTo()** 的回傳值就可以用較精簡的程式碼完成。

▶ 檔名：.../collection/technique/grouping/filterTo.ws.kts

```kotlin
val fruits = listOf("Grape", "Papaya", "Pineapple", "Pear")
val emptyList = mutableListOf<String>()

fruits.filterTo(emptyList) {
    it.length > 5
}
// emptyList 內容為 [Papaya, Pineapple]

val returnList = fruits.filterTo(mutableListOf()) {
    it.length > 5
}
// returnList 內容為 [Papaya, Pineapple]
```

這系列名稱含 To 的過濾方法除了多一個 **destination** 參數外，其餘行為跟原方法完全相同，為節省篇幅就不逐一說明，讀者可參考本書範例檔裡各方法的詳細示範。

以上示範 **filter()** 系列方法時，都優先以 List 示範用法。不過別忘了，這些操作都可以運用在 Map 上，但有個微差異之處在於，當 Map 使用 **filter()** 系列方法時，在 λ 裡拿到的是 **Map.Entry** 物件，我們可用 **it.key** 及 **it.value** 取出各配對裡的資料。

▶ 檔名：.../collection/technique/grouping/filter.ws.kts

```kotlin
val warehouse = mapOf(
    "Apple" to 10,
```

```
    "Banana" to 20,
    "Orange" to 5,
)

warehouse.filter {
    it.key.contains("n") && it.value ≥ 10
}
// {Banana=20}
```

Map.Entry 的概念與 Pair 雷同，都是紀錄兩個關聯資料的格式，其支援解構語法，因此可以在 λ 裡直接將每組配對展開成 Key 及 Value 兩個變數使用。

▶ 檔名：.../collection/technique/grouping/filter.ws.kts

```
warehouse.filter { (key, value) →
    key.contains("n") && value ≥ 10
}
// {Banana=20}
```

在 Filter 系列方法裡還有專門為 Map 設計的兩個方法：**filterKeys()** 及 **filterValues()** 可以對 Map 的 Key 或 Value 直接過濾，而不需在迴圈裡拿出 Key 或 Value 後再自行操作，這樣可以讓動作意圖更明確、程式碼也更簡潔。

以 **filterKeys()** 為例，傳入的條件判斷式會被套用在 Map 的 Key 上，過濾後回傳的仍是 Map：

▶ 檔名：.../collection/technique/grouping/filterKeys.ws.kts

```
val languages = mapOf(
    "Kotlin" to 2011,
    "Java" to 1995,
    "C++" to 1980,
)
```

```
languages.filterKeys { it ≠ "C++" }
// {Kotlin=2011, Java=1995}
```

以 **filterValues()** 為例，則是將條件判斷式套用在 Map 的 Value 上，過濾後回傳的也是 Map：

▶ 檔名：.../collection/technique/grouping/filterValues.ws.kts

```
languages.filterValues { it ≤ 2000 }
// {Java=1995, C++=1980}
```

1-8-6 回顧

本章綜覽四種用來建立集合的方法：

1. 以 **group** 開頭的系列方法，可以依傳入的 λ 參數分群集合內的元素，還可以轉換輸出的內容，另有 **To** 結尾的方法可將結果附加至指定目的地，也可以搭配 grouping 技巧執行二次操作。

2. **partition()** 可將集合內元素分成符合條件與不符合條件的兩個 List。

3. **distinct()** 可去除集合內重覆的元素，也可以傳入 λ 參數做為判定重覆比對時的基準。

4. 以 **filter** 開頭的系列方法，可以依條件正向及反向過濾、去除 Null 值、在迴圈裡取得索引、抓出指定類別的元素，且同時都有對應 **To** 結尾的方法可將結果附加至指定目的地。

5. **filter** 也可以應用在 Map 上，且有 **filterKeys()** 及 **filterValues()** 兩個專門用於過濾 Key 及 Value 的方法。

分群與過濾是在處理資料時常用的操作，這一系列的方法都不會更動原始集合的內容，而是以新建立的集合回傳，若有需要留下這些處理結果，別忘了用新的變數接收。而不同方法根據使用情境及需求的不同，回傳的物件也有差異。以

`filter()` 方法為例，在 List 和 Set 使用回傳的都是 List 物件，而 Map 則回傳 Map 物件。在使用時可以透過 IDE 先確認回傳物件的型別，以便執行二次操作。

1-9 轉換集合的方法

處理資料時，常需要轉換資料，也就是把資料從集合取出後再轉換另一個格式或類別。雖然這種轉換工作可用數個迴圈完成，但程式碼就會變得冗長、可讀性也會變差，長期下來維護成本跟著變高。其實標準函式庫裡已內建一系列轉換方法，不僅語法簡潔且功能強大。這個章節就來探索一下轉換集合的方法。

1-9-1 總覽圖

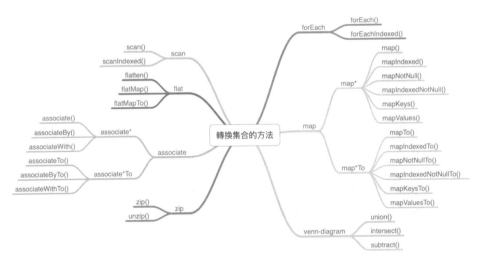

圖 1-9-1 轉換集合的方法總覽圖

在「轉換」這個用途底下，我們以七個關鍵字做分類，分別是：**forEach**、**map**、**venn-diagram**、**zip**、**associate**、**flat** 及 **scan** ，以下分別介紹這系列的使用方式。

1-9-2 forEach 系列方法

在把集合裡的元素轉換成其他東西前，先介紹如何把集合裡的元素逐一取出，最常見的應用就是把集合裡的元素一個個印出來。一般來說，這樣的情境多半會直覺使用 **for** 迴圈：

▶ 檔名：.../collection/technique/transformation/forEach.ws.kts

```
val numbers = listOf(1, 3, 5, 7, 9)

for (number in numbers) {
    println(number)
}
// 逐行印出 1, 3, 5, 7, 9
```

若是在取出元素的同時，希望可以拿到集合裡的索引值，這裡有兩種方式，一種是從集合的 **indices** 屬性取得索引值，再搭配索引值取出元素；一種是用集合的 **withIndex()** 方法，再用解構語法分離出索引及元素。兩種寫法稍有不同，但結果是一樣的。

▶ 檔名：.../collection/technique/transformation/forEach.ws.kts

```
for (index in numbers.indices) {
    println("$index: ${numbers[index]}")
}
// 逐行印出 0: 1, 1: 3, 2: 5, 3: 7, 4: 9

for ((index, value) in numbers.withIndex()) {
    println("$index: $value")
```

```
}
// 逐行印出 0: 1, 1: 3, 2: 5, 3: 7, 4: 9
```

雖然 **for** 迴圈是 Kotlin 原生就有的語法，操作起來也很直覺，不過若能直接在集合上操作，不僅語法短、在語意表達上也更直覺，方便與其他集合方法串接。因此標準函式庫用 **for** 迴圈在集合物件實作了 **forEach()** 方法，方便開發者使用：

▶ 檔名：.../collection/technique/transformation/forEach.ws.kts

```
numbers.forEach { println(it) }
// 逐行印出 1, 3, 5, 7, 9
```

上面這段程式碼的作用跟使用 **for** 迴圈的效果是完全相同的。**forEach()** 方法支援傳入一個 λ 參數，可自訂要執行的程式碼，若覺得預設的 **it** 不好理解，也可以自行重新命名。

▶ 檔名：.../collection/technique/transformation/forEach.ws.kts

```
numbers.forEach { number →
    println(number)
}
// 逐行印出 1, 3, 5, 7, 9
```

其實 **forEach()** 的實作也是用 **for** 迴圈，標準函式庫在集合的頂層物件 **Iterable** 以 Extension Function 實作，所以集合四大物件都能使用這個方法將元素逐一取出。若想了解更多標準函式庫如何運用 Extension Function 來擴充集合方法，請參考本書第二部份心法篇 **2-1 探索集合實作奧祕**。

```
public inline fun <T> Iterable<T>.forEach(action: (T) → Unit):
Unit {
    for (element in this) action(element)
}
```

若需如 **for** 迴圈一般，在取出元素的同時也把索引取出來的話，標準函式庫也提供了 **forEachIndexed()** 方法，可直接在 λ 內同時取出索引及元素。

▶ 檔名：.../collection/technique/transformation/forEachIndexed.ws.kts

```kotlin
numbers.forEachIndexed { index, element ->
    println("index=$index, element=$element")
}
/*
  index=0, element=1
  index=1, element=3
  index=2, element=5
  index=3, element=7
  index=4, element=9
*/
```

雖然 **forEach()** 方法也適用於 Map，不過因為資料結構的差異，λ 參數裡的 **it** 會是 **Map.Entry**，其有 **key** 及 **value** 兩個屬性，在 λ 裡可以透過 **it.key** 及 **it.value** 分別取出對應的 Key 及 Value。

▶ 檔名：.../collection/technique/transformation/forEach.ws.kts

```kotlin
val warehouse = mapOf(
    "Apple" to 10,
    "Banana" to 20,
    "Orange" to 5,
)

warehouse.forEach {
    println("key=${it.key}, value=${it.value}")
}
/*
  key=Apple, value=10
  key=Banana, value=20
```

```
   key=Orange, value=5
*/
```

另一個要注意的不同點是，由於 Map 的資料結構是 Key 與 Value 的組合，Key 就是索引，所以沒有 **forEachIndexed()** 這個方法。若不喜歡 **it.key** 這種比較囉嗦的寫法，可以在 λ 裡用解構語法將 **Map.Entry**「解壓縮」成 Key 及 Value 方便使用，甚至 Key 及 Value 的變數名稱可以依照開發語境宣告成合適的名稱。

▶ 檔名：.../collection/technique/transformation/forEach.ws.kts

```
warehouse.forEach { (key, value) →
    println("key=$key, value=$value")
}
/*
   key=Apple, value=10
   key=Banana, value=20
   key=Orange, value=5
*/

warehouse.forEach { (fruit, amount) →
    println("fruit=$fruit, amount=$amount")
}
/*
   fruit=Apple, amount=10
   fruit=Banana, amount=20
   fruit=Orange, amount=5
*/
```

雖然 **forEach()** 只是標準函式庫用類別方法為 **for** 迴圈做的另一種包裝，不過實務上還是有些微的差異，比方說 **forEach()** 裡沒辦法直接用 **break**、**continue** 流程控制關鍵字，若要使用需要另外加上 Label [1]，詳情請參考官方文件的說明。

1-9-3 Map 系列方法

以 **map** 開頭的系列方法是在轉換集合時最常用的方法了！這系列的方法可以讓我們把集合裡的元素逐一拿出後，套用一個轉換函式讓元素轉換成其他東西。

比方說，一個存放訂單資料的 Map，Key 存放顧客資料，型別為 **Customer** 資料類別，Value 儲存配送資訊，型別為 **Address** 資料類別。當要印製地址條時，需要 **Customer** 資料類別的 **name** 屬性，和 **Address** 資料類別的 **postcode** 及 **city** 屬性，依序以「郵遞區號」+「城市」+「顧客姓名」組合出地址條字串。這時就可以用 **map()** 將想要的資料格式轉換出來。

▶ 檔名：.../collection/technique/transformation/map.ws.kts

```
val orders = mapOf(
    Customer("Sue", 23) to Address("Taipei", "116"),
    Customer("Mary", 27) to Address("Keelung", "202"),
    Customer("Peter", 37) to Address("Taoyuan", "326"),
    Customer("Amos", 32) to Address("Taichung", "423"),
    Customer("Craig", 45) to Address("Tainan", "703"),
)

orders.map { (customer, address) →
    "${address.postcode} ${address.city} ${customer.name}"
}
/*
  [
    116 Taipei Sue,
    202 Keelung Mary,
    326 Taoyuan Peter,
    423 Taichung Amos,
    703 Tainan Craig
  ]
*/
```

> **提示**
>
> 範例裡輸出字串的技巧稱為字串樣板（String Template）。使用方式是用錢
> 字號 $ 做為前置符號，並用大括號括住物件及其屬性名稱。Kotlin 在輸出
> 時會自動把這段宣告與樣板裡的其他字串組合後回傳成字串。使用字串樣
> 板的好處是可以免除開發者手動拼接物件與字串的麻煩。

聰明的讀者一定馬上就想到，**map()** 的行為跟 **forEach()** 很像。的確，
就迴圈的動作來說，**map()** 跟 **forEach()** 都會將元素逐一取出，差異在於
map() 會將 λ 轉換的結果以 List 回傳，而 **forEach()** 則是 λ 做完動作後就結
束，不會回傳結果（回傳 Unit）。在 IDE 裡把游標放在方法名稱上按 F1 開啟
Quick Documentation 來查詢其回傳值，就可以發現兩個方法間的差異。

與 **forEach()** 相同的設計，若想在取出元素時一併取得索引，**map()** 也有
對應的 **mapIndexed()** 方法，用法同 **forEachIndexed()** 方法。

▶ 檔名：.../collection/technique/transformation/mapIndexed.ws.kts

```
val customers = listOf(
    Customer("Sue", 23),
    Customer("Mary", 27),
    Customer("Peter", 37),
    Customer("Amos", 32),
    Customer("Craig", 45),
)

customers.mapIndexed { index, customer →
    "$index: ${customer.name}"
}
// [0: Sue, 1: Mary, 2: Peter, 3: Amos, 4: Craig]
```

若經過 λ 轉換後的結果有可能為 Null，則可用 **mapNotNull()** 將 Null 的元素過濾掉，這樣可免除二次處理的手續，程式碼更簡潔好懂。

▶ 檔名：.../collection/technique/transformation/mapNotNull.ws.kts

```
val customers = listOf(
    Customer("Sue", 23),
    Customer("Mary", 27),
    Customer("Peter", 37),
    Customer("Amos", 32),
    Customer("Craig", 45),
)

customers.mapNotNull {
    // 製造一些會產生出 Null 的判斷
    if (it.name.length > 4) {
        it.name
    } else {
        null
    }
}
// 原本用 map 的話會是
// [null, null, Peter, null, Craig]
// 用了 mapNotNull 後就直接得到
// [Peter, Craig]
```

若在使用 **mapNotNull()** 時需要索引值，標準函式庫也提供對應的 **mapIndexedNotNull()** 方法。

▶ 檔名：.../collection/technique/transformation/mapIndexedNotNull.ws.kts

```
customers.mapIndexedNotNull { index, customer ->
    if (customer.name.length > 4) {
        "$index: ${customer.name}"
    } else {
```

```
        null
    }
}
// [2: Peter, 4: Craig]
```

在以 **map** 為首的系列方法裡，還有兩個針對 Map 而設計的方法，包括 **mapKeys()** 及 **mapValues()**。**mapKeys()** 可以用傳入的 λ 參數產生新值來改寫原本的 Key 並重新與 Map 的 Value 對映。

▶ 檔名：.../collection/technique/transformation/mapKeys.ws.kts

```
val customers = mapOf(
    1 to Customer("Sue", 23),
    2 to Customer("Mary", 27),
    3 to Customer("Peter", 37),
)

customers.mapKeys { it.value.name }
/*
    {
    Sue=Customer(name=Sue, age=23),
    Mary=Customer(name=Mary, age=27),
    Peter=Customer(name=Peter, age=37)
    }
*/
```

上例中儲存顧客資料的 **customers** 的 Key 原本是 **1**、**2**、**3**，傳入 **mapKeys()** 的 λ 函式會將顧客的名字取出後變成新 Map 的 Key，再搭配原本 Map 的 Value 轉換出新的 Map 後回傳。在 **mapKeys()** 的 λ 函式裡的 **it** 代表 Map 裡每一組 Key 及 Value，若覺得這樣的命名較難理解，可以用解構語法將其分離。不過由於在 λ 函式裡並沒有用到 Key，IDE 會提示我們將其命名成 **_** 代表忽略這個參數，所以上例可以改寫如下：

▶ 檔名：.../collection/technique/transformation/mapKeys.ws.kts

```
customers.mapKeys { (_, customer) →
    customer.name
}
```

相同的概念只是針對 Map 的 Value 做轉換，**mapValues()** 是用傳入的 λ 參數產生新值來改寫原本的 Value：

▶ 檔名：.../collection/technique/transformation/mapValues.ws.kts

```
customers.mapValues { it.value.name }
// {1=Sue, 2=Mary, 3=Peter}

customers.mapValues { (_, customer) →
    customer.name
}
// {1=Sue, 2=Mary, 3=Peter}
```

要注意的是，以上包括 **map()**、**mapIndexed()**、**mapNotNull()**、**mapIndexedNotNull()** 等方法不論原始集合是哪種物件，回傳的都是 List；而 **mapKeys()** 與 **mapValues()** 則都是回傳 Map。而這些方法皆回傳不可變集合，也就是說在方法過濾後就無法再修改回傳的集合內容。若需要方法的回傳值為可變集合，標準函式庫依慣例提供一系列名稱含 **To** 的方法，包括 **mapTo()**、**mapIndexedTo()**、**mapNotNullTo()**、**mapIndexedNotNullTo()**、**mapKeysTo()**、**mapValuesTo()**。

這系列名稱含 To 的方法在功能上跟前面的示範方法完全相同，差別在於增加了方法的第一個參數 **destination**。**destination** 參數須傳入一個可變集合做為目的地，當集合過濾後，會把結果「附加」到這個可變集合裡。以 **mapTo()** 為例，假設地址條是一個內含元素的可變 List **addressBar**，並做為 **destination** 參數傳入 **mapTo()**。由於 **addressBar** 是一個可變集合，所以轉換後仍能新增元素：

▶ 檔名：.../collection/technique/transformation/mapTo.ws.kts

```
val orders = mapOf(
    Customer("Sue", 23) to Address("Taipei", "116"),
    Customer("Mary", 27) to Address("Keelung", "202"),
    Customer("Peter", 37) to Address("Taoyuan", "326")
)
val addressBar = mutableListOf("108 Simon")

orders.mapTo(addressBar) { (customer, address) ->
    "${address.postcode} ${address.city} ${customer.name}"
}
// 這時 addressBar 內容為
/*
    [
      703 Tainan Craig,
      116 Taipei Sue,
      202 Keelung Mary,
      326 Taoyuan Peter
    ]
*/


addressBar.add("423 Taichung Amos")
// 這時 addressBar 內容為
/*
    [
      703 Tainan Craig,
      116 Taipei Sue,
      202 Keelung Mary,
      326 Taoyuan Peter,
      423 Taichung Amos
    ]
*/
```

這系列名稱含 To 的轉換方法除了多一個 **destination** 參數外，其餘行為跟原方法完全相同，為節省篇幅就不逐一說明，讀者可參考本書範例檔裡各方法的詳細示範。

1-9-4 文氏圖系列方法

在做資料處理時，常會需要找聯集、交集或是拿 A 減 B 等，也就是所謂的文氏圖（Venn Diagram）操作。這些操作在集合裡也有對應的方法，包括 **union()**、**intersect()** 及 **subtract()**。

先準備兩個集合，**left** 裡放 **1, 2, 3** 三個整數、**right** 則放 **2, 3, 4** 另外三個部份重疊的整數。當從 **left** 以 **union()** 方法找聯集時，這兩個集合會合併並去除重複的元素。聯集的概念可用下圖解釋：

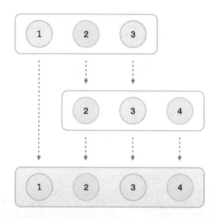

圖 1-9-2　圖解 union() 方法行為

▶ 檔名：.../collection/technique/transformation/union.ws.kts

```
val left = listOf(1, 2, 3)
val right = listOf(2, 3, 4)

left.union(right)
// [1, 2, 3, 4]
```

當兩個集合合併時，元素在集合裡的順序會以來源集合的順序放在前段，拿來合併的集合去除重複後接在後段。在上例中，**left** 裡的 **1, 2, 3** 會放在回傳集合的前段，**right** 裡去掉重複的 **2, 3** 後，把不重複的 **4** 接在後面回傳。舉一個原始集合裡沒有排序過的例子，**leftRandomOrder** 裡放 **3, 1, 2** 三個整數、**rightRandomOrder** 則放 **5, 3, 4** 另外三個整數，經過 **union()** 處理後，**leftRandomOrder** 裡的 **3, 1, 2** 會放在回傳集合的前段，**rightRandomOrder** 裡去掉重複的 **3** 後，把不重複的 **5, 4** 接在後面回傳。

▶ 檔名：.../collection/technique/transformation/union.ws.kts

```
val leftRandomOrder = listOf(3, 1, 2)
val rightRandomOrder = listOf(5, 3, 4)

leftRandomOrder.union(rightRandomOrder)
// [3, 1, 2, 5, 4]
```

交集與聯集動作相反，交集是找出兩個集合間重疊的元素。延續上例 **left** 與 **right** 的兩個集合，當從 **left** 以 **intersect()** 方法找交集時，方法會回傳兩者間重疊的元素 **2, 3**。交集的概念可用下圖解釋：

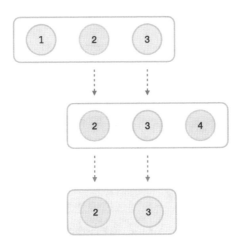

圖 1-9-3　圖解 intersect() 方法行為

▶ 檔名：.../collection/technique/transformation/intersect.ws.kts

```
left.intersect(right)
// [2, 3]
```

subtract() 方法的行為比較特別，它是拿傳入的集合為基準，減掉來源集合裡重複的部份。也就是說，最後沒有重複的部份會留下，不存在於來源集合裡的元素會被忽略。延續上例 **left** 與 **right** 的兩個集合，當從 **left** 以 **subtract()** 方法減去 **right** 時，方法會把兩者間重疊的元素 **2, 3** 找出並減掉 **left** 的內容後回傳。這種減法的動作可用下圖解釋：

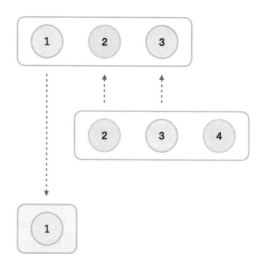

圖 1-9-4　圖解 subtract() 方法行為

▶ 檔名：.../collection/technique/transformation/subtract.ws.kts

```
left.subtract(right)
// [1]
```

在使用這系列的集合方法時，有兩個值得注意的特點。首先，以上三個方法只有 Array、List、Set 可以使用，Map 沒有這些方法。但不論是 Array、List 或

Set 使用，方法最後回傳的物件一定是 Set。也因為有這樣的特性，所以不論是
來源集合或是拿來合併的集合，只要裡面有重複的元素都會被去除。

▶ 檔名：.../collection/technique/transformation/union.ws.kts

```
val leftWithDuplicates = listOf(1, 1, 2, 2, 2, 3)
val right = listOf(2, 3, 4)

leftWithDuplicates.union(right)
// [1, 2, 3, 4]
```

閱讀 **union()** 在 **Iterable** 的實作可以看到，方法在第一步就先把來源集
合轉成 Set，之後再用 **addAll()** 與另一個集合合併，回傳的物件類別是這個轉
型之後的 Set，因此回傳的集合裡不會有重複的元素。

```
public infix fun <T> Iterable<T>.union(other: Iterable<T>):
Set<T> {
    val set = this.toMutableSet()
    set.addAll(other)
    return set
}
```

從上面的原始碼可以看到，標準函式庫在實作時，把這三個方法都實作成
Infix Function，所以呼叫時可以去掉點、小括號等符號，像關鍵字一樣使用[2]。
如此可讓我們的程式碼寫起來就像一句英文敘述，易讀也好懂。

```
left union right
// 等同於
left.union(right)
// 兩都都回傳 [1, 2, 3, 4]
```

關於更多 Infix Function 的探討，請參考本書第二部份心法篇 **2-1 探索集合
實作奧祕**一篇的介紹。

1-9-5 Zip 系列方法

有時兩個集合裡的元素彼此間有關聯，剛好一個集合裡的元素可以配對到另一個集合裡相同位置的元素，這時可以將這兩個集合做成對照表的結構，即類似 Key 與 Value 的概念，把一個集合的元素與另一個集合相同位置的元素組成一個 Pair 物件，可以想像成把兩個集合用「拉鏈」把兩邊黏起來，因此這個方法就被命名為 **zip()**。

▶ 檔名：.../collection/technique/transformation/zip.ws.kts

```
val animals = listOf("fox", "bear", "wolf")
val colors = listOf("red", "brown", "gray")


animals.zip(colors)
// [(fox, red), (bear, brown), (wolf, gray)]
```

標準函式庫是用 Infix Function 實作 **zip()** 的，所以可以去掉點、小括號等符號，像關鍵字一樣使用。

▶ 檔名：.../collection/technique/transformation/zip.ws.kts

```
animals zip colors
// 等同於
animals.zip(colors)
// 兩都都回傳
// [(fox, red), (bear, brown), (wolf, gray)]
```

通常在使用 **zip()** 時，會預期這兩個集合的尺寸是相同的，這樣在相黏時才不會有元素對應不到。不過假如硬是把兩個不一樣大的集合用 **zip()** 合併的話，則會以小的為基準，多餘的都會被捨棄。

▶ 檔名：.../collection/technique/transformation/zip.ws.kts

```
val onlyTwoAnimals = listOf("fox", "bear")
val colors = listOf("red", "brown", "gray")


onlyTwoAnimals.zip(colors)
// [(fox, red), (bear, brown)]
```

zip() 支援傳入 λ 參數做二次轉換，比方說原本 **zip()** 只能回傳動物與顏色的配對，多了 λ 轉換後，可在 λ 內取得每一組配對內容，再轉換成字串：

▶ 檔名：.../collection/technique/transformation/zip.ws.kts

```
animals.zip(colors) { animal, color →
    "The $animal is $color"
}
/*
  [
   The fox is red,
   The bear is brown,
   The wolf is gray
  ]
*/
```

這樣的設計讓 **zip()** 的使用彈性更高，看完以下示範就能瞭解，同樣的結果可少用一次 **map()**，讓程式碼更簡潔易讀。

▶ 檔名：.../collection/technique/transformation/zip.ws.kts

```
animals.zip(colors)
    .map { (animal, color) →
        "The $animal is $color"
    }
```

　　既然有 **zip()** 可以把兩個集合黏起來，讀者一定會猜是不是有拆開的方法呢？沒錯！就是 **unzip()**！當集合裡有多個 Pair，就可以用 **unzip()** 把每一組配對拆成兩個獨立的 List。**unzip()** 回傳的型別是 **Pair<List<T>, List<R>>**，為追求更好的語意表達，還可以用解構語法將回傳的 Pair 拆成兩個獨立的變數儲存：

▶ 檔名：.../collection/technique/transformation/unzip.ws.kts

```
val warehouse = listOf(
    "Apple" to 10,
    "Banana" to 20,
    "Orange" to 5,
)

val (fruits, amounts) = warehouse.unzip()
// fruits 裡的內容為 [Apple, Banana, Orange]
// amounts 裡的內容為 [10, 20, 5]
```

1-9-6 Associate 系列方法

　　在儲存資料時，一般會優先用 List 儲存，但 List 在搜尋元素時會需要把整個集合掃一遍比對，當 List 體積很大時會佔較多記憶體，效能也會變差。在這種情境底下，可以把 List 轉換成搜尋 Key 值與元素對應的 Map，直接用 Map 的 Key 做查找與搜尋會更有效率[3]。標準函式庫提供一系列以 **associate** 開頭的方法可用於此需求，包括 **associate()**、**associateBy()**、**associateByTo()**、**associateTo()**、**associateWith()**、**associateWithTo()**。

　　其中 **associate()** 是最常用的入門款。以一個存放 **Student** 資料類別的集合為例，每一個學生有 **id**、**firstName**、**lastName**、**email** 及 **grade** 等屬性，若想直接以 **id** 搜尋學生的全名時，可以先用 **associate()** 轉換成 Key 為

id，Value 為全名（**lastName** + **firstName**）的 Map，再直接以 Key 做查詢：

▶ 檔名：.../collection/technique/transformation/associate.ws.kts

```
val students = listOf(
    Student(1, "John", "Doe", "john.doe@gmail.com", 1),
    Student(2, "Tommy", "Lee", "tommy.leen@hotmail.com", 2),
    Student(3, "Sean", "Lin", "sean.lin@mail.yahoo.com", 3),
    Student(4, "Tim", "Wong", "tim.wong@gmail.com", 2),
    Student(5, "Sammie", "Ho", "sammie.ho@163.com", 5),
    Student(6, "Simon", "Fan", "simon.fan@gmail.com", 2)
)

val lookupTable = students.associate {
    it.id to "${it.lastName} ${it.firstName}"
}
// lookupTable 的內容為
/*
    {
    1=Doe John,
    2=Lee Tommy,
    3=Lin Sean,
    4=Wong Tim,
    5=Ho Sammie,
    6=Fan Simon
    }
*/

println(lookupTable[2])
// 取出第三格的內容為 Lee Tommy
```

簡言之，**associate()** 會將集合裡的元素傳給 λ，其操作一定要回傳 Pair，最後會將這些配對轉成含 Key 與 Value 的 Map 結構回傳。若沒有

associate() 方法的話，就得先用 **map()** 將學生清單轉成存放 Pair 的 List，再用集合轉型方法把 List 轉型成 Map。

▶ 檔名：.../collection/technique/transformation/associate.ws.kts

```
students.map {
    Pair(it.id, "${it.lastName} ${it.firstName}")
}.toMap()
```

當 IntelliJ IDEA 發現有 **map()** 又接了 **toMap()** 時，就會以灰色波浪線提示可以改寫成 **associate()**，別忘了按 ⌥+↵（macOS）或 Alt+Enter（Windows）快速修正成建議的寫法。

通常在處理這樣的需求時，會專注在 Key 的提取，也就是指定 Map 的 Key 要如何產生，並以原本的元素做為 Value 組成 Map 後回傳。方法名稱加了 **By** 的 **associateBy()** 可以讓程式碼更精簡的完成這個需求。

▶ 檔名：.../collection/technique/transformation/associateBy.ws.kts

```
students.associateBy { it.id }
/*
  {
    1=Student(id=1, ...),
    2=Student(id=2, ...),
    3=Student(id=3, ...),
    4=Student(id=4, ...),
    5=Student(id=5, ...),
    6=Student(id=6, ...)
  }
*/
```

不過上例用 **associateBy()** 改寫後，Map 裡的 Value 仍是 **Student** 資料類別，而不是重組過的全名。標準函式庫在設計 **associateBy()** 時支援兩個 λ 參數：

1. 第一個 λ 參數是 **keySelector**，用它取出回傳 Map 的 Key。
2. 第二個 λ 參數是 **valueTransform**，用它來轉換 Value 的格式。

前面的範例可以用兩個作法 λ 改寫達成一樣的效果。

▶ 檔名：.../collection/technique/transformation/associateBy.ws.kts

```
students.associateBy(
    { it.id },
    { "${it.lastName} ${it.firstName}" }
)

/*
    {
    1=Doe John,
    2=Lee Tommy,
    3=Lin Sean,
    4=Wong Tim,
    5=Ho Sammie,
    6=Fan Simon
    }
*/
```

若需求反過來，想指定如何產生 Map 的 Value，並以原本的元素做為 Key 組成 Map 後回傳。方法名稱加了 **With** 的 **associateWith()** 可以轉換出這樣的結果。

▶ 檔名：.../collection/technique/transformation/associateWith.ws.kts

```
students.associateWith {
    it.id
}
/*
    {
    Student(id=1, ...)=1,
```

```
    Student(id=2, ...)=2,
    Student(id=3, ...)=3,
    Student(id=4, ...)=4,
    Student(id=5, ...)=5,
    Student(id=6, ...)=6
  }
*/
```

由於經過這些以 **associate** 為首的方法轉換過後都會變成 Map，因此若是在轉換的過程中有重複的 Key，則最後一個被轉換出來的 Key 會覆蓋掉前面重複的結果。也就是說，經過轉換過後，Map 的尺寸有可能與來源集合的尺寸不同。

▶ 檔名：.../collection/technique/transformation/associate.ws.kts

```
students.associate {
    it.grade to it.firstName
}
// {1=John, 2=Simon, 3=Sean, 5=Sammie}
```

在上例呼叫 **associate()** 時，Key 選的是 **Student** 的 **grade** 屬性，Value 則是 **firstName** 屬性。由於二年級的學生共有 Tommy、Tim 及 Simon 三位，所以轉換後三位的 Key 值重複，只會在 Map 裡留下最後一位的 Simon 的資料。

與 **map** 系列方法回傳的都是 List 不同，**associate** 系列方法回傳的都是 Map，且這些方法全部都是回傳不可變集合。，也就是說在方法過濾後就無法再修改回傳的集合內容。若需要方法回傳可變集合的結果，標準函式庫依慣例提供一系列名稱含 **To** 的方法，包括 **associateTo()**、**associateByTo()**、**associateWithTo()**。

這系列名稱含 To 的方法，功能跟前面的示範方法完全相同，差別在於增加了方法的第一個參數 **destination**。**destination** 參數須傳入一個可變集合做為目的地，當集合過濾後，會把結果「附加」到這個可變集合裡。以 **associateTo()** 為例，學生編號與全名的對照表是一個內含元素的可變 Map，**lookupTable** 做為 **destination** 參數傳入 **associateTo()**。由於 **lookupTable** 是一個可變集合，所以轉換後仍能新增元素：

▶ 檔名：.../collection/technique/transformation/associateTo.ws.kts

```
val students = listOf(
    Student(1, "John", "Doe", "john.doe@gmail.com", 1),
    Student(2, "Tommy", "Lee", "tommy.leen@hotmail.com", 2),
    Student(3, "Sean", "Lin", "sean.lin@mail.yahoo.com", 3)
)
val lookupTable = mutableMapOf(
    4 to "Wong Tim"
)

students.associateTo(lookupTable) {
    it.id to "${it.lastName} ${it.firstName}"
}
// 這時 lookupTable 內容為
/*
  {
    4=Wong Tim,
    1=Doe John,
    2=Lee Tommy,
    3=Lin Sean
  }
*/

lookupTable[5] = "Sammie Ho"
// 這時 lookupTable 內容為
```

```
/*
  {
    4=Wong Tim,
    1=Doe John,
    2=Lee Tommy,
    3=Lin Sean,
    5=Sammie Ho
  }
*/
```

這系列名稱含 To 的轉換方法除了多一個 **destination** 參數外，其餘行為跟原方法完全相同，為節省篇幅就不逐一說明，讀者可參考本書範例檔裡各方法的詳細示範。

1-9-7 Flat 系列方法

隨著資料愈來愈多，資料結構也愈來愈複雜，有時儲存在集合裡的是多層級的巢狀結構（比方說 List 裡面又裝了 List）。有時為了簡化結構，會需要把階層打平，將各階層元素取回後，回傳成單一階層 List 的話，以 **flat** 開頭的系列方法可以完成這個工作。

比方說一個父集合存了三個 Set，該集合的型別就是 List<Set<Int>>，若想把這些子集合裡的元素全部拿出來放在一個集合裡，不需手動跑迴圈把內容取出重整，只需一個 **flatten()** 就可以完成：

▶ 檔名：.../collection/technique/transformation/flatten.ws.kts

```
val numberSets = listOf(
    setOf(1, 2, 3),
    setOf(4, 5, 6),
    setOf(1, 2),
)
```

```
numberSets.flatten()
// [1, 2, 3, 4, 5, 6, 1, 2]
```

閱讀 **flatten()** 的原始碼，標準函式庫很簡單的用 **for** 迴圈加上宣告一個可變集合，並搭配 **addAll()** 就實作出來：

```
public fun <T> Iterable<Iterable<T>>.flatten(): List<T> {
    val result = ArrayList<T>()
    for (element in this) {
        result.addAll(element)
    }
    return result
}
```

假如需求再複雜一點，需要先用 **map()** 轉換出中介資料，再用 **flatten()** 打平階層時，可以用 **flatMap()** 一次完成。**flatMap()** 支援傳入一個 λ 參數做轉換，方法會依照 λ 取出目標元素後，再打平中介集合的階層後回傳。

▶ 檔名：.../collection/technique/transformation/flatMap.ws.kts

```
val employees = listOf(
    Employee(1, "Tom", "Backend", listOf("DB", "API")),
    Employee(2, "John", "IT", listOf("Network", "Hardware")),
    Employee(3, "Simon", "Backend", listOf("MVC", "API", "GraphQL")),
    Employee(4, "Mark", "IT"),
    Employee(5, "Tracy", "Design", listOf("Graphic")),
)

employees.flatMap { it.skills ?: listOf() }
/*
    [
    DB, API, Network, Hardware,
    MVC, API, GraphQL, Graphic
```

```
    ]
*/
```

在上例裡，因為 **Employee** 資料類別的 **skills** 屬性是 Nullable，所以在 λ 轉換裡需要先用貓王運算子 ?:（Elvis Operator）測試該元素的屬性是否為 Null，若是 Null 則會產生一個沒有元素的集合回傳，讓 **flatMap()** 在打平時不需處理 Null 值。上面這段程式碼其實等於用 **mapNotNull()** 加上 **flatten()** 的組合技：

▶ 檔名：.../collection/technique/transformation/flatMap.ws.kts

```
employees.mapNotNull { it.skills }
    .flatten()
```

若整理過後，想把資料再寫回指定的可變集合，標準函式庫依慣例提供 **flatMapTo()**，只要傳入一個可變集合做 **destination**，方法處理後就會將結果附加到該目的地。

▶ 檔名：.../collection/technique/transformation/flatMapTo.ws.kts

```
val employees = listOf(
    Employee(1, "Tom", "Backend", listOf("DB", "API")),
    Employee(3, "Simon", "Backend", listOf("MVC", "API", "GraphQL")),
    Employee(5, "Tracy", "Design", listOf("Graphic")),
)
val employeeSkills = mutableListOf("Accounting")

employees.flatMapTo(employeeSkills) { it.skills ?: listOf() }
/*
  [
    Accounting, DB, API,
    MVC, API, GraphQL, Graphic
  ]
*/
```

1-9-8　Scan 系列方法

以 **scan** 開頭的兩個方法 **scan()** 及 **scanIndexed()** 在動作上比較特別，傳入的第一個參數是初始值、第二個參數是 λ 轉換函式，在 λ 裡可以拿到累加器（Accumulator）及集合裡的元素，並決定要如何累進，方法會回傳由前到後每次累進結果的 List。以下圖解 **scan()** 的行為：

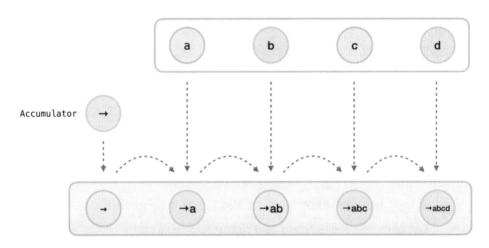

圖 1-9-5　圖解 scan() 方法行為

▶ 檔名：.../collection/technique/transformation/scan.ws.kts

```
val letters = listOf("a", "b", "c", "d")

letters.scan("→") { accumulator, letter →
    accumulator + letter
}
/*
    [
      →,
      →a,
      →ab,
```

```
    →abc,
    →abcd
  ]
*/
```

在上例裡，每一次累進的動作拆解如下：

1. 一開始 **accumulator** 是空字串，初始值 **→** 在第一次會被放入 **letter**，所以相加後 **accumulator** 裡是 **→**。
2. 第二次 **accumulator** 內是 **→**，接著集合裡的第一個元素 **a** 放入 **letter**，所以相加後 **accumulator** 裡是 **→a**。
3. 第三次 **accumulator** 內是 **→a**，接著集合裡的第二個元素 **b** 放入 **letter**，所以相加後 **accumulator** 裡是 **→ ab**。
4. 第四次 **accumulator** 內是 **→ ab**，接著集合裡的第三個元素 **c** 放入 **letter**，所以相加後 **accumulator** 裡是 **→ abc**。
5. 第五次 **accumulator** 內是 **→ abc**，接著集合裡的第四個元素 **d** 放入 **letter**，所以相加後 **accumulator** 裡是 **→ abcd**。

而標準函式庫也依照慣例提供有索引的 **scanIndexed()** 的方法，讓開發者可以在 λ 裡拿到索引、累加器及元素三個值：

▶ 檔名：.../collection/technique/transformation/scanIndexed.ws.kts

```kotlin
val letters = listOf("a", "b", "c", "d")

letters.scanIndexed("→") { index, accumulator, letter →
    "$accumulator $index: $letter"
}
/*
    [
    →,
    → 0: a,
```

```
 → 0: a 1: b,
 → 0: a 1: b 2: c,
 → 0: a 1: b 2: c 3: d
]
*/
```

1-9-9 回顧

本章綜覽七種用來轉換集合的方法：

1. **forEach()** 及 **forEachIndexed()** 只會將集合裡的元素逐一取出，但不會回傳任何東西，通常用於一次性的操作。

2. 以 **map** 開頭的系列方法，可以依傳入的 λ 參數轉換集合內的元素，而 NotNull 結尾的變化形，可以濾掉轉換後是 Null 的元素；也有為 Map 設計，用來更換 Key 及 Value 的 **mapKeys()** 及 **mapValues()**。另有 **To** 結尾的方法可將結果附加至指定目的地。

3. 文氏圖系列方法可以找出兩個集合聯集或交集的結果，也能用一個集合減去另一個集合的元素。

4. **zip()** 可以將兩個集合黏合成配對集合，**unzip()** 則是把一個配對集合拆開成兩個獨立的集合。

5. 以 **associate** 開頭的系列方法，可以依傳入的 λ 參數轉換元素並配對後回傳 Map，也有針對 Key 及 Value 選擇做的變化形 **associateBy()** 及 **associateWith()**，還有 **To** 結尾的方法可將結果附加至指定目的地。

6. 以 **flat** 開頭的系列方法可以將巢狀結構的集合打平成單一階層，還能順道轉換元素。

7. **scan()** 會以初始值及累加器轉換集合裡的元素，方法會回傳由前到後每次累進的結果，**scanIndexed()** 可在累進的過程中取得索引值。

除了以上特性外，在使用轉換系列的集合方法時，需注意各方法間的差異，重點提示如下：

- **forEach()** 及 **map()** 方法雖然都會把集合巡一遍，但 **forEach()** 方法不會回傳結果。
- **map()** 方法回傳的集合會與原始集合一樣大，其他方法則不一定。
- 需留意不同方法回傳的物件類別也不同，在使用上要注意其特性：
  - **map** 系列方法回傳 List。
  - 文氏圖系列方法回傳 Set。
  - **zip()** 方法回傳 List<Pair<T, R>>。
  - **unzip()** 方法回傳 Pair<List<T>, List<R>>。
  - **associate** 系列方法回傳 Map。
  - **flat** 系列方法回傳 List。
  - **scan** 系列方法回傳 List。
- 不同方法對重複、Null 的處理也不同：
  - **map** 系列方法有可去除 Null 的變化形。
  - 文氏圖系列方法回傳時會去除重複。

轉換系列方法在操作集合時的威力非常強大，熟悉這些用法後，幾乎沒有「轉」不出來的東西。尤其 **forEach()**、**map()**、**associate()** 三個是經常被使用的方法，在本書第三部份實戰篇將會看到更多的實務技巧。

1-10 集合聚合的方法

將資料放在集合裡，除了集中放置與方便整理以外，還有一個很重要的功能是為了「運算」，最常見的就是計算集合裡數據的總和、最大值、最小值、取平均值 ... 等數學處理。除了用於數學計算外,這種「將集合裡的眾多物件處理後回傳一個結果」的操作,也廣泛用在文字或物件處理,統稱為聚合(Aggregation)。在這個章節裡,會探索與聚合有關的集合方法。

1-10-1 總覽圖

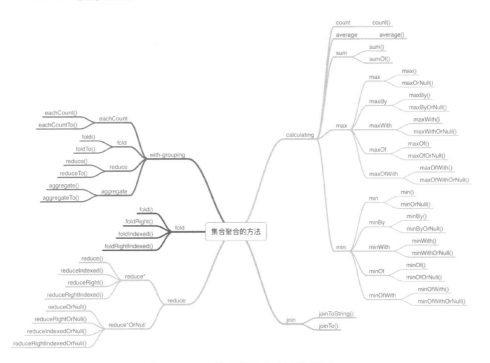

圖 1-10-1　集合聚合的方法總覽圖

在「聚合」這個用途底下,我們以五個關鍵字做分類,分別是:**calculating**、**join**、**reduce**、**fold** 及 **with-grouping**,下面將針對排序處理做一系列示範。

1-10-2 Calculating 系列方法

先從計算型的方法開始討論。以一份存放學生資料的 List 為例，想要知道有多少位學生，也就是計算集合的尺寸。標準函式庫提供兩種方式計算答案，一種是由集合的 **size** 屬性取得、另一種是從 **count()** 方法取得。

▶ 檔名：.../collection/technique/aggregation/count.ws.kts

```kotlin
val students = listOf(
    Student(1, "John", "Doe", "john.doe@gmail.com", 1),
    Student(2, "Tommy", "Lee", "tommy.leen@hotmail.com", 2),
    Student(3, "Sean", "Lin", "sean.lin@mail.yahoo.com", 3),
    Student(4, "Tim", "Wong", "tim.wong@gmail.com", 4),
    Student(5, "Sammie", "Ho", "sammie.ho@163.com", 5),
    Student(6, "Simon", "Fan", "simon.fan@gmail.com", 6),
)

students.size     // 6
students.count()  // 6
```

不論是從屬性或方法，都可取得集合尺寸的數值，視習慣使用即可。若閱讀 **count()** 的原始碼，會發現標準函式庫也是直接取得 **size** 屬性回傳。

```kotlin
public inline fun <T> Collection<T>.count(): Int {
    return size
}
```

呼叫 **count()** 時若沒有傳入參數，則預設會計算集合裡所有元素的數量，若需自訂計算集合數量的條件，可傳入一個 λ 參數做為條件判斷式，若元素符合條件則被計入總數；反之則忽略。延續上例，若需計算高年級（五、六年級）學生的數量時，只要傳入一個判斷年級屬性是否 **> 4** 的 λ 判斷式即可。

▶ 檔名：.../collection/technique/aggregation/count.ws.kts

```
students.count { it.grade > 4 }
// 2
```

若集合裡的元素是數字類型的元素，想計算各元素的總和，可用 **sum()** 取得。

▶ 檔名：.../collection/technique/aggregation/sum.ws.kts

```
val numbers = listOf(5, 42, 10, 4)

numbers.sum()
// 61
```

不過實務上大多沒這麼單純，比較常見集合裡放的是資料類別，想要計算的是類別屬性的總和。比方說在一個儲存 **OrderItem** 資料類別的購物車裡，要計算購買商品的總數時，可以用 **sumOf()** 並傳入一個 λ 參數做 **selector** 來選擇要計算的目標屬性，方法會將這些屬性值取出後計算總和。

▶ 檔名：.../collection/technique/aggregation/sumOf.ws.kts

```
val cart = listOf(
    OrderItem(1, Product("FT-0342", "Apple", 80.0), 2),
    OrderItem(2, Product("FT-0851", "Banana", 10.0), 8),
    OrderItem(3, Product("FT-0952", "Orange", 60.0), 3),
)

cart.sumOf { it.amount }
// 13
```

上例的 **sumOf()** 其實做了兩個動作，先用 **map()** 將 **OrderItem** 的 **amount** 屬性轉換成一個單純的數字集合後，再使用 **sum()** 計算總和。由此可見，標準函式庫提供 **sumOf()** 可一步完成兩個動作，除了讓程式碼更簡潔、更有效率外，也表達更多語意。在 IntelliJ IDEA 裡也會提示將 **map()** 串接 **sum()** 的語法改為 **sumOf()**。

```
cart.map { it.amount }
    .sum()
// 13
```

除了計算總和外，計算平均值也是很常見的統計需求，若集合內的元素是數字類型，**average()** 會計算所有元素的平均值。

▶ 檔名：.../collection/technique/aggregation/average.ws.kts

```
val numbers = listOf(6, 42, 10, 4)

numbers.average()
// 15.5
```

除了做計算外，數值比較也是這系列方法的重點。比方說可用 **maxOrNull()** 找出集合裡數值最大的元素，由於方法名稱上有 OrNull，表示若集合裡沒有元素時，會回傳 Null。

▶ 檔名：.../collection/technique/aggregation/maxOrNull.ws.kts

```
val numbers = listOf(20, 47, 8, 39, 13)
val emptyListOfNumbers = emptyList<Int>()
val listOfNothing = listOf<Int>()

numbers.maxOrNull()              // 47
emptyListOfNumbers.maxOrNull() // null
listOfNothing.maxOrNull()        // null
```

但實務上集合裡放的通常是資料類別，若想要比較類別的屬性值時，就無法直接使用 **maxOrNull()**，這時可改用 **maxByOrNull()**。延續前面購物車的例子，想要找出購物車裡購買數量最多的商品時，可傳入一個 λ 參數做 **selector**

來選擇要比較的目標屬性，方法會將這些屬性取出後找出具最大值的元素。由於方法名稱上有 OrNull，表示若集合裡沒有元素時，會回傳 Null。

▶ 檔名：.../collection/technique/aggregation/maxByOrNull.ws.kts

```
val cart = listOf(
    OrderItem(1, Product("FT-0342", "Apple", 80.0), 2),
    OrderItem(2, Product("FT-0851", "Banana", 10.0), 8),
    OrderItem(3, Product("FT-0952", "Orange", 60.0), 3),
)
val emptyListOfOrderItems = emptyList<OrderItem>()
val listOfNothing = listOf<OrderItem>()

cart.maxByOrNull { it.amount }
// OrderItem(id=2, product=Product(...), amount=8)

emptyListOfOrderItems.maxByOrNull { it.amount }
// null

listOfNothing.maxByOrNull { it.amount }
// null
```

從上例可以觀察到，**maxByOrNull()** 會比較由 λ 參數選出的屬性值，找出具最大值的元素後，回傳該「元素」，在上例中就是 **OrderItem** 資料類別。若想要找出購物車裡購買數量最多的數量是多少時，就得再透過屬性取值 **.amount** 語法取出。

標準函式庫提供了 **maxOf()** 方法讓開發者只需要一個方法就能找出具最大屬性的元素，還可以直接取出目標屬性。延續上例，購物車裡購物數量最多的元素是香蕉，數量是八個。使用 **maxByOrNull()** 會取出 **id** 為 **2** 的 **OrderItem**、使用 **maxOf()** 可取出 **id** 為 **2** 的 **OrderItem** 的 **amount** 屬性值 **8**。

▶ 檔名：.../collection/technique/aggregation/maxOf.ws.kts

```
cart.maxOf { it.amount } // 8
```

若集合裡不含任何內容，則 **maxOf()** 會拋出 **NoSuchElementException**
例外。若希望以回傳 Null 取代拋出例外的話，可用 **maxOfOrNull()** 方法。

▶ 檔名：.../collection/technique/aggregation/maxOfOrNull.ws.kts

```
emptyListOfOrderItem.maxOfOrNull { it.amount }
// null

listOfNothing.maxOfOrNull { it.amount }
// null
```

除了如 **maxByOrNull()**、**maxOf()** 及 **maxOfOrNull()** 以 λ 參數自訂要
比較的對象，標準函式庫也支援用 **maxWithOrNull()** 搭配 **Comparator** 自訂
比較邏輯。透過 **compareBy** 函式可快速產生對應的 **Comparator** 物件，再傳
入方法內做比對。

▶ 檔名：.../collection/technique/aggregation/maxWithOrNull.ws.kts

```
cart.maxWithOrNull(compareBy{ it.amount })
// OrderItem(id=2, ..., amount=8)

emptyListOfOrderItem.maxWithOrNull(compareBy { it.amount })
// null

listOfNothing.maxWithOrNull(compareBy { it.amount })
// null
```

若比較的情境再複雜一些，想要同時自定比較的對象及比較的邏輯時，
標準函式庫還有可支援兩個參數的 **maxOfWith()** 方法。第一個參數傳入
Comparator 比較邏輯、第二個參數傳入 λ 選擇比較的對象。

▶ 檔名：.../collection/technique/aggregation/maxOfWith.ws.kts

```
cart.maxOfWith(
    compareBy{ it.amount }
) { it }
// OrderItem(id=2, ..., amount=8)
```

單純的原始型別或單一階層的資料類別較難顯示 **maxOfWith()** 的威力，若需求情境改成要找出購物車裡金額最高的商品時，就可以先用 **maxOfWith()** 的第二個參數選定比較對象是商品，再用第一個參數決定比較邏輯是以商品的價格為基準：

▶ 檔名：.../collection/technique/aggregation/maxOfWith.ws.kts

```
cart.maxOfWith(
    compareBy{ it.price }
) { it.product }
// Product(sku=FT-0342, name=Apple, price=80.0)
```

若不使用 **maxOfWith()** 方法，就必須組合 **map()** 及 **maxByOrNull()** 兩個方法才能達成相同結果，如下例：

```
cart.map { it.product }
    .maxByOrNull { it.price }
// Product(sku=FT-0342, name=Apple, price=80.0)
```

當集合內沒有任何元素，**maxOfWith()** 會拋出 **NoSuchElementException** 例外。若希望以回傳 Null 取代拋出例外的話，可用 **maxOfWithOrNull()** 方法。

▶ 檔名：.../collection/technique/aggregation/maxOfWithOrNull.ws.kts

```
val emptyListOfOrderItem = emptyList<OrderItem>()
val listOfNothing = listOf<OrderItem>()


emptyListOfOrderItem.maxOfWithOrNull(
```

```
    compareBy{ it.amount }
) { it }
// null

listOfNothing.maxOfWithOrNull(
    compareBy{ it.amount }
) { it }
// null
```

另外要注意，本系列的 **max()**、**maxBy()**、**maxWith()**、**min()**、**minBy()**、**minWith()** 方法在 Kotlin 1.4 版被重新命名為以 OrNull 結尾的方法：**maxOrNull()**、**maxByOrNull()**、**maxWithOrNull()**、**minOrNull()**、**minByOrNull()**、**minWithOrNull()**。在 Kotlin 1.7 時，這些沒有 OrNull 結尾的方法被重新加回來，若集合內沒有任何元素，則會拋出 **NoSuchElementException** 例外，以下僅以 **max()** 示範，其餘示範請參考本書範例檔。

▶ 檔名：.../collection/technique/aggregation/max.ws.kts

```
val numbers = listOf(20, 47, 8, 39, 13)
val emptyListOfNumbers = emptyList<Int>()
val listOfNothing = listOf<Int>()

numbers.max()
// 47

emptyListOfNumbers.max()
// 拋出 NoSuchElementException 例外

listOfNothing.max()
// 拋出 NoSuchElementException 例外
```

相信讀者看到這裡時，已經被這系列繁複的方法名稱搞得昏頭轉向。筆者將以上所有以 **max** 開頭的方法與及回傳值並列如下，讀者可以從比較回傳值的差異來了解各方法的用途：

```kotlin
val numbers = listOf(20, 47, 8, 39, 13)
val cart = listOf(
    OrderItem(1, Product("FT-0342", "Apple", 80.0), 2),
    OrderItem(2, Product("FT-0851", "Banana", 10.0), 8),
    OrderItem(3, Product("FT-0952", "Orange", 60.0), 3),
)

numbers.maxOrNull()
cart.maxByOrNull { it.amount }
cart.maxOf { it.amount }
cart.maxOfOrNull { it.amount }
cart.maxWithOrNull(compareBy { it.amount })
cart.maxOfWith(compareBy{ it.amount }) { it }
cart.maxOfWithOrNull(compareBy{ it.amount }) { it }

// 47
// OrderItem(id=2, ..., amount=8)
// 8
// 8
// OrderItem(id=2, ..., amount=8)
// OrderItem(id=2, ..., amount=8)
// OrderItem(id=2, ..., amount=8)
```

既然有找出最大值的方法，就一定有對應找出最小值的方法。標準函式庫提供一系列以 **min** 開頭的方法，其使用方式與前面介紹的 **max** 系列方法完全相同，本書就不逐一贅述，下面僅列出所有 **min** 開頭的方法及回傳值供讀者比較參考：

```
numbers.minOrNull()
cart.minByOrNull { it.amount }
cart.minOf { it.amount }
cart.minOfOrNull { it.amount }
cart.minWithOrNull(compareBy { it.amount })
cart.minOfWith(compareBy{ it.amount }) { it }
cart.minOfWithOrNull(compareBy{ it.amount }) { it }

// 8
// OrderItem(id=1, ..., amount=2)
// 2
// 2
// OrderItem(id=1, ..., amount=2)
// OrderItem(id=1, ..., amount=2)
// OrderItem(id=1, ..., amount=2)
```

1-10-3 Join 系列方法

聚合操作除了可以應用在數字類型的運算外，也可以應用在文字類型上，例如將集合內的文字串接後輸出。一般若想檢視集合裡的資料，最簡單的方式就是用 **println()** 或 **toString()** 把內容直接輸出。這種方式雖然簡單暴力但相對粗糙，無法指定元素間的分隔符號、前後綴字元，也難以限制輸出數量及超過數量時的顯示方式。當然，我們可以用 **forEachIndexed()** 甚至是 **for** 迴圈自行實作，但這樣也太辛苦了吧？

```
println(numberStrings)
// 直接輸出 [one, two, three, four]

numberStrings.toString()
// 回傳 [one, two, three, four]

var manualOutput = ""
```

```
numberStrings.forEachIndexed { index, s →
    manualOutput += if (index == 0) {
        "[$s, "
    } else if ((index + 1) == numberStrings.size) {
        "$s]"
    } else {
        "$s, "
    }
}
println(manualOutput)
// 輸出 [one, two, three, four]
```

　　針對將集合元素組合後以字串輸出，標準函式庫提供一個超好用的
joinToString() 方法，為提供最大的彈性，這個方法共有高達六個參數，分
別用於：

1. **separator**：用於決定當元素串接時，要以什麼字串做分隔，預設為
   , （英文半形逗點加一個半形空白）。
2. **prefix**：輸出字串的前綴字串，預設沒有前綴。
3. **postfix**：輸出字串的後綴字串，預設沒有後綴。
4. **limit**：輸出的數量，預設輸出全部的元素。
5. **truncated**：當集合內元素的數量超過輸出的上限時，要用什麼字串表
   示截斷，預設為 **...** （三個英文半形句點）。
6. **transform**：是一個 λ 參數，用於輸出前轉換集合裡的元素內容，預設
   不做轉換。

　　雖然這個方法有六個參數，但因所有的參數都有預設值，所以使用上有很大
的彈性，參數皆為選填，故可依需求給定部份參數。以下針對幾種情境示範其用
法：

▶ 檔名：.../collection/technique/aggregation/joinToString.ws.kts

```
// 用預設設定單純的輸出字串
numberStrings.joinToString()
// one, two, three, four

// 只決定分隔字串、前後綴字串
numberStrings.joinToString(
    separator = " | ",
    prefix = "start: ",
    postfix = ": end"
)
// start: one | two | three | four: end

// 只限制輸出兩個元素，後面用 ... 截斷
numberStrings.joinToString(
    "",
    limit = 2,
    truncated = "..."
)
// one, two, ...

// 前面都用預設值，只傳入轉換函式把內容轉大寫
numberStrings.joinToString {
    "Element: ${it.uppercase()}"
}
// Element: ONE, Element: TWO, Element: THREE, Element: FOUR
```

　　由於呼叫 **joinToString()** 方法時不一定會傳入所有的參數，即便編譯器會聰明地利用參數型別來猜測，但遇到多個參數型別相同時難免失誤。這時可以善用 Kotlin 的語法糖 — 以參數名稱指定傳入參數對應到的位置 — 編輯器就能正確處理每一個傳入的參數，在閱讀程式碼時也更好理解。覺得要打這麼多參數名很麻煩？在 IntelliJ IDEA 裡，把游標放在參數位置上後按 ⌥+↵（macOS）

或 Al+Enter（Windows） 呼 叫 **Quick Fix** 選 單， 選 擇 **Add names to call arguments** 就可免除手動輸入的辛苦。

joinToString() 方法會將處理結果以字串回傳，若想把這個結果附加到其他字串裡的話，可用 **joinTo()** 方法。**joinTo()** 方法提供七個參數，第一個參數需傳入一個 **Appendable** 物件（比方說 **StringBuffer**），也就是要把結果附加進去的目的地，後面六個參數就跟 **joinToString()** 相同。

▶ 檔名：.../collection/technique/aggregation/joinTo.ws.kts

```
val numberStrings = listOf("one", "two", "three", "four")
val buffer = StringBuffer("The list of numbers: ")

numberStrings.joinTo(
    buffer = buffer,
    separator = ", ",
    prefix = "→",
    postfix = "←",
    limit = 3,
    truncated = "..."
) { s →
    s.lowercase().replaceFirstChar {
        it.uppercase()
    }
}
// buffer 的內容為
// The list of numbers: →One, Two, Three, ...←
```

上例先宣告了一個 **StringBuffer** 物件 **buffer**，並傳入 **joinTo()** 的第一個參數，後面並分別設定了以英文半形逗點加一個空白做元素分隔字串、以前後箭頭字元做前後綴、只輸出三個元素後面以三個英文句點截斷，而在輸出元素前，每一個元素都轉成字首大寫其餘小寫的字串。

值得一提的是，**joinTo()** 除了會將結果附加到 **Appendable** 物件外，也會從方法回傳，開發者可視需求做二次處理。

1-10-4 Reduce 系列方法

聚合操作的核心精神就是由「多個元素」經一系列的「累進運算」後，回傳「一個」結果，而最經典的就是 **reduce()** 方法。**reduce()** 支援傳入一個 λ 參數 **operation** 用來指定累進運算的動作，λ 會接到兩個參數 **accumulator** 及 **element**，第一個參數累進器（Accumulator）會儲存上一輪迴圈裡回傳的結果，在迴圈裡的第一輪時，因為累進器裡還沒有內容，所以會直接用集合的第一個元素做為累進器的初始值，第二個參數 **element** 為輪巡的元素。**accumulator** 會在這一輪迴圈裡與現有元素做運算後再傳遞到下一輪迴圈，待迴圈完成後回傳最後的結果。

▶ 檔名：.../collection/technique/aggregation/reduce.ws.kts

```
val numbers = listOf(5, 2, 10, 4)

numbers.reduce { accumulator, element ->
    accumulator + element
}
// 21
```

以數字類型為例，上例 λ 逐圈的運算動作可拆解如下：

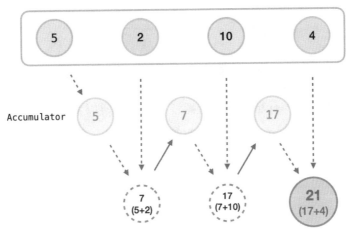

圖 1-10-2　圖解 reduce() 方法行為

1. 第一圈因為 `accumulator` 裡沒有內容，所以會先放集合裡的第一個元素 **5**，`element` 會放集合裡的第二個元素 **2**，所以計算式就是 **5 + 2 = 7**，**7** 做為結果傳到下一輪。

2. 第二圈的 `accumulator` 就是上一輪的計算結果 **7**，`element` 裡會放集合的第三個元素 **10**，所以計算式就是 **7 + 10 = 17**，**17** 做為結果傳到下一輪。

3. 第三圈的 `accumulator` 就是上一輪的計算結果 **17**，`element` 裡會放集合的第四個元素 **4**，所以計算式就是 **17 + 4 = 21**，因為已經巡完整個集合，所以 λ 最終回傳 **21**。

同樣的運算方式也可以應用在字串上，如下例：

▶ 檔名：.../collection/technique/aggregation/reduce.ws.kts

```
val strings = listOf("a", "b", "c", "d", "e")
```

```
strings.reduce { accumulator, element →
    "$accumulator, $element"
}
// a, b, c, d, e
```

上例集合內元素的型別為字串，λ 逐圈的運算效果稍有不同，逐圈拆解如下：

1. 第一圈因為 **accumulator** 裡沒有內容，所以會先放集合裡的第一個元素 **a**，**element** 放集合裡的第二個元素 **b**，經過字串樣板組合出 **a, b**，**a, b** 做為結果傳到下一輪。

2. 第二圈的 **accumulator** 就是上一輪的組合結果 **a, b**，**element** 裡會放集合的第三個元素 **c**，經過字串樣板組合出 **a, b, c**，**a, b, c** 做為結果傳到下一輪。

3. 第三圈的 **accumulator** 就是上一輪的組合結果 **a, b, c**，**element** 裡會放集合的第四個元素 **d**，經過字串樣板組合出 **a, b, c, d**，**a, b, c, d** 做為結果傳到下一輪。

4. 第四圈的 **accumulator** 就是上一輪的組合結果 **a, b, c, d**，**element** 裡會放集合的第五個元素 **e**，經過字串樣板組合出 **a, b, c, d, e**，因為已經巡完整個集合，所以 λ 最終回傳 **a, b, c, d, e**。

從上面兩個範例就可了解累進器儲存當圈結果再傳遞給下圈使用的功能。不過在學完前面的幾個聚合方法後可能會發現，其實上面這兩個範例，好像都可以用其他聚合方法做到。比方說將集合裡的數字相加聚合成總和，其實可以用 **sum()** 計算出一樣的結果；將集合裡的字串以逗點串接聚合成字串，其實可以用 **joinToString()** 組合出一樣的結果。

▶ 檔名：.../collection/technique/aggregation/reduce.ws.kts

```
numbers.reduce { acc, i → acc + i }
numbers.sum()
```

```
// 以上皆回傳 21

strings.reduce { acc, i → "$acc, $i" }
strings.joinToString()
// 以上皆回傳 a, b, c, d, e
```

之所以可以有一樣的結果，只是因為剛好這兩個範例裡的運算式都很單純。但讀者可以從這樣的比較觀察到，**reduce()** 相較於其他聚合方法，通用性更廣、彈性更大，其沒有限定型別、且可自行決定運算行為，若標準函式庫裡沒有專用的聚合方法可使用時，就可以用 **reduce()** 自行客製。

若需在 λ 參數裡可以一併拿到元素的索引值，標準函式庫提供名稱含 Indexed 的 **reduceIndexed()** 方法，方便在 λ 裡用索引值做額外的處理。

▶ 檔名：.../collection/technique/aggregation/reduceIndexed.ws.kts

```
numbers.reduceIndexed { index, accumulator, element →
    accumulator + (index * element)
}
/*
回傳 39
各迴圈步驟如下：
第一圈算出：5 + 1 * 2 = 7
第二圈算出 7 + 2 * 10 = 27
第三圈算出 27 + 3 * 4 = 39
*/

strings.reduceIndexed { index, accumulator, element →
    "$accumulator, $index: $element"
}
/*
回傳 a, 1: b, 2: c, 3: d
各迴圈步驟如下：
```

```
第一圈組出字串：a, 1: b
第二圈組出字串：a, 1: b, 2: c
第三圈組出字串：a, 1: b, 2: c, 3: d
*/
```

reduce() 預設的運算執行方向是從左至右（依索引值升冪），若需要反過來從右至左（依索引值降冪）的話，可以用 **reduceRight()** 方法：

▶ 檔名：.../collection/technique/aggregation/reduceRight.ws.kts

```
numbers.reduceRight { accumulator, element →
    accumulator - element
}
// 9
```

由於順序不影響相加的結果，因此上例改示範以減法做聚合運算。讀者可自行嘗試以 **reduce()** 運算減法的結果，來實驗不同運算方向對結果的影響。

若需在 λ 參數裡可以一併取得元素的索引值，同樣也有 **reduceRight Indexed()** 方法可使用：

▶ 檔名：.../collection/technique/aggregation/reduceRightIndexed.ws.kts

```
numbers.reduceRightIndexed { index, element, accumulator →
    accumulator + (index * element)
}
// 26
```

reduceIndexed() 與 **reduceRightIndexed()** 的 λ 雖然都可以取得索引值、累進集合及元素三個參數，但三個參數在 λ 的順序卻是不一樣的，在使用上要特別注意。另外，在上面範例程式碼裡的各個參數全部以全名標記而不用簡寫（在標準函式庫裡會以 **acc** 代表 **accumulator**、以 **i** 代表 **element**），是為了幫助讀者判識其用途，若已習慣簡稱的進階開發者可自行以簡寫名稱改寫。

以上四個以 **reduce** 為首的系列方法在使用時，若集合內沒有任何元素，則會拋出 **UnsupportedOperationException** 例外。若希望方法用回傳 Null 來取代拋例外，可用以 OrNull 結尾命名的方法。由於含 OrNull 的方法其動作與不含 OrNull 的行為相同，以下僅以 **reduceOrNull()** 示範，其餘示範請參考本書範例檔。

▶ 檔名：.../collection/technique/aggregation/reduceOrNull.ws.kts

```
val numbers = listOf(5, 2, 10, 4)
numbers.reduceOrNull { accumulator, element ->
    accumulator + element
}
// 21

val emptyListOfNumbers = emptyList<Int>()
emptyListOfNumbers.reduceOrNull { accumulator, element ->
    accumulator + element
}
// null

val listOfNothing = listOf<Int>()
listOfNothing.reduceOrNull { accumulator, element ->
    accumulator + element
}
// null
```

1-10-4 Fold 系列方法

在使用 **reduce()** 時會發現，在迴圈裡的第一輪時，因為累進器裡還沒有內容，所以會直接用集合的第一個元素做為累進器的初始值。換個角度思考，由於沒辦法指定累進器的起始值，所以迴圈會像是從第二圈開始，這點在

使用 **reduceIndexed()** 時會更明顯。因此，標準函式庫提供另一個行為跟 **reduce()** 相同，但多一個參數可指定累進器初始值的 **fold()** 方法 [1]。

相同的數字類型範例以 **fold()** 搭配累進器初始值 **100** 為例進行運算：

▶ 檔名：.../collection/technique/aggregation/fold.ws.kts

```
val numbers = listOf(5, 2, 10, 4)

numbers.fold(100) { accumulator, element →
    accumulator + element
}
// 121
```

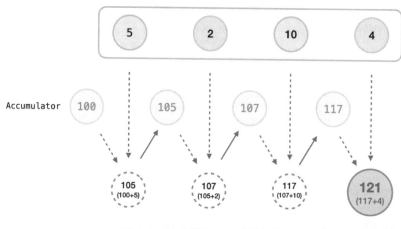

圖 1-10-3　圖解 fold() 方法行為

上例 λ 逐圈的運算動作拆解如下：

1. 第一圈的 **accumulator** 會放入初始值 **100**，**element** 會放集合裡的第一個元素 **5**，所以計算式就是 **100 + 5 = 105**，**105** 做為結果傳到下一輪。

2. 第二圈的 **accumulator** 就是上一輪的計算結果 **105**，**element** 裡會放集合的第二個元素 **2**，所以計算式就是 **105 + 2 = 107**，**107** 做為結果傳到下一輪。

3. 第三圈的 **accumulator** 就是上一輪的計算結果 **107**，**element** 裡會放集合的第三個元素 **10**，所以計算式就是 **107 + 10 = 117**，**117** 做為結果傳到下一輪。

4. 第四圈的 **accumulator** 就是上一輪的計算結果 **117**，**element** 裡會放集合的第四個元素 **4**，所以計算式就是 **117 + 4 = 121**，因為已經巡完整個集合，所以 λ 最終回傳 **121**。

同樣的運作方式運用在文字上，可以觀察到輸出結果像是多了一個集合元素：

▶ 檔名：.../collection/technique/aggregation/fold.ws.kts

```
val strings = listOf("a", "b", "c", "d", "e")

strings.fold("x") { accumulator, element →
    "$accumulator, $element"
}
// x, a, b, c, d, e
```

讀者可以仿照上例，練習以紙筆寫下各迴圈裡運算動作，會更能體會 **fold()** 的運作方式。

若需在 λ 參數裡可以一併拿到元素的索引值，標準函式庫另外提供名稱含 Indexed 的 **foldIndexed()** 方法，方便在 λ 中以索引值做額外處理。

▶ 檔名：.../collection/technique/aggregation/foldIndexed.ws.kts

```
numbers.foldIndexed(100) { index, accumulator, element →
    accumulator + (index * element)
}
```

```
// 134

strings.foldIndexed("x") { index, accumulator, element →
    "$accumulator, $index: $element"
}
// x, 0: a, 1: b, 2: c, 3: d, 4: e
```

與 **reduce()** 相同，**fold()** 預設的運算執行方向也是從左至右（依索引值升冪），若需要從右至左（依索引值降冪）的話，可以用 **foldRight()** 方法：

▶ 檔名：.../collection/technique/aggregation/foldRight.ws.kts
```
numbers.foldRight(100) { accumulator, element →
    accumulator - element
}
// 109
```

若需在 λ 參數裡可以一併拿到元素的索引值，也有 **foldRightIndexed()** 方法可使用：

▶ 檔名：.../collection/technique/aggregation/foldRightIndexed.ws.kts
```
numbers.foldRightIndexed(100) { index, element, accumulator →
    accumulator + (index * element)
}
// 134
```

不過與 **reduce()** 不同，由於多一個參數設定累進器的初始值，因此 **fold** 系列方法沒有以 OrNull 結尾的方法。

1-10-5 With-grouping 系列方法

本篇的聚合方法裡，有一系列的方法是要搭配分群方法一起使用。實務應用時通常是先將集合的內容分群後，再對這些分群後的子集合做二次操作，像組合技一樣的用法。比方說，先將原始集合依條件分組，然後再計算出每一個組別裡的數量各有多少。這系列的方法共有四組、每一組方法都包括一個以 To 為結尾的方法共計八個，這四組方法的功能包括：

- `eachCount` 開頭的方法可計算每一組子集合裡元素的數量，以 To 為結尾的方法可指定回傳時附加的目的地。
- `reduce` 開頭的方法可對每一組子集合套用客製化的累進運算，以 To 為結尾的方法可指定回傳時附加的目的地。
- `fold` 開頭的方法可對每一組子集合套用客製化的累進運算且可指定初始值，以 To 為結尾的方法可指定回傳時附加的目的地。
- `aggregate` 開頭的方法可以在每一組套用傳入的 λ，以 To 為結尾的方法可指定回傳時附加的目的地。

以一個水果清單為例，集合裡是數個水果名稱的字串，若要計算各字母開頭的水果各有多少時，可以先用分群方法 **groupingBy()**（注意這裡使用的是進行式而不是原型動詞）以 λ 參數將水果分成數個子集合，接著再使用 **eachCount()** 方法來計算各子集合裡的元素數量，即可得到分群統計的結果：

▶ 檔名：.../collection/technique/aggregation/eachCount.ws.kts

```
val fruits = listOf(
    "Cherry",
    "Blueberry",
    "Citrus",
    "Apple",
    "Apricot",
```

```
    "Banana",
    "Coconut"
)

fruits.groupingBy { it.first() }
    .eachCount()
// {C=3, B=2, A=2}
```

由於這系列的方法都用於分群後的二次操作，有可能會再次改變回傳 Map 裡 Value 的格式與內容，在處理回傳值時，要留意集合裡的資料格式與型別。以上例來說，**eachCount()** 的回傳型別為 **Map<Char, Int>** 也就是會以 **groupingBy()** 分群條件選出的值做為回傳 Map 的 Key，再將計算的結果放在 Value，使用時再依 Key 值取出統計值即可。需要的話，甚至可以進行三次操作，比方說依數量高至低排序，先轉成 List 後，再使用 **sortedByDescending()** 即可：

▶ 檔名：.../collection/technique/aggregation/eachCount.ws.kts

```
fruits.groupingBy { it.first() }
    .eachCount()
    .toList()
    .sortedByDescending { it.second }
// [(C, 3), (B, 2), (A, 2)]
```

若需將 **eachCount()** 的結果附加到指定的集合內，也有結尾為 To 的 **eachCountTo()** 方法。傳入一個可變集合參數 **destination**，方法會將計算完結果同時附加進目的地及回傳。

▶ 檔名：.../collection/technique/aggregation/eachCountTo.ws.kts

```
val fruits = listOf(
    "Cherry",
    "Blueberry",
```

```
    "Citrus",
    "Apple",
    "Apricot",
    "Banana",
    "Coconut"
)
val statistics = mutableMapOf(
    'D' to 0
)

fruits.groupingBy { it.first() }
    .eachCount()
// {D=0, C=3, B=2, A=2}
```

本節僅示範如何使用較常見的 **eachCount()**，以 **reduce** 及 **fold** 開頭的方法與前述類似，而 **aggregate** 是相對低階的操作，通常只有在 **reduce** 或 **fold** 無法滿足需求時才會使用，實務上較少使用就不細述，請讀者自行參考範例檔內的示範。

1-10-6 回顧

本章綜覽五種用來將集合聚合的方法：

1. 標準函式庫提供一系列與計算相關的聚合方法，包括找出集合尺寸、總和、平均值、最大值及最小值。在計算總和時可依自訂條件指定要計入的元素，而在計算最大及最小值時，標準函式庫也提供相當大的彈性，可以依 λ 選擇目標對象、依 **Comparator** 自訂比較邏輯，甚至可以在取出元素的同時以屬性值回傳。

2. 以 **join** 開頭的系列方法，提供多元的參數讓開發者可以自訂組合元素輸出的方式，也有對應 **To** 結尾的方法可將結果附加至指定目的地。

3. 以 **reduce** 開頭的系列方法，可將集合內的元素累進運算後回傳。另外還有 Indexed 及 OrNull 結尾的方法，前者可在迴圈裡取得索引，後者則是當集合內沒有元素時會回傳 Null。

4. 以 **fold** 開頭的系列方法，在使用上和 **reduce** 相同，差別在多了一個累進器初始值參數。

5. 在 **with-grouping** 分類下的方法都需要與 **groupingBy()** 串接使用，用於分群後對子集合做二次操作。

聚合系列方法的特色就是將集合裡的多個元素經運算後回傳一個值，雖然範例裡的方法數量很多，但其實都是主要動詞加上 OrNull、By、With、To 的變化形，只要抓到每一種變化形的用途，剩下都是延伸應用而已。關於集合命名的慣例，可以參考本書第二部份心法篇 **2-2 集合方法變化形釋疑**一篇的討論。

1-11 集合轉型的方法

集合四大物件各有特色，在操作資料時，有時會需要在不同型別間轉換。比方說將原本沒有索引、不能重覆的 Set 轉成有順序、可以重覆的 List，反之亦然。Kotlin 標準函式庫針對這樣的需求提供了一系列方法供開發者使用，以便把集合轉型成需要的物件型別。在這個章節裡，我們就來討論與轉型有關的集合方法：

1-11-1 總覽圖

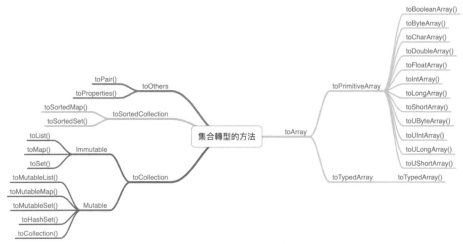

圖 1-11-1　集合轉型的方法總覽圖

轉型功能的集合方法為方便記憶都是以 **to** 開頭，後面接的就是目標型別的名稱。接下來會依 **toArray**、**toCollection**、**toSortedCollection** 及 **toOthers**…等不同轉型目標做分類，針對不同型別的轉型逐一示範。

1-11-2 toArray 系列方法

在操作大量數據時，有時會因效能考量而將集合轉型成 Array，在轉型時我們有兩條路可選擇：

1. 轉型成原始型別的 Array，如 **int[]**、**boolean[]**。
2. 轉型成物件型別的 Array（Typed Array），如 **Array<Int>**、**Array<Boolean>**。

若要轉型成原始型別的 Array，可以在原始集合用 to 接上原始型別的名稱做轉型，方法回傳的就會是原始型別的 Array。舉例來說，我們想把一個放了整數的 List 轉成 **int[]** 的話，就使用 **toIntArray()**。其他型別如布林值

（Boolean）、字元（Char）、浮點數（Float）、倍精度浮點數（Double）則依此類推使用 **toBooleanArray()**、**toCharArray()**、**toFloatArray()**、**toDoubleArray()**…等。完整的方法清單可參考總覽圖，以下僅示範幾組常見用法：

▶ 檔名：.../collection/technique/conversion/toPrimitiveArray.ws.kts

```
val integer = listOf(1, 2, 3, 4, 5)
val boolean = listOf(true, false, true, false, false)
val char = listOf('a', 'b', 'c', 'd', 'e')
val double = listOf(1.0, 2.0, 3.0, 4.0, 5.0)

integer.toIntArray()
boolean.toBooleanArray()
char.toCharArray()
double.toDoubleArray()
```

當我們在撰寫集合轉型的程式碼時，IntelliJ IDEA 會依照當前集合的型別做提示，方便我們快速找到對應的轉型方法，自動過濾掉其餘不可用的方法，減少發生失誤的機會。

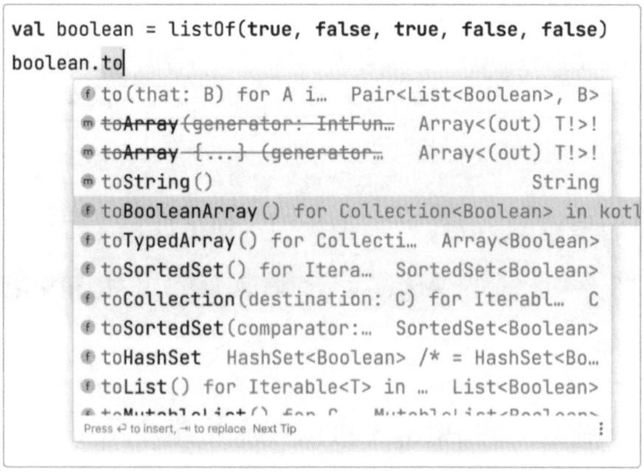

圖 1-11-2　IntelliJ IDEA 自動依集合型別提示對應的方法

假如不需要原始型別，還有 Typed Array 可以選擇。使用 **toTypedArray()** 就可以將集合轉型為 **Array<T>** 型別。

▶ 檔名：.../collection/technique/conversion/toTypedArray.ws.kts

```kotlin
val strings = listOf("Grape", "Papaya", "Pineapple", "Pear")
val numbers = listOf(1, 2, 3, 4, 5)
val boolean = listOf(true, false, true, true)

string.toTypedArray()  // Array<String>
numbers.toTypedArray() // Array<Int>
boolean.toTypedArray() // Array<Boolean>
```

1-11-3 toCollection 系列方法

除了轉型成 Array 外，在 List、Set 及 Map 三種物件間轉型則是更普遍的需求，轉型時視開發情境所需有兩種方向：

1. 把集合轉型成可變集合。
2. 把集合轉型成不可變集合。

若要將集合轉型成不可變集合，只需要用 **to** 組合目標集合型別成方法名即可。

▶ 檔名：.../collection/technique/conversion/toImmutableCollection.ws.kts

```kotlin
val setOfNumbers = setOf(1, 2, 3, 4, 5)
val listOfNumbers = listOf(1, 1, 2, 3, 3, 4, 5)
val listOfPairs = listOf(
    Pair(1, "Grape"),
    Pair(2, "Papaya"),
    Pair(3, "Pineapple")
)
```

```
setOfNumbers.toList() // [1, 2, 3, 4, 5]
listOfNumbers.toSet() // [1, 2, 3, 4, 5]
listOfPairs.toMap()   // {1=one, 2=two, 3=three}
```

由上述範例可以觀察到，因為不同型別有不同的特性，在轉型時要注意型別差異可能造成的資料丟失。比方說從 List 轉成 Set，因為 List 是允許元素重覆而 Set 不允許，因此轉型後，重覆的元素就會被過濾掉，即便再轉型回 List 元素也不會還原；又或是 Map 是一個 Key 與 Value 的配對，因此只有 **List<Pair>** 才能使用 **toMap()** 方法。

若要轉型成可變集合的話，則方法名稱的慣例是 to 加上 Mutable 再加上集合的型別。比方說要轉型成可變的 List，則組合 to、Mutable 及 List 三個單字成 **toMutableList()** 方法，經其轉型後回傳 **MutableList** 的集合結果。

▶ 檔名：.../collection/technique/conversion/toMutableCollection.ws.kts

```
val listOfNumbers = listOf(1, 2, 3, 4, 5)
val setOfNumbers = setOf(1, 2, 3, 4, 5)
val mapOfWarehouse = mapOf(
    "Apple" to 10,
    "Banana" to 20,
    "Orange" to 5,
)

val mutableList = listOfNumbers.toMutableList()
mutableList.addAll(listOf(6, 7, 8, 9, 10))
// [1, 2, 3, 4, 5, 6, 7, 8, 9, 10]

val mutableSet = setOfNumbers.toMutableSet()
mutableSet.addAll(setOf(6, 7, 8, 9, 10))
// [1, 2, 3, 4, 5, 6, 7, 8, 9, 10]

val mutableMap = mapOfWarehouse.toMutableMap()
```

```
mutableMap.put("Papaya", 4)
// {Apple=10, Banana=20, Orange=5, Papaya=4}
```

這系列的方法會都會回傳 **MutableCollection** 對應的型別，由於是可變集合，我們可以用 **add()**、**addAll()**、**put()**…等集合操作方法來修改集合的內容。

另外一種操作可變集合的 **toCollection()** 方法，可把一個集合「寫進」目標集合裡，需要傳入 **destination** 參數做為寫入的目的地，**destination** 參數可以是不含元素的可變集合，也可以是現存有資料的可變集合，**toCollection()** 方法會回傳兩者合併之後的結果。

▶ 檔名：.../collection/technique/conversion/toCollection.ws.kts

```
val listOfNumbers = listOf(1, 2, 3, 4, 5)
val emptyDestination = mutableListOf<Int>()
val prefilledDestination = mutableListOf(1, 2, 3)

listOfNumbers.toCollection(mutableListOf())
// [1, 2, 3, 4, 5]

listOfNumbers.toCollection(emptyDestination)
// [1, 2, 3, 4, 5]

listOfNumbers.toCollection(prefilledDestination)
// [1, 2, 3, 1, 2, 3, 4, 5]
```

不過通常使用這類型方法時，會選兩個相同型別的集合。若是硬把兩種不同型別的集合「合併」在一起，雖然程式碼還是能通過編譯，但 **toCollection()** 轉型出來的物件會變成型別為 **Any** 的 **MutableCollection<out Any>**，而失去型別帶給我們的好處。

▶ 檔名：.../collection/technique/conversion/toCollection.ws.kts

```
val booleanSet = setOf(true, false)

booleanSet.toCollection(mutableListOf(1, 2, 3))
// [1, 2, 3, true, false]
// 回傳的物件型別為 MutableList<out Any>
```

1-11-4 toSortedCollection 系列方法

想要把集合的型別轉型成 Sorted 開頭的型別，比方説 **SortedSet** 或 **SortedMap** 這種有排序的型別也是可以的。標準函式庫有 **toSortedSet()** 及 **toSortedMap()** 這兩個方法可供轉型使用。在使用時要注意兩個特點：

1. 預設使用自然排序做排序基準，**SortedMap** 以 Key 做排序對象。若需自訂排序邏輯的話，可以傳入自訂的 **Comparator**。

2. 重覆的元素在排序時會被過濾掉。

▶ 檔名：.../collection/technique/conversion/toSortedCollection.ws.kts

```
val listOfNumbers = listOf(10, 10, 3, 3, 2, 2, 2, 4, 7, 5)

listOfNumbers.toSortedSet()
// [2, 3, 4, 5, 7, 10]

val languagesByYear = mapOf(
    "PHP" to 1995,
    "Kotlin" to 2011,
    "Java" to 1995,
    "C++" to 1980,
    "Ruby" to 1995,
)
val yearByLanguage = mapOf(
```

```
    1995 to "PHP",
    2011 to "Kotlin",
    1995 to "Java",
    1980 to "C++",
    1995 to "Ruby",
)

languagesByYear.toSortedMap()
// {C++=1980, Java=1995, Kotlin=2011, PHP=1995, Ruby=1995}

yearByLanguage.toSortedMap()
// {1980=C++, 1995=Ruby, 2011=Kotlin}
```

從上例可以觀察出，**listOfNumbers** 裡原本有許多重覆的數字，經轉型成 **SortedSet** 後，所有重覆的數字都被過濾掉且依數值由小至大排序。而 **languagesByYear** 在轉型後會以 A-Z 的順序排序，由於沒有重覆的 Key，所以內容還是五個元素；而 **yearByLanguage** 在轉型過後因為有三個重覆的 Key，所以只有原始 Map 裡的最後一個 1995 對應的元素被留下來。

1-11-5 toOthers 系列方法

在標準函式庫裡有兩個相對比較少見的 Map 方法：**toPair()** 及 **toProperties()**。

toPair() 是標準函式庫為 **Map.Entry** 型別增加的方法，當我們從 Map 取出所有 Entry 物件時，可以用這個方法將 Key 及 Value 的對應關係轉型成一個 Pair 物件。

▶ 檔名：.../collection/technique/conversion/toPair.ws.kts

```
val mapOfWarehouse = mapOf(
    "Apple" to 10,
```

```
    "Banana" to 20,
    "Orange" to 5,
)

mapOfWarehouse.entries.map {
    it.toPair()
}
// [(Apple, 10), (Banana, 20), (Orange, 5)]
```

就上例來說，把 Map 轉型成儲存 Pair 的 List，直接用 **toList()** 就可以得到相同的結果：

▶ 檔名：.../collection/technique/conversion/toPair.ws.kts

```
mapOfWarehouse.toList()
// [(Apple, 10), (Banana, 20), (Orange, 5)]
```

閱讀一下 Map 類別內 **toList()** 方法的原始碼，就會看到標準函式庫的實作就用到 **toPair()** 方法：

```
public fun <K, V> Map<out K, V>.toList(): List<Pair<K, V>> {
    // ...
    if (!iterator.hasNext())
        return listOf(first.toPair())
    val result = ArrayList<Pair<K, V>>(size)
    result.add(first.toPair())
    do {
        result.add(iterator.next().toPair())
    } while (iterator.hasNext())
    return result
}
```

而 **toProperties()** 則 可 以 把 **Map<String, String>** 轉成 Java 的 **Properties** 類別使用，轉型後可搭配 **getProperty()** 取得（所傳入屬性

名稱的）屬性值，若該屬性不存在則回傳 Null。若要指定預設值的話可以在
getProperty() 的第二個參數指定：

▶ 檔名：.../collection/technique/conversion/toProperties.ws.kts

```
val languages = mapOf(
    "Kotlin" to "2011",
    "Java" to "1995",
    "C++" to "1980",
)

val props = languages.toProperties()

props.getProperty("Kotlin") // 2011
props.getProperty("PHP")    // null

props.getProperty("Kotlin", "default") // 2011
props.getProperty("PHP", "default")    // default
```

若不需要使用 Java 的 **Properties** 類別，則可以直接使用集合的取值方法
如 **get()** 或 **getOrDefault()** 完成一樣的效果。

▶ 檔名：.../collection/technique/conversion/toProperties.ws.kts

```
languages.get("Kotlin") // 2011
languages.get("PHP")    // null

languages.getOrDefault("Kotlin", "default") // 2011
languages.getOrDefault("PHP", "default")    // default
```

1-11-6 回顧

本章綜覽四種可將集合轉型成其他型別物件的方法：

1. 轉型成 Array 有兩種方式，一種是轉成原始型別、一種是轉成 Typed Array。

2. List、Set、Map 皆可轉型成可變與不可變兩種型別的集合，也可以用 **toCollection()** 將元素寫入目標集合裡。由於這系列方法都是回傳新的集合，所以也可以拿來當成複製集合的工具。

3. 若集合需要排序，可以轉型成 Sorted 開頭的集合，若是 **SortedSet** 則會去除重覆的元素、**SortedMap** 則是會留下最後一個不重覆的 Key/ Value 元素。

4. 針對 Map 類別，可用 **toPair()** 將 **Map.Entry** 轉型成 Pair、用 **toProperties()** 轉型成 Java 的 **Properties** 類別。

　　由於集合四大物件各有特色，在宣告前可先思考其用途來決定要使用哪種型別會更符合開發情境及程式效率。筆者一般在使用時，大多還是會先從 List、Map 這兩種型別下手，再視開發需求轉成 Set 或 Array 來去除重覆或取得較好的效能。假如需要修改集合的內容，再依需求轉成可變集合即可。Kotlin 標準函式庫提供完整且彈性的集合方法，只要掌握以上這些轉型方法，即可滿足各種開發情境。

1-12 集合方法速查地圖

　　前面總共花了九個章節，把集合方法地毯式的掃過一遍，由於數量超過 200 個，因此筆者將它們以建立、取值、排序、檢查、操作、分群、轉換、聚合、轉型做第一層分類，其下再依關鍵字分群，視各分類底下方法的特性，有些會因為有其他變化形而再多一層結構。透過這樣的分類與分層，希望能讓讀者在學習集合時能更系統化。

即便經過這樣的整理，也不需要把所有的集合方法和使用範例全背起來，秉持著「要用再查」的精神，筆者依照前述整理方式將這些集合方法以心智圖繪製成一張速查地圖，每一個方法後面也標註本書對應的章節，往後在開發時，讀者僅需在心中對各物件用法有基礎的印象，再以速查地圖查出該方法的章節，搭配範例程式碼就可以迅速復習其用法。

由於地圖無法完整印刷在紙本書中，因此筆者將這份圖的彩色版 PDF 檔放在本書官網供讀者下載至電腦，以獲得較佳的閱讀體驗。

下載網址：https://collection.kotlin.tips/download/collection-maps.pdf

圖 1-12-1　速查地圖下載 QR Code

心法篇

寫程式也如同學習武功,唯有掌握心法才有辦法真正發揮其威力。

在有了第一部份的語法基礎後,第二部份的「心法篇」將著重於集合的底層實作。筆者將點出集合語法的精妙之處,並帶著讀者閱讀其原始碼,了解標準函式庫裡的實作奧祕,包括泛型、Lambda、Extension Function、Inline Function、Infix Function 以及各種語法糖。目標是讓讀者可以更了解這些函式庫是怎麼打造出來的,知其然也知其所以然。

除了底層原理外,在看完超過 200 個集合方法後,您會發現這些方法名稱有其規律。筆者會針對這些時態及詞性的命名慣例及邏輯專篇釋疑,讓讀者更好地識別與記憶。最後還會介紹一些常與集合併用的組合技,包括 Range、Progression、Sequence 及 Scope Function 等,讓讀者使用集合的技能可以更廣泛的與其他技巧結合。

2-1 探索集合實作奧祕

在看過第一部份技法篇裡大量的集合方法後，是不是覺得有些語法很神奇？也好奇為什麼 Kotlin 的語法可以這樣使用？標準函式庫裡又是怎麼設計這些底層細節的呢？在這個章節裡，筆者會把初學集合時的疑問，採一問一答的方式，帶著讀者逐步探索集合的核心，拆解標準函式庫裡的實作奧祕。

2-1-1 為什麼可以直接用函式建立集合？

在 **1-3 建立集合的方法**裡介紹了許多建立集合的方法，最常用的是以 **Of** 開頭的系列方法，包括 **arrayOf()**、**listOf()**、**setOf()** 及 **mapOf()**。呼叫函式時，傳入要放進集合裡的元素，函式就會回傳指定型別的集合；若是要建立不含元素的集合，則有以 **empty** 為首的 **emptyArray()**、**emptyList()**、**emptySet()** 及 **emptyMap()**；假如在建立 List、Set 及 Map 時需要更高的彈性，還有 Builder 系列的函式可使用，包括 **buildList()**、**buildSet()** 及 **buildMap()**；若建立 List 或 Map 時，想要一併過濾掉 Null，還有 **listOfNotNull()** 及 **setOfNotNull()**。

剛從 Java 轉換至 Kotlin 的開發者可能會有點不習慣，為什麼 Kotlin 可以直接使用函式建立集合，而不需要實例化物件，也不需要 Util 的類別？而且這些函式還可以接受不定量的參數，想傳幾個元素就傳幾個？

這是因為 Kotlin 支援頂層函式（Top-level Function），只要在套件裡以 **fun** 關鍵字宣告一個函式，就可以在任一位置呼叫，不需實例化物件，也不需要放在類別、物件或介面裡，簡單直覺的語法讓建立集合變得輕鬆。

❑ listOf() 的原始碼

以 **listOf()** 為例,其原始碼宣告在 **kotlin.collections** 套件底下的 **Collections.kt** 檔案裡,標準函式庫將其宣告成 **public** 函式,可傳入要儲存在集合裡的元素,回傳一個 List 物件。

```kotlin
public fun <T> listOf(vararg elements: T): List<T> =
        if (elements.size > 0) elements.asList() else emptyList()
```

這些函式之所以能接受不定量的元素,是因為在參數上標記了 **vararg**。在 Kotlin 裡,只要在參數前加上這個修飾符(Modifier),就表示該參數可接受零至多個參數[1]。為避免混淆,函式在宣告時只能有一個參數被標記為 **vararg**,在函式的參數設計上也通常會放在最後一個,Kotlin 會把所有外部傳入的參數都放在一個 Array 裡傳給函式。

listOf() 函式的原始碼很精簡,函式會把傳入參數的 Array 轉成 List 物件後回傳;若沒有任何參數傳入的話,就會呼叫 **emptyList()** 函式,再由 **emptyList()** 回傳一個不含元素的 List 物件。

❑ 藏在 listOf() 的語法糖

從 **listOf()** 的原始碼裡,還有三個 Kotlin 語法糖可以一併學起來:

1. 簡化條件判斷語法:當條件判斷式的內容只有一行時,可以省略大括號({})並把程式碼縮成一行,這是 **listOf()** 函式裡,**if** 和 **else** 之間都沒有任何大括號的原因。

2. 判斷式即表達式:在 Kotlin 的語法設計裡,條件判斷式本身就是表達式(Expression),不需額外的中介變數,本身就可回傳條件判斷式的結果。所以在 **listOf()** 函式裡,不需要另外宣告中介變數儲存 **elements.asList()** 的值,可直接從條件判斷式回傳出去。

3. Expression Body：當函式主體是由單一表達式組成，則可用等於符號
（**=**）回傳結果，省略函式前後的大括號及 **return** 關鍵字。

若沒有上述這些語法糖，則 **listOf()** 就得寫成以下這樣：

```kotlin
public fun <T> listOf(vararg elements: T): List<T> {
    val result: List<T>

    if (elements.size > 0) {
        result = elements.asList()
    } else {
        result = emptyList()
    }

    return result
}
```

由於 Kotlin 富含語法糖的設計，建立集合的函式才可以用這麼精煉的語法完
成。這些技巧在設計函式庫時可以仿照使用，許多開發者在評估一個 Kotlin 函式
庫寫得夠不夠「道地」時，往往也是透過觀察作者使用語法糖的時機與數量來決
定呢！

2-1-2 為什麼集合可以儲存各種型別的元素？

Kotlin 是一個強型別的語言，在宣告變數、傳入參數或物件傳值時都很要求
型別的正確性。不過集合很特殊，雖然它並不會限制放入物件的型別，但一旦放
入元素後，就不能再放入其他與已存放的元素不同型別的物件了。

❏ 初識泛型

回頭看一下前段提到 **listOf()** 的原始碼，在函式宣告裡有出現 **<T>** 這種
語法，這在 Kotlin 裡稱為泛型（Generic）。**T** 可以代表任一型別，表示存入函式

裡的物件型別是可以由外部決定。當宣告一個函式可以接受泛型參數時，會以 **T** 標示型別，並在 `fun` 關鍵字後面以 **<T>** 表示。**listOf()** 的回傳值是存放著 **T** 型別的集合，會以 **List<T>** 標記回傳的是一個盛裝相同型別的 List。

泛型參數會以大寫 **T**（意指 Type）宣告，雖然可用任意字母宣告泛型，不過因為支援泛型的程式語言都約定俗成的延用這個慣例，以 **T** 標記會更容易讓其他開發者了解。除了 **T** 以外，標準函式庫在設計集合類別時，會用 **E** 代表 Element；當集合是 Map 時，會用 **K** 代表 Key、用 **V** 代表 Value；若函式回傳的是泛型型別的話，則會用 **R** 意指 Return。

知道這些命名慣例後，就能看懂標準函式庫裡的各種泛型宣告。當建立一個內含 **[1, 2, 3, 4, 5]** 五個整數的 List 時，這些原本在程式碼裡的 **T** 在「概念上」就會被 **Int** 替換，所以程式碼的意義變成以下這樣：

```
public fun <Int> listOf(vararg elements: Int): List<Int>
```

這樣替換方便我們了解其行為，函式接受不定量的整數參數，並回傳一個儲存整數型別的集合。透過泛型的設計，讓集合可以一方面可以彈性的支援儲存各種型別的物件；另一方面仍可享受編譯器協助驗證型別的好處。

❑ 宣告泛型介面或類別

當類別要支援泛型時，是怎麼宣告的？我們可以從參考標準函式庫的實作方式來學習。在 IntelliJ IDEA 在任一 List 物件宣告按下 ⌘+B（macOS）或 Ctrl+B（Windows/Linux）來追蹤其原始碼，就可以看到以下這段介面宣告：

```
public interface List<out E> : Collection<E> {
    // ...
}
```

要宣告介面或類別支援泛型，請在其名稱後面加上 **<T>**；若想限制泛型是特別型別或其子型別，則可以用 **<T: 類別名稱 >** 宣告。

```
class ProductList<T> {
    // ...
}

class ProductCollection<T: Pet> {
    // ...
}
```

上面這段程式碼表示 **ProductList** 支援泛型但沒有明確限定型別，而 **ProductCollection** 支援的泛型則限制只能是 **Pet** 或其子型別。若介面或類別需要支援多個泛型，可以在角括號裡以逗號分隔多個泛型來宣告。

```
class Cart<K, V> {
    // ...
}
```

上面的 **Cart** 類別支援兩個泛型，由命名慣例來推測，一個用於 Key、一個用於 Value，這個類別可能與 **Pair** 或 **Map** 有關。

❏ 支援多型的法寶

眼尖的讀者應該有發現，List 原始碼裡的泛型宣告裡的 **<out E>** 多了 **out** 關鍵字，這又是什麼意思呢？

Kotlin 的物件支援多型，當 **Apple** 類別繼承自 **Fruit** 類別，在傳遞參數時，若參數指定型別為 **Fruit** 類別，則傳入 **Apple** 類別的物件也是可以的，因為 **Apple** 類別的物件一定要實作所有 **Fruit** 類別的方法。

但遇到集合時，多型的特性會造成型別衝突。試想以下情境，**add()** 函式支援兩個參數，一個參數的型別是 **Bowl<Fruit>**、另一個參數的型別是 **Fruit**。所以當我們實例化一個 **Bowl<Apple>** 及一個 **Pear** 物件，並傳入 **add()** 函式時，雖然 **Apple** 及 **Pear** 看似都是 **Fruit** 的子類別，但放入集合時，集合裡就會有不同型別的元素。

▶ 檔名：.../collection/concept/core/generic.ws.kts

```
open class Fruit
class Apple: Fruit()
class Pear: Fruit()

class Bowl<T> {
    fun add(element: T) {
        // ...
    }

    fun get() {
        // ...
    }
}

fun add(bowl: Bowl<Fruit>, fruit: Fruit) = bowl.add(fruit)

val bowl = Bowl<Apple>()
add(bowl, Pear())        // 無法通過編譯
val apple = bowl.get()   // 以為取出的是 Apple 但有可能是 Pear
```

若設計類別時要支援多型，可在泛型前面加一個 **out** 來宣告 Covariant（共變），如此子類別就可以取代父類別。若是情境反過來，需要用父類別來取代子類別，則要改用 **in** 來宣告 Contravariant（逆變）。List 之所以可以支援多型，是因為在泛型參數設計時就有加上 **out**，這樣以下程式碼才有辦法通過編譯。

```
val lisfOfApple: List<Fruit> = listOf<Apple>()
```

對於 Kotlin 這種強型別語言來說，泛型的設計可以讓程式能接受各種型別，讓開發者在設計時有更高的彈性外，同時還能讓編譯器保有對型別推斷和提示的能力，確保型別的正確性。集合之所以可以放入各種型別的元素，也是因為底層在實作時採用泛型，並搭配多型的設計才能這麼好用喔！

2-1-3 集合方法為什麼可以讓外部決定行為？

在技法篇介紹了如何用 **forEach()** 方法來取代 **for** 迴圈，這種寫法很酷的地方在於，集合只提供了一個「把元素一個個拿出來」的方法，至於「拿出來後要做什麼」可以交給使用者決定。

這樣的設計在集合裡很常見，比方說 **map()** 可以讓外部決定要把每一個元素轉換成什麼、**reduce()** 和 **fold()** 可以讓外部決定怎麼把集合內的元素聚合成一個結果、以 **filter** 為首的系列方法可以讓外部決定過濾元素的條件，如此設計物件方法可以在操作時有很高的彈性。不過，標準函式庫是怎麼做到的呢？

這要歸功於匿名函式與函式型別（Function Type）這兩個特性。

❑ 匿名函式與函式型別

先回顧函式的語法。在宣告函式時，只要以 **fun** 關鍵字，加上函式名稱，以小括號括住參數宣告，以大括號括住函式的所有動作即可。

```
fun hello() {
    // ...
}
```

Kotlin 支援一種特別的函式，這種函式不需要宣告名字，因此也被稱為匿名函式，也稱為 Lambda。Lambda 其實是一套數學演算邏輯，由數學家 Alonzo Church 於 20 世紀 30 年代發明，可以用希臘字元 λ 表示（本書後續章節皆以此符號代表）。下面這段程式碼宣告了一個匿名函式並執行它：

▶ 檔名：.../collection/concept/core/lambda.ws.kts

```
{
    val name = "Shengyou"
    println("Hi, $name")
}()
// 印出 Hi, Shengyou
```

上面這段函式宣告沒有 **fun** 關鍵字、沒有函式名，只用大括號括住函式行為，並在後面接上小括號執行。所以當程式運行時，就會直接執行 **{}** 括住的程式碼。

λ 不一定要馬上執行，也可以先存在變數裡，等到需要的時候再拿來用，例如：

▶ 檔名：.../collection/concept/core/lambda.ws.kts

```
val sayHi: () → Unit = {
    val name = "Shengyou"
    println("Hi, $name")
}

sayHi() // 印出 Hi, Shengyou
```

與前例不同，將 λ 存入變數時不需加小括號，但使用時則跟呼叫函式相同，以變數名稱後面加上小括號即可執行。

上面這段程式碼的意思是 **sayHi** 變數裡存了一個函式，這個函式不需要傳入任何參數，執行完會回傳 **Unit**（在 Kotlin 裡，回傳 **Unit** 等同不回傳，如同 Java 的 **void**）。當我們以變數名稱後方加上小括號來執行這個存在變數裡的函式時，如 **sayHi()**，不需傳入任何參數，函式執行後，直接在畫面上印出 **Hi, Shengyou**。

注意 **sayHi** 變數的型別宣告，不是一般的基本型別，而是 **() → Unit**。這代表變數的型別是一個函式型別，**()** 代表函式本身、**→** 代表函式回傳、**Unit** 代表回傳型別。

另外，存入變數裡的 λ 也可以用 invoke() 方法呼叫：

▶ 檔名：.../collection/concept/core/lambda.ws.kts

```
sayHi.invoke() // 印出 Hi, Shengyou
```

❏ 把 λ 當參數傳入函式

既然 λ 可以存在變數裡，那就可以當成參數傳入函式。在宣告函式的參數型別時，可以用跟宣告變數型別一樣 **() → Type** 的格式標記傳入的 λ。請見以下這段程式碼：

▶ 檔名：.../collection/concept/core/lambda.ws.kts

```
fun hello(name: String, greeting: (String) → String): String {
    return greeting(name)
}
```

把這段程式碼拆成兩部份會比較容易理解。先看 **hello()** 這個函式本身，它接受兩個參數，一個是字串型別的 **name**；另一個是函式型別的 **greeing**，函式完成動作後會回傳字串。函式內部會把接收到的 **name** 字串傳給從外部傳入的 **greeting** 函式做處理，再把 **greeting** 函式的回傳值回傳出去。接著再看 **greeting** 參數，從其型別宣告 **(String) → String** 可以看出，這個函式接受一個字串參數，並回傳一個字串。

了解函式的整體行為後，實際使用起來會像是這樣：

▶ 檔名：.../collection/concept/core/lambda.ws.kts

```
val name = "Shengyou"
val greeting = { name: String → "Hi, $name" }
```

```
val result = hello(name, greeting)

println(result) // Hi, Shengyou
```

像 **hello()** 這種可以接受傳入函式做為參數的函式，稱為高階函式（High-order Function）。這讓函式可以由外部傳入的函式來決定其行為，彈性更大！

假如希望程式碼可以簡短一些，可以直接在呼叫 **hello()** 的時候把變數直接帶入。另外，因為 **hello()** 在宣告時就已經指定了 **greeting** 參數接受的型別是字串，所以 **greeting** 裡的型別宣告可以省略，看起來是不是清爽多了？

▶ 檔名：.../collection/concept/core/lambda.ws.kts

```
val result = hello("Shengyou", { name → "Hi, $name" })

println(result) // Hi, Shengyou
```

當我們這樣寫程式碼時，IntelliJ IDEA 會在 **greeting** 參數的位置標記灰色波浪線，表示有針對這段語法的修改建議。按下組合鍵 ⌥+↩（macOs）或 Alt+Enter（Windows/Linux）呼叫 **Quick Fix** 功能，會看到 **Move lambda argument out of parentheses** 的修改提示。

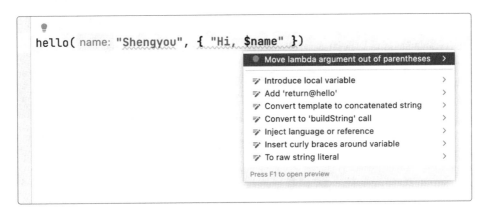

圖 2-1-1 IntelliJ IDEA 建議將 Lambda 參數移出函式

這個修正建議是指可以把 **greeting** 參數的宣告移到小括號的外面，改寫之後成為下面這樣：

▶ 檔名：.../collection/concept/core/lambda.ws.kts

```
hello("Shengyou") { name → "Hi, $name" }
```

這又是眾多 Kotlin 語法糖的其中之一：若 λ 是函式的最後一個參數時，可以將 λ 寫在小括號的外面；若 λ 是函式的唯一參數時，小括號還可以被省略。

```
// 函式只有一個 λ 參數
fun run(action: () → Unit): Unit = action()

// 省略 () 直接把 λ 接在函式名稱後
run {
    // ...
}
```

這就是為什麼技法篇裡，這麼多集合方法的寫法都是在函式名稱後面直接用大括號定義函式本體的原因。

❏ it 關鍵字

Kotlin 在 λ 語法裡有另一個語法糖。當 λ 只有一個參數，且編譯器可以推斷其型別，這時可以用 **it** 關鍵字來代表這個參數。套用到前面 **hello()** 函式的範例，**$name** 就可以改用 **$it** 來代表前面的「那個」**name** 參數。

▶ 檔名：.../collection/concept/core/lambda.ws.kts

```
hello("Shengyou") {
    "Hi, $it" // it 代表 λ 拿到的 name 參數，在此例裡是 Shengyou
}
```

當 λ 的動作很單純，**it** 關鍵字讓程式碼更加精簡且具語意。當然，假如 **it** 的語意還是不夠清楚，仍可重新命名成想要的變數名稱：

▶ 檔名：.../collection/concept/core/lambda.ws.kts

```
hello("Shengyou") { person →
    "Hi, $person"
}
```

　　有時甚至會遇到巢狀 λ。比方説在 **hello()** 的 λ 裡，我們把 **name** 參數的字串拆成一個一個字元，先用 **map()** 轉型回字串，再用 **fold()** 重新組合成以逗點串連的字串。這時 **hello()** 的 λ 會跟 **map()** 裡的 λ 形成巢狀結構，若兩個 λ 裡都用 **it** 來代表參數的話，編譯器就會不知道 **it** 指的是 **hello()** 裡的 **name** 還是 **map()** 裡的字元。

▶ 檔名：.../collection/concept/core/lambda.ws.kts

```
hello("Shengyou") {
    it.map {
        it.toString()
    }.fold("") { accumulator, string →
        "$string, $accumulator"
    }
}
```

IntelliJ IDEA 也會提示 **it** 發生衝突，並提示修正方法。

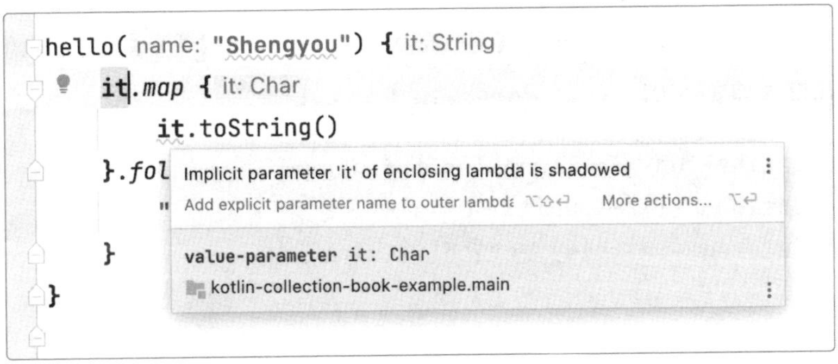

圖 2-1-2　IntelliJ IDEA 提示有重覆的 it 宣告

當遇到這樣的情境時，筆者會建議在最內層的 λ 使用 **it** 關鍵字，外層的 λ 一律重新命名參數名稱來避免錯誤。以後看到巢狀 λ 時，依照這樣的慣例，先由外層一路往內層看，每個參數都具語意，看到 **it** 就知道是最內層了。

▶ 檔名：.../collection/concept/core/lambda.ws.kts

```
hello("Shengyou") {name →
    name.map {
        it.toString()
    }.fold("") { acc, s →
        "$s, $acc"
    }
}
// u, o, y, g, n, e, h, S,
```

❑ 隱式返回

雖然 λ 本質就是函式，也有定義回傳型別，但在上例裡，兩個大括號之間卻沒使用 **return** 返回回傳值。這是因為在 Kotlin 的慣例裡，若 λ 裡沒有用 **return** 關鍵字回傳，就會自動回傳 λ 區塊裡最後一行語句執行的結果，這種設計稱為隱式返回（Implicit Return）。

❑ 一窺 forEach() 原始碼

有了以上的語法基礎，再回頭看一開始討論 **forEach()** 方法的原始碼，就能秒懂其實作原理，以 List 的 **forEach()** 實作為例：

```
public inline fun <T> Iterable<T>.forEach(
    action: (T) → Unit): Unit {
  for (element in this) action(element)
}
```

　　forEach() 這個函式只接受一個名為 **action** 的 λ 參數並回傳 Unit，λ 參數接受泛型 **T** 並回傳 Unit，也就是説不論這個方法本身或 λ 都不會回傳結果。在方法本體裡，用 **for** 迴圈把 List 裡的元素逐一取出，每一個元素都傳給 λ 處理。

　　到目前為止，唯一看不懂的應該就剩 **inline** 標記了。

❏ inline 機制

　　雖然 λ 靈活好用，但在 JVM 上它還是以物件實例的型式存在。因此，所有和 λ 互動的變數都會消耗記憶體的使用，大量使用時會影響效能。

　　Kotlin 提供 **inline** 機制來解決這個問題，只要在 **fun** 關鍵字前加上 **inline**，編譯器就會將 λ 的內容直接複製一份貼到呼叫源頭的位置，如此一來就不需要建立新的物件實例。**forEach()** 即是考量到執行效能，因此在宣告時就加上 **inline** 宣告。

　　了解以上全部原理後，再搭配前一章的使用情境，就知道為什麼使用 **forEach()** 時可以省略小括號，為什麼 λ 可以不用寫在小括號裡，λ 裡的 **it** 代表什麼，以及 Kotiln 是如何避開可能的效能問題。綜合這麼多語法設計，造就我們在使用 **forEach()** 時這麼簡潔的程式碼。

```
val listOfNumbers = listOf(1, 3, 5, 7, 9)

listOfNumbers.forEach { println(it) }
```

　　集合裡有非常多的方法都支援 λ 參數，這些 λ 參數通常被命名為 **action** 或 **predicate**，指的都是函式型別。這種設計讓集合在操作上有非常大的彈性，也是 Kotlin 可以支援函式程式設計（Functional Programming）寫作風格的原因。

2-1-4 為什麼集合方法不是宣告在類別裡？

延續上一段的範例，可以注意到 **forEach()** 雖然是集合類別的方法，但並不是宣告在類別裡，而是像頂層函式宣告在一般的檔案，且用 **類別.方法()** 的語法宣告，這裡面是不是有什麼秘訣呢？

這種宣告類別方法的語法，在 Kotlin 裡稱為 Extension Function。

❑ 初探 Extension Function

Extension Function 是指在不直接修改類別定義的情況下，增加類別的功能。當無法更改某個類別的原始檔、或者該類別未使用 **open** 修飾符因而無法繼承時，就可以透過 Extension Function 擴充功能。

比方說，若希望 **String** 類別可以多一個方法，但身為開發者，不大可能為了增加一個功能而去修改 Kotlin 原始碼後再重新編譯；又或是想用繼承來擴充 **String** 類別的功能，一追原始碼也會發現該類別並未使用 **open** 修飾符，當無法以繼承來增加功能時，就是使用 Extension Function 的最佳時機！

定義類別的 Extension Function 很簡單，就像宣告函式一樣，可以在任何檔案裡宣告，並在函式名稱前面加上接收者型別（Receiver Type），也就是要擴充的目標類別名稱。以擴充 **String** 類別為例，若想增加一個 **surprise()** 方法，方法會在原本的字串後面增加指定數量的驚嘆號，程式碼會這樣寫：

▶ 檔名：.../collection/concept/core/extension.ws.kts

```kotlin
// 宣告一個 String 的 Extension Function
fun String.surprise(amount: Int = 3): String {
    return this + "!".repeat(amount)
}
```

在函式名稱 **surprise()** 前多了 **String.** 的宣告，意思是這個 Extension Function 擴充了 **String** 類別，**String** 類別就是這個 Extension Function 的接收者。有了這個宣告後，任何字串都可以使用 **surprise()** 方法。

▶ 檔名：.../collection/concept/core/extension.ws.kts

```
"Wow".surprise() // Wow!!!
```

❏ 讓 Extension Function 支援泛型

Extension Function 也可以支援泛型，**forEach()** 就是一個典型的例子。

```
public inline fun <T> Iterable<T>.forEach(
        action: (T) → Unit): Unit {
    for (element in this) action(element)
}
```

forEach() 擴充的是 **Iterable** 類別，Iterable 本身支援泛型，所以 **forEach()** 的接收者型別就是 Iterable<T>。另外，Extension Function 也適用於繼承，也就是說，標準函式庫用 Extension Function 擴充了 **Iterable**，那繼承它的類別也會一併具備相同的方法。讀者可以在 IntelliJ IDEA 裡分別從 List、Set 及 Map 追 **forEach()** 的原始碼，可以發現 List 及 Set 對應到的是同一段程式碼，而 Map 則是另外一段。由此可知，List 及 Set 是繼承自同一個類別，但 Map 不是。

對照 Kotlin 文件裡集合類別的繼承圖就可以驗證這些物件彼此的關係。

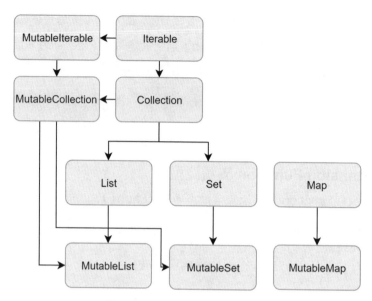

圖 2-1-3　集合類別繼承關係圖

　　從上圖可看出，List 及 Set 都是繼承自 **Collection**，**Collection** 又繼承自 **Iterable**。因此，只要用 Extension Function 擴充 **Iterable**，就可以讓 LIst 及 Set 都一樣有 **forEach()** 的能力。反觀 Map 因為沒有繼承自 **Iterable**，加上資料結構也不同，所以需要宣告另一個 Extension Function 如下：

```
public inline fun <K, V> Map<out K, V>.forEach(
      action: (Map.Entry<K, V>) → Unit): Unit {
   for (element in this) action(element)
}
```

　　像這樣大量使用 Extension Function 定義類別方法，可以讓標準函式庫既能保持輕量，還可透過組合賦與物件能力、減少複雜的繼承鏈，讓集合更加彈性好用。假如對標準函式庫如何用 Extension Function 來擴充集合的細節有興趣的話，可以多用 IntelliJ IDEA 去追蹤好奇的集合方法原始碼，它們大多放在

_Collections.kt 及 **_Maps.kt** 這兩個檔案裡，裡面有大量的集合類別擴充功能。

2-1-5 為什麼同一個方法可以有兩種使用方式？

學習 **first()** 方法時，有兩種使用方式。第一種用法是不傳入參數，方法會回傳集合裡的第一個元素：

```
val listOfNumbers = listOf(1, 3, 5, 7, 9)
listOfNumbers.first() // 1
```

第二種用法是傳入 λ 參數，方法會依 λ 判斷回傳「通過條件的第一個元素」。接續前面的例子，若要找出第一個 **> 3** 的元素，可以這樣使用：

```
listOfNumbers.first { it > 3 } // 5
```

為什麼 Kotlin 裡，同一個方法可以支援兩種用法？

□ 方法重載

在 Kotlin 裡不論是函式或類別方法都支援重載（Overloading），即可以宣告多個「相同名稱」的函式或方法，分別實作不同的動作。

閱讀 **first()** 在標準函式庫裡的原始碼。第一種不需傳入參數的實作，方法本體會偵測集合是否有元素？若沒有元素的話就拋出 **NoSuchElementException** 例外，若有元素的話就回傳按引值為 0 的元素。

```
public fun <T> List<T>.first(): T {
    if (isEmpty())
        throw NoSuchElementException("List is empty.")
    return this[0]
}
```

第二種接受傳入 λ 參數的實作，會用 **for** 迴圈將元素逐一取出，並以 λ 測試是否通過判斷條件，假如能通過就回傳該元素；反之就換下一個元素，若迴圈結束沒有任何一個元素通過，就會拋出 **NoSuchElementException** 例外。這個名為 **predicate** 的 λ 型別是 **(T) → Boolean**，只要看到 λ 參數的回傳值是布林值，就知道 λ 一定是條件判斷式。

```
public inline fun <T> Iterable<T>.first(
     predicate: (T) → Boolean): T {
   for (element in this) if (predicate(element)) return element
   throw NoSuchElementException(
        "Collection contains no element matching the predicate.")
}
```

但當方法名稱相同時，Kotlin 怎麼知道被呼叫的方法是哪一個呢？

答案很簡單，**依傳入參數的數量及型別來判定呼叫的函式或方法是哪一個**。假如呼叫 **first()** 方法時沒給任何參數就執行第一種方法的程式碼；若有傳入 λ 參數就執行第二種的程式碼。也因為 Kotlin 支援方法重載，讓函式庫的設計者可以依此做出更好用的方法供使用者使用。IntelliJ IDEA 也能依據各函式提供的參數訊息做提示，非常方便。

2-1-6 為什麼集合方法可以串接在一起？

在學習集合方法的過程中，應該看過許多範例把多個集合方法串接在一起，像下面這段示意程式碼：

```
val result = myCollection.subtract(/* ... */)
    .shuffled()
    .chunked(/* ... */)
    .take(/* ... */)
```

　　這種寫法稱為方法串接（Method Chain），優點除了程式碼簡短外，若加上方法命名的語意明確，串接在一起就像是一句英文在描述一連串動作。

　　標準函式庫是怎麼讓集合有這樣的語法特性？

❏ 方法總是回傳一個新的集合

　　透過 IntelliJ IDEA 的功能，閱讀上面範例中 **shuffled()**、**chucked()** 及 **take()** 三個集合方法的原始碼，不必完全了解各方法裡的細節，只要觀察各方法的回傳值即可：

```
public actual fun <T> Iterable<T>.shuffled(): List<T> =
        toMutableList().apply { shuffle() }

public fun <T> Iterable<T>.chunked(size: Int): List<List<T>> {
    return windowed(size, size, partialWindows = true)
}

public fun <T> Iterable<T>.take(n: Int): List<T> {
    require(n >= 0) {
        "Requested element count $n is less than zero." }
    if (n == 0) return emptyList()
    if (this is Collection<T>) {
        if (n >= size) return toList()
        if (n == 1) return listOf(first())
    }
    var count = 0
    val list = ArrayList<T>(n)
    for (item in this) {
        list.add(item)
        if (++count == n)
            break
    }
```

```
    return list.optimizeReadOnlyList()
}
```

以上這些集合方法都有一個共通點，就是**不論其內部做了多複雜的動作，最後都會回傳一個「全新的集合」**。這對集合來說有兩個很重要的優點：

1. 因為方法不是回傳 **Unit** 而是 **List**，因此在**取得回傳值後，可以馬上再呼叫回傳集合的方法**，這也是方法串接機制的核心。
2. 除了 **1-7** 操作集合的方法裡提到的部份方法外，大多數的集合方法都是把原本的集合先複製一份，然後再開始執行動作，回傳的是處理過後的新集合。不會更動到原始集合的內容，也因此沒有副作用（Side Effect），這也是函式程式設計的重要特色。

隨著對集合方法熟稔度的提升，也會愈來愈愛上這種串接風格。不過使用上要注意的是，有些集合方法不論原始物件的型別為何，會固定回傳 Set、或是固定回傳 Map，在使用前別忘了用 IDE 的參數提示功能確認回傳的是哪一種集合類別，以免找不到預期的方法。

2-1-7　為什麼集合可以傳入 for 迴圈裡？

不論是用 **for** 迴圈或是 **forEach()** 方法，其底層都是用 **for** 迴圈把集合裡的元素一一拿出，不過為什麼每種集合都可以丟進 **for** 迴圈裡呢？

❑ Iterator 介面

這是因為 **for** 迴圈會檢查傳進來的物件是否有名為 **iterator()** 的成員方法或 Extension Function，若有的話，它會依照 **Iterator<T>** 提供的方法遍歷所有元素。閱讀 **Iterator<T>** 介面的原始碼，其宣告了兩個方法：

```
public interface Iterator<out T> {

    public operator fun next(): T

    public operator fun hasNext(): Boolean
}
```

也就是說，能丟進 **for** 迴圈裡使用的物件必需實作[2]：

1. 名為 **iterator()** 的成員方法或 Extension Function 並回傳 **Iterator <T>**。

2. 回傳的 **Iterator<T>** 要有名為 **next()** 的成員方法或 Extension Function。

3. 回傳的 **Iterator<T>** 要有名為 **hasNext()** 的成員方法或 Extension Function 且回傳 Boolean。

4. 以上三個成員方法或 Extension Function 都必需以 **operator** 標記。

以 List 為例，從父類別 **Iterable** 一路繼承至 **AbstractList** 後，就可以看到 **iterator()** 的實作：

```
public abstract class AbstractList<out E> protected constructor() :
  AbstractCollection<E>(), List<E> {
  override fun iterator(): Iterator<E> = IteratorImpl()

  private open inner class IteratorImpl : Iterator<E> {
      protected var index = 0

      override fun hasNext(): Boolean = index < size

      override fun next(): E {
          if (!hasNext()) throw NoSuchElementException()
```

```
            return get(index++)
        }
    }
}
```

Iterator 介面的設計，可以讓物件按順序提供對其內含元素存取的權限而不需暴露集合的底層結構，當需要逐一處理集合元素時，這個 **Iterator** 介面就非常有用。**for** 可以透過呼叫 **iterator()** 方法來取得 **Iterator** 實例，此時 **Iterator** 會指向集合裡的第一個元素，呼叫 **next()** 就會回傳該元素並指向下一個元素直到最後一個元素為止。透過同樣的機制，也能以 **while** 迴圈做到一樣的效果，示範如下：

▶ 檔名：.../collection/concept/core/iterator.ws.kts

```kotlin
val numbers = listOf(1, 2, 3, 4, 5)
for (item in numbers) {
    println(item)
}

val numbersIterator = numbers.iterator()
while (numbersIterator.hasNext()) {
    println(numbersIterator.next())
}
```

❑ 更多 Iterator 實作

Iterator 只支援單向迭代元素，一旦指向最後一個元素後，它就無法返回先前的任何位置，只能新建一個 **Iterator** 再重來一次。為了讓 List 更好用，Kotlin 設計了 **ListIterator**：

```kotlin
public interface ListIterator<out T> : Iterator<T> {

    override fun next(): T
```

```
    override fun hasNext(): Boolean

    public fun hasPrevious(): Boolean

    public fun previous(): T

    public fun nextIndex(): Int

    public fun previousIndex(): Int
}
```

它 的 特 性 在 於 可 以 支 援 正 、 反 兩 種 方 向 的 迭 代 ， 所 以 除 了 正 向 的 **hasNext()** 及 **next()** 外 ， 還 有 反 向 的 **hasPrevious()** 及 **previous()**。閱 讀 **AbstractList** 的 原 始 碼 就 能 看 到 其 實 作 細 節 ：

```
public abstract class AbstractList<out E> protected constructor() :
    AbstractCollection<E>(), List<E> {

    override fun listIterator(): ListIterator<E> =
            ListIteratorImpl(0)

    override fun listIterator(index: Int): ListIterator<E> =
            ListIteratorImpl(index)

    private open inner class ListIteratorImpl(index: Int) :
        IteratorImpl(), ListIterator<E> {

        init {
            checkPositionIndex(index, this@AbstractList.size)
            this.index = index
        }
```

```kotlin
        override fun hasPrevious(): Boolean = index > 0

        override fun nextIndex(): Int = index

        override fun previous(): E {
            if (!hasPrevious()) throw NoSuchElementException()
            return get(--index)
        }

        override fun previousIndex(): Int = index - 1
    }
}
```

具備雙向迭代能力的 **ListIterator** 即便指針指到最後一個元素仍可以使用，不需重建。所以前面的 **while** 範例可以反向順序把內容印出來：

▶ 檔名：.../collection/concept/core/iterator.ws.kts

```kotlin
val numbers = listOf(1, 2, 3, 4, 5)

val listIterator = numbers.listIterator()

while (listIterator.hasNext()) {
    println(listIterator.next())
}
// 逐行印出 1 2 3 4 5

while (listIterator.hasPrevious()) {
    println(listIterator.previous())
}
// 逐行印出 5 4 3 2 1
```

由於集合分可變及不可變兩種，所以除了不可變的 **Iterator** 外，也有可變的 **MutableIterator**，其重點在於增加了 **remove()** 方法：

```
public interface MutableIterator<out T> : Iterator<T> {

    public fun remove(): Unit
}
```

而 **MutableListIterator** 則是增加了 **add()** 及 **set()** 方法讓集合能支援新增和更新元素：

```
public interface MutableListIterator<T> : ListIterator<T>,
MutableIterator<T> {

    override fun next(): T

    override fun hasNext(): Boolean

    override fun remove(): Unit

    public fun set(element: T): Unit

    public fun add(element: T): Unit
}
```

回到問題，為什麼集合可以傳入 **for** 迴圈裡？因為其實作了 **iterator()** 方法，讓迴圈能逐一迭代。本節僅以 List 做範例，有興趣繼續深入的讀者可以試著追蹤 Array、Set 及 Map 的原始碼，分別研究它們是如何實作 **iterator()**？尤其 Map 的資料結構不同，可以猜想一下標準函式庫是怎麼實作 Map 的 **iterator()** 做為練習。

💡 提示

劇透一：別忘了 Map 沒有繼承 **Iterable** 喔！
劇透二：若還是找不到的話，可以從 **AbstractMap.kt** 看起

2-1-8 為什麼可以用 println() 印出 List、Set、Map 的元素？

若分別以 **println()** 印出 Array 及 List，會發現 Array 印出的是類別名稱及雜湊值，但 List 卻能夠印出其中的元素，是什麼差異讓兩者有不同的行為？

```
val arrayOfNumbers = arrayOf(1, 2, 3, 4, 5)
println(arrayOfNumbers)
// [Ljava.lang.Integer;@6bc7c054

val listOfNumbers = listOf(1, 2, 3, 4, 5)
println(listOfNumbers)
// [1, 2, 3, 4, 5]
```

追蹤 **println()** 的原始碼會發現，在 JVM 上，**println()** 會直接呼叫物件的 **toString()** 方法。而 Kotlin 的所有物件都是繼承自 **Any**，**Any** 的 **toString()** 方法回傳值為該物件的類別名稱及雜湊值。而 Array 並未覆寫 **toString()** 方法，這也是為什麼 Array 的輸出結果是如此。

❏ 實作 toString()

而 List、Set、Map 之所以可以用 **println()** 把元素印出，就是因為它們有覆寫 **toString()** 方法。閱讀 List 及 Set 的原始碼，發現 List 及 Set 皆繼承 **AbstractCollection**，在定義 **AbstractCollection** 的時候就已覆寫 **toString()** 輸出的字串組成方式：

```
override fun toString(): String = joinToString(", ", "[", "]") {
    if (it === this) "(this Collection)" else it.toString()
}
```

可以看到在這個 **toString()** 裡使用到 **joinToString()** 方法將集合裡的元素一個個拿出來轉成字串後，以半形逗號（**,**）做為分隔符號（**separator** 參數）串接所有字串，前面（**prefix** 參數）加上左中括號（**[**），後面（**postfix** 參數）加上右中括號（**]**）後回傳。這就是為什麼 List 和 Set 以 **println()** 印出時會呈現 **[1, 2, 3, 4, 5]** 這樣的格式。

從集合繼承關係圖裡可以看到 Map 繼承自 **AbstractMap**，從原始碼查看其覆寫 **toString()** 方法的細節：

```
override fun toString(): String =
        entries.joinToString(", ", "{", "}") { toString(it) }

private fun toString(entry: Map.Entry<K, V>): String =
        toString(entry.key) + "=" + toString(entry.value)
```

AbstractMap 的 **toString()** 方法分為兩部份，先將 Map 裡每一對 Key 及 Value 先用等號（**=**）組成字串，接著再把每一對的字串以半形逗號串接，前面加上左大括號（**{**），後面加上右大括號（**}**）後回傳。這就是為什麼 Map 印出時格式為 **{1=a, 2=b, 3=c, 4=d, 5=e}**。

有興趣的讀者可以追蹤 Array 的原始碼，看看它的 **toString()** 是怎麼實作的？

2-1-9 宣告 Map 時，配對 Key/Value 的 to 是關鍵字嗎？

宣告 Map 時，會用 **to** 來配對每一組 Key 與 Value。這個 **to** 不用加任何符號就可使用，算是 Kotlin 語言的關鍵字嗎？

```
val mapOfFruit = mapOf(
    "Apple" to 7,
    "Banana" to 5,
    "Orange" to 7,
)
```

仔細查看 Kotlin 文件會發現關鍵字列表裡並沒有 **to**，那為什麼 Map 可以用 **to** 來組合 Pair 呢？從 IDE 裡追蹤 **to** 的原始碼，可以看到這段程式碼：

```
public infix fun <A, B> A.to(that: B): Pair<A, B> =
        Pair(this, that)
```

有了前面的知識就能看懂上面這段程式碼，**to** 其實是一個可以讓任何型別（**A**）使用的 **public** 的函式，其接受一個任何型別（**B**）的參數，函式在做的事情只是把兩個泛型組合成 **Pair** 後回傳，所以回傳型別就以 **Pair<A, B>** 標記。不過，能讓 **to** 可以像關鍵字般使用的原因是函式宣告裡的 **infix** 標記。

❑ infix 標記

在 Kotlin 的語言設計裡，假如一個函式被標記為 **infix**，在使用這個函式時，就可以忽略 **.** 及 **()** 等呼叫函式的符號[3]。所以上述程式碼倘若使用標準的函式寫法如下：

```
val mapOfFruit = mapOf(
        "Apple".to(7),
        "Banana".to(5),
        "Orange".to(7),
)
```

兩者比較後，一定會覺得省略 **.** 及 **()** 的語法簡潔清楚，也易讀多了。不過，宣告 **infix** 函式是有條件的：

1. 函式一定要是成員方法或是 Extension Function。
2. 函式只能接受一個參數。
3. 函式參數不可以是 **vararg** 也不能有預設值。

因為 Kotlin 有 **infix** 的語法特性，所以使用 **to** 時，才能像使用關鍵字一樣使用。在介紹 **1-9 轉換集合**的方法時，**union()**、**intersect()** 及 **subtract()** 方法在宣告時就是 **infix** 函式，有興趣的讀者可以往前翻閱該章節，並在 IDE 裡查看這些方法的原始碼。

2-1-10 為什麼 List 及 Map 的 Key 可以解構成變數回傳？

筆者在第一部份技法篇曾示範將函式回傳直接解構成變數：

```
val (one, two, three) = listOf(1, 2, 3)
// one = 1、two = 2、three = 3
```

或是在使用 **for** 迴圈或 **forEach()** 方法時，Map 可以直接拆解出 **key** 及 **value**：

```
for ((key, value) in mapOfFruit) {
    println("$key: $value")
}

mapOfFruit.forEach { (key, value) →
    println("$key: $value")
}
```

為什麼集合能有這種特異功能，其他類別也能有這種能力嗎？

❏ 初探解構宣告

這語法在 Kotlin 裡稱為解構宣告（Destructuring Declaration）[4]，使用時必須以小括號 **()** 來包圍解構後對應的變數，優點是可以一次完成「宣告變數」及「指派值」兩個動作。

Kotlin 底層是透過呼叫物件以 **componentN** 編號的方法來完成解構動作。以 **Person** 類別為例，其宣告 **firstName**、**lastName** 兩個屬性，及

component1()、component2() 兩個方法。當宣告 **Person** 類別並實作以 **componentN** 命名的方法及回傳值後，就完成解構宣告。

```
class Person(val firstName: String, val lastName: String) {

    operator fun component1(): String {
        return "$firstName return by component method"
    }

    operator fun component2(): String {
        return "$lastName return by component method"
    }
}


val (firstName, lastName) = Person("Shengyou", "Fan")

println(firstName) // Shengyou return by component method
println(lastName)  // Fan return by component method
```

當 **Person** 指派給以小括號包起來的兩個變數時，Kotlin 自動會呼叫以 **componentN** 編號的方法並把值回傳給對應位置的變數。要注意的是，這些以 **componentN** 編號的方法，在宣告時要加上 **operator** 標記。

❏] 資料類別自動支援解構宣告

Kotlin 預設會幫資料類別產生和屬性相應的 **componentN** 方法，也就是自動支援解構宣告。上例的 **Person** 類別改成以資料類別實作的話，程式碼如下：

▶ 檔名：.../collection/concept/core/destructuring.ws.kts

```
data class PersonDataClass(val firstName: String,
                           val lastName: String)
```

```
val (firstNameFromDataClass, lastNameFromDataClass) =
    PersonDataClass("Shengyou", "Fan")

println(firstNameFromDataClass) // Shengyou
println(lastNameFromDataClass) // Fan
```

❏ List 預設宣告了 component1 到 component5

在前面的例子裡，之所以可以把 List 裡第一個到第三個元素分別解構成 **one**、**two**、**three**，是因為標準函式庫裡，預設就幫 List 宣告了 **component1()** 到 **component5()** 的實作：

```
public inline operator fun <T> List<T>.component1(): T {
    return get(0)
}

public inline operator fun <T> List<T>.component2(): T {
    return get(1)
}

public inline operator fun <T> List<T>.component3(): T {
    return get(2)
}

public inline operator fun <T> List<T>.component4(): T {
    return get(3)
}

public inline operator fun <T> List<T>.component5(): T {
    return get(4)
}
```

Kotlin 會自動依照順序配對 **componentN** 方法的回傳值給解構變數。讀者可能會好奇，那超過五個元素時怎麼辦？因為標準函式庫只宣告到 **component5()**，若有第六個變數時就會因對應不到方法而無法通過編譯。

讀者當然可以自行宣告 **component6()** 或更多的函式來解決這個問題。不過在宣告之前，筆者建議您思考一下宣告這麼多函式的必要性？相信標準函式庫只宣告到 **component5()** 是有其道理的。

❑ 運用在 Map 的解構宣告

Map 由 Key 配對 Value 組合而成，支援將每一對元素自動解構成兩個變數，一個儲存 Key；一個儲存 Value。實務上當然可以依據語意命名變數，別忘了要把兩個變數用小括號包起來：

```kotlin
val fruits = mapOf(
    "Apple" to 100,
    "Banana" to 10,
    "Orange" to 45,
)

for ((fruit, price) in fruits) {
    println("$fruit: $price")
}
```

而 Map 之所以能支援解構宣告，是因為 Map 實作 **component1()** 回傳 Key、**component2()** 回傳 Value。標準函式庫裡的實作如下：

```kotlin
operator fun <K, V> Map.Entry<K, V>.component1() = getKey()
operator fun <K, V> Map.Entry<K, V>.component2() = getValue()
```

❑ 在 λ 裡使用解構宣告

λ 也支援解構宣告的機制，只要傳入 λ 參數是 **Pair**、**Map.Entry** 或任何

有實作 **componentN** 方法的類別，就可以在小括號裡把它解構成指定的中介變數：

```
fruits.forEach { (fruit, price) →
    println("$fruit: $price")
}
```

不過使用上要注意，當 λ 裡有其他參數時，小括號的用法決定了程式的語意：

```
{ a → ... }  // 傳入 1 個參數
{ a, b → ... }   // 傳入 2 個參數
{ (a, b) → ... }   // 解構 1 個 Pair
{ (a, b), c → ... }  // 解構 1 個 Pair 以及傳入 1 個參數
```

因為 Kotlin 有解構宣告的設計，加上集合類別的實作，才夠使用這麼方便又具語意的語法。善用這些技巧，會讓您寫的 Kotlin 程式使用起來更道地喔！

2-1-11 回顧：標準函式庫 = Kotlin 語法寶庫

隨著看懂愈多集合的原始碼，是不是覺得標準函式庫的實作非常厲害呢？

還記得筆者在初接觸集合時，對於那神奇、精煉的語法是噴噴稱奇，隨著使用的時間愈來愈長，好奇心驅使下，透過一次又一次在 IntelliJ IDEA 裡按下 ⌘+B（macOS）或 Ctrl+B（Windows/Linux）追溯標準函式庫的原始碼。為了瞭解標準函式庫的原始碼而翻閱 Kotlin 文件，從中學習到更多的語法特性，這樣一來一回的過程幾乎把文件裡關於集合的說明掃遍，這才意識到標準函式庫在實作集合時幾乎把 Kotlin 的語法糖全用上了！換言之，標準函式庫根本就是 Kotlin 語法實戰的最佳範例。

因為有這樣的經歷，筆者也鼓勵大家，可多翻翻 Kotlin 標準函式庫的原始碼，裡面可是集結了 Kotlin 團隊長時間高品質的實作，是身為開發者最好的學習寶山，有空時別忘了多進去挖寶喔！當然，剛開始不必要求自己一次就把所有的語法都看懂，但就像把引擎拆開再重組回去後，就能對引擎的了解更透徹；透過追溯原始碼的過程，會更了解集合套件是怎麼架構起來的，從中反覆複習 Kotlin 的各種語法，這些語法技巧會慢慢內化到自己的思路裡，未來實戰應用時就能行雲流水了。

2-2 集合方法變化形釋疑

在讀完第一部份技法篇裡九大分類的集合方法後，有沒有一股被英文單字淹沒的感覺？不只是單字多，單字間還混雜著不同時態，還有方法名稱是同一個單字加上介系詞或連接詞組合出的變化形，最恐怖的是它們還重複排列組合。還記得筆者第一次看到集合取值的方法裡，取單值的 `firstNotNullOfOrNull()` 方法時，一整個有繞口令的錯覺。

有經驗的 Kotlin 開發者都能感受到，Kotlin 是一個非常重視用字及語意的程式語言。從集合方法的命名可以感受到 Kotlin 團隊對語言設計細節的重視，所以方法名稱會設計成這樣一定有其道理。

筆者能同理在學習眾多集合方法時，這種掙扎於英文時態與詞性間相似又相異的痛苦。因此在這個章節裡，會分別從時態差異、介系詞、連接詞、條件判斷及常用英文字…等，整理方法名稱變化形背後的含義與慣例，也會以經典方法名稱為例，拆解其排列組合，為讀者解開對集合方法命名的疑惑。

2-2-1 時態慣例

觀察各集合方法名稱裡所使用的動詞，會發現有些方法雖使用相同動詞但時態不同。比方說在 **1-7** 操作集合的方法裡，有 `sort()`、`sortDescending()`、`sortBy()`、`sortByDescending()`、`sortWith()`、`reverse()` 及 `shuffle()` 這些跟排序有關的方法，而在 **1-5** 排序集合的方法裡，也有 `sorted()`、`sortedDescending()`、`sortedBy()`、`sortedByDescending()`、`sortedWith()`、`reversed()` 及 `shuffled()` 這些跟排序相關的方法。筆者將這兩類方法並列整理至下方表格：

操作集合的方法	排序集合的方法	功能說明
sort()	sorted()	依自然排序正向排序
sortDescending()	sortedDescending()	依自然排序反向排序
sortBy()	sortedBy()	以傳入的 λ 正向排序
sortByDescending()	sortedByDescending()	以傳入的 λ 反向排序
sortWith()	sortedWith()	以傳入的 Comparator 排序
reverse()	reversed()	反轉集合內元素的排列順序
shuffle()	shuffled()	隨機排列集合裡元素的順序

這兩類方法雖然在名稱裡使用相同的動詞，但操作集合的方法名稱使用原形動詞，而排序集合的方法名稱則是用過去分詞（加了 ed）。兩者間的根本差別，在於方法名稱含**原形動詞**的方法會**直接更動原始集合**裡的元素，回傳 Unit（意義上等同不回傳）；而方法名稱含**過去分詞**的方法不會更動原始集合，而是**把更動的結果放在全新**的集合後回傳。也因為作用的集合型別不同，所以只有**可變集合**能呼叫以原形動詞命名的集合操作方法，而排序集合的方法則不論可變集合或不可變集合皆可使用。

下面以 **sort()** 及 **sorted()** 方法為例做比較。先準備兩個集合：**mutableNumbers** 是一個可變 List，裡面有隨機排列的 **2, 4, 6, 8, 10** 整數；**immutableNumbers** 則是一個不可變 List，裡面有隨機排列的 **1, 3, 5, 7, 9** 整數。兩個變數先分別印出內容，呼叫不同的排序方法並儲存回傳值後，再印出原始變數及回傳值的內容，藉此比較 **sort()** 及 **sorted()** 的行為差異。

▶ 檔名：.../collection/concept/variants/tense.ws.kts

```
// 初始化資料
val mutableNumbers = mutableListOf(10, 2, 6, 4, 8)
val immutableNumbers = listOf(7, 5, 9, 1, 3)

// 印出呼叫 sort() 前/後的變數內容及回傳值
println("mutableNumbers before sort(): $mutableNumbers")
val sortMutableNumbers = mutableNumbers.sort()
println("mutableNumbers after sort(): $mutableNumbers")
println("sortMutableNumbers: $sortMutableNumbers")
/*
   mutableNumbers before sort(): [10, 2, 6, 4, 8]
   mutableNumbers after sort(): [2, 4, 6, 8, 10]
   sortMutableNumbers: kotlin.Unit
*/

// 印出呼叫 sorted() 前/後的變數內容及回傳值
println("immutableNumbers before sorted(): $immutableNumbers")
val sortedImmutableNumbers = immutableNumbers.sorted()
println("immutableNumbers after sorted(): $immutableNumbers")
println("sortedImmutableNumbers: $sortedImmutableNumbers")
/*
   immutableNumbers before sorted(): [7, 5, 9, 1, 3]
   immutableNumbers after sorted(): [7, 5, 9, 1, 3]
   sortedImmutableNumbers: [1, 3, 5, 7, 9]
*/
```

　　觀察輸出結果，**sort()** 方法會更動原始集合的內容，不回傳結果。因此 **mutableNumbers** 變成了有排序的 **[2, 4, 6, 8, 10]**，且 **sortMutableNumbers** 是 **kotlin.Unit**。而 **sorted()** 方法不會更動原始集合的內容，而是把排序後的結果回傳，所以 **immutableNumbers** 還是原始順序 **[7, 5, 9, 1, 3]**，但 **sortedImmutableNumbers** 則是依自然排序的結果 **[1, 3, 5, 7, 9]**。

　　為了幫助記憶，筆者覺得可以從英文時態來思考：當方法名稱使用過去分詞時，表示該方法已經排好元素的順序，會以排序過的新集合回傳。反之使用原形動詞時，就會更動原始集合的內容，不回傳結果。

　　使用時若不確定方法會回傳什麼？請記得善用 IntelliJ IDEA 的提示，把滑鼠游標移到方法名稱上稍作停留（也可以直接按 F1），就會有 **Quick Documentation** 浮動視窗顯示說明文件。

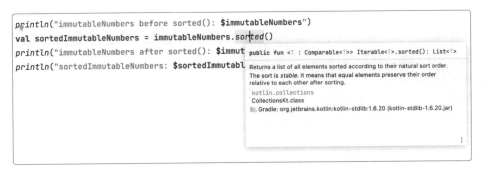

圖 2-2-1　使用 IntelliJ IDEA Quick Documentation 查詢方法用法

　　另外，IDE 也會根據目前操作的集合物件提供可呼叫的方法。在下圖的範例裡，**sortMutableNumbers** 是一個可變 List，所以同時有 **sort()** 方法及 **sorted()** 方法可選擇；而因為 **sortedImmutableNumbers** 是不可變集合，所以提示裡並不會列出操作集合的方法。透過這些輔助，可以有效避免誤用。

```
println("mutableNumbers before sort(): $mutableNumbers")
val sortMutableNumbers = mutableNumbers.sort|
println("mutableNumbers after sort():        sort() for MutableList<T> in kotlin.collectio
println("sortMutableNumbers: $sortMuta       sorted() for Iterable<T> in kotl…   List<Int>
                                             sortBy {...} (crossinline selector: (…  Unit
                                             sortedBy {...} (crossinline sele…    List<Int>
println("immutableNumbers before sorte       sortDescending() for MutableList<T> i…   Unit
val sortedImmutableNumbers = immutable       sort(comparison: (Int, Int) → Int) f…   Unit
println("immutableNumbers after sorte        sort { Int, Int → ... } (comparison:…   Unit
println("sortedImmutableNumbers: $sort        sort(comparator: Comparator<in Int> /…  Unit
                                             sortByDescending {...} (crossinline s…   Unit
                                             sortWith(comparator: Comparator<in In…   Unit
                                             sortedByDescending {...} (crossi…    List<Int>
                                             sortedDescending() for Iterable<…   List<Int>
                                      Press ^. to choose the selected (or first) suggestion and insert a dot afterwards  Next Tip
```

圖 2-2-2　IntelliJ IDEA 僅會提示可使用的集合方法

　　假如變數原本是不可變集合，但需要更動其中元素的順序時，可以用 **toMutable** 開頭的轉型方法，將不可變集合轉型成可變集合，再使用原形動詞的排序方法完成排序。

▶ 檔名：.../collection/concept/variants/conversion.ws.kts

```
val immutableNumbers = listOf(7, 5, 9, 1, 3)

// 將不可變集合轉成可變集合
val convertedList = immutableNumbers.toMutableList()

// 用排序方法更動集合裡的元素順序
convertedList.sort()

println(convertedList)
// [1, 3, 5, 7, 9]
```

　　了解集合方法的時態慣例後，當看到集合取值的 **chunked()** 及 **windowed()** 方法時，就能馬上猜出它們都不會更動原始集合的內容，且可變及不可變集合都能使用。不過要注意，**chunked()** 及 **windowed()** 方法在標準函式庫裡並沒有原形動詞的方法。

2-2-2 To

集合方法在命名時除了有時態慣例外，也經常與介系詞組合，其中出現的介系詞就是 **To**，這些方法依用途分類整理成以下表格：

分類	方法名稱	功能說明
轉換	mapTo()	將集合轉換為其他元素後附加至指定集合
轉換	mapIndexedTo()	將集合轉換為其他元素時可取得索引，完成後附加至指定集合
轉換	mapNotNullTo()	將集合轉換成其他元素並去除 Null 後，將結果附加至指定集合
轉換	mapIndexedNotNullTo()	將集合轉換成其他元素時可取得索引，去除 Null 後的結果附加至指定集合
轉換	mapKeysTo()	重新對映 Map Key 後附加至指定集合
轉換	mapValuesTo()	重新對映 Map Value 後附加至指定集合
轉換	associateTo()	將集合依 λ 轉換成 Map 後附加至指定集合
轉換	associateByTo()	將集合依 λ 選擇的 Key 並與原本元素對應成 Map 後附加至指定集合
轉換	associateWithTo()	將集合依 λ 選擇的 Value 並與原本元素對應成 Map 後附加至指定集合
轉換	flatMapTo()	轉換集合元素並攤平階層後附加至指定集合
分群	groupByTo()	依條件分群後附加至指定集合
分群	filterTo()	依條件過濾後附加至指定集合
分群	filterNotTo()	依條件反向過濾後附加至指定集合
分群	filterNotNullTo()	過濾出非 Null 值後附加至指定集合

分類	方法名稱	功能說明
分群	filterIndexedTo()	在過濾集合時可取得索引並附加至指定集合
分群	filterIsInstanceTo()	依照實例類別進行過濾後附加至指定集合
聚合	joinTo()	將集合元素合併成字串後附加至 Appendable
聚合	eachCountTo()	計算分群後每一組子集合裡的數量並附加至指定集合
聚合	foldTo()	依初始值將分群後的每一組子集合做累進運算後附加至指定集合
聚合	reduceTo()	將分群後的每一組子集合做累進運算後附加至指定集合
聚合	aggregateTo()	將分群後的每一組子集合做客製化運算後附加至指定集合

To 做為介系詞，指出動作的目的地、方向或對象，中文可翻譯成「到」，這些方法皆有以下特色：

- **To** 一定放在名稱的最後面。
- 接收兩個參數：第一個參數是 **destination**（目的地），接在 To 後面就代表它是動作結束後的附加對象。第二個參數是 λ（動作），也就是執行方法動詞的核心動作。
- **destination** 參數在動作完成後會被寫入資料，因此一定是可變集合。

當看到 To 時，表示這個方法需要提供一個目的地讓它把結果附加到裡面。這對開發者來說很好用，等於一個方法就可以一次完成「運算」和「寫入」兩個動作。如下面範例，假設要產生五筆教師資料並新增至學校的教師清單時，若沒有使用 **mapTo()** 方法的話，就得花兩步：

▶ 檔名：.../collection/concept/variants/to-related.ws.kts

```
// 一個現存的教師清單
val schoolStuffs = mutableListOf<Teacher>(/* ... */)
```

```
// 產生五筆教師資料
val newTeachers = listOf(1, 2, 3, 4, 5).map {
    Teacher(/* ... */)
}

// 把教師資料加到教師清單裡
schoolStuffs.addAll(newTeachers)
```

用 **mapTo()** 方法改寫後，只需一個步驟就能完成：

▶ 檔名：.../collection/concept/variants/to-related.ws.kts

```
listOf(1, 2, 3, 4, 5).mapTo(schoolStuffs) {
    Teacher(/* ... */)
}
```

閱讀 **mapTo()** 在標準函式庫裡的實作，其實只用了很簡單的技巧，在迴圈裡同時以 λ 處理元素，並以 **add()** 加到可變集合裡。

```
public inline fun <T, R, C : MutableCollection<in R>>
Iterable<T>.mapTo(destination: C, transform: (T) → R): C {
    for (item in this)
        destination.add(transform(item))
    return destination
}
```

精妙的設計造就如此簡潔且具語意的程式碼。以後看到結尾是 **To** 的集合方法，直覺第一個參數就是可變集合做為目的地寫入結果，後面接一個 λ 做運算，至於這個運算的主題是什麼？就由 To 前面的動詞決定。

2-2-3 By

另一個也很常出現在集合方法名稱裡的介系詞是 **By**，這些方法依用途分類
整理成以下表格：

分類	方法名稱	功能說明
操作	sortBy()	依傳入的 λ 正向排序
操作	sortByDescending()	依傳入的 λ 反向排序
轉換	associateBy()	將集合依 λ 選擇的 Key 並與原本元素對應成 Map
轉換	associateByTo()	將集合依 λ 選擇的 Key 並與原本元素對應成 Map 後附加至指定集合
取值	binarySearchBy()	依 Key 及選擇器在集合裡以二元搜尋找出索引值
分群	groupBy()	依條件分群
分群	groupByTo()	依條件分群後附加至指定集合
分群	groupingBy()	分群後再做二次操作
分群	distinctBy()	依條件過濾重覆元素
排序	sortedBy()	依傳入的 λ 正向排序
排序	sortedByDescending()	依傳入的 λ 反向排序
聚合	maxBy()	依 λ 找出最大元素，若是 Empty 集合則拋出 NoSuchElementException
聚合	maxByOrNull()	依 λ 找出最大元素，若是 Empty 集合則回傳 Null
聚合	minBy()	依 λ 找出最小元素，若是 Empty 集合則拋出 NoSuchElementException
聚合	minByOrNull()	依 λ 找出最小元素，若是 Empty 集合則回傳 Null

By 有「依照」、「以○○為準」的概念，這些方法都有以下特色：

- **By** 接在主要動詞之後。
- 方法會有一個（通常是第一個）名為 `selector` 或 `keySelector` 的 λ 參數。

　　這些名稱內有 **By** 的方法都會以傳入的 λ 選擇要執行的動作基準，比方說 **sortedBy()** 方法會依 λ 選擇排序的依據、**groupBy()** 方法會依 λ 選擇分群時的基準、**maxByOrNull()** 或 **minByOrNull()** 方法則會依 λ 選擇資料來源做大小值的比較。

　　以取出集合裡最大值的元素為例，假設要從五個介於 1-50 的隨機數字裡找出最大值，可用 **maxOrNull()** 方法，方法會從集合裡的五個元素中找出數值最大的元素回傳。

```
val numbers = listOf(24, 46, 18, 35, 7)
numbers.maxOrNull() // 46
```

　　但若集合裡放的是自訂的資料類別，比方說購物車裡的採買清單，在清單裡是商品及購買數量，當要找出購物車裡購買數量最多的品項時會發現，**cart** 集合無法呼叫 **maxOrNull()** 方法，IDE 也不會提供這個方法選項。

▶ 檔名：.../collection/concept/variants/by-related.ws.kts

```
val cart = listOf(
    OrderItem(1, Product("FT-0342", "Apple", 80.0), 2),
    OrderItem(2, Product("FT-0851", "Banana", 10.0), 8),
    OrderItem(3, Product("FT-0952", "Orange", 60.0), 3),
)

cart.maxOrNull() // 無法通過編譯
```

　　這是因為 **OrderItem** 並未實作 **Comparable** 介面，Kotlin 不知道該如何比較集合裡的這些元素。這時除了實作介面外，也可以改用 **maxByOrNull()**，方法會依照（By）傳入的 λ 取出要比較的屬性（**Selector**），經一連串比較後找出最大值回傳。

▶ 檔名：.../collection/concept/variants/by-related.ws.kts

```
// 使用 maxByOrNull() 找出購物車裡購買數量最多的品項
cart.maxByOrNull { it.amount }
// OrderItem(id=2, ..., amount=8)
```

上例中依照傳入的 λ 取出 **OrderItem** 的 **amount** 屬性做比較，找出最大數值的元素後回傳。閱讀標準函式庫實作 **maxByOrNull()** 方法的原始碼，可看到方法用 λ 找出比較基準的過程：

```
public inline fun <T, R : Comparable<R>> Iterable<T>.maxByOrNull(
    selector: (T) → R): T? {

    // 略
    do {
        val e = iterator.next()
        val v = selector(e)
        if (maxValue < v) {
            maxElem = e
            maxValue = v
        }
    } while (iterator.hasNext())
    return maxElem
}
```

在 **maxByOrNull()** 方法的迴圈裡，當從集合取出元素後，會依據 λ 取出用來比較的對象，接著與當前最大值比較，若該元素比當前最大值還大時，就會將該元素取代為當前最大值，一路比較至迴圈結束後回傳最後的結果。

以後看到方法名稱裡包含 By 的集合方法，就知道方法會有一個 λ 參數是 **selector**，而主要執行的動作會依賴 **selector** 選出的結果為基準進行。

2-2-4 With

在前面篇幅中，有一系列的集合方法，其動詞與名稱有 **By** 的方法相同，但介系詞是 **With**，比方說 **sortedBy()** 對應 **sortedWith()**；**maxByOrNull()** 及 **minByOrNull()** 對 應 **maxWithOrNull()** 及 **minWithOrNull()**；**associateBy()** 對應 **associateWith()**。這些方法依用途分類整理成以下表格：

分類	方法名稱	功能說明
排序	sortedWith()	依傳入的 Comparator 排序
聚合	maxOfWith()	找出 λ 回傳物件後，依 Comparator 找出最大元素，若是 Empty 集合則拋出 NoSuchElementException
聚合	minOfWith()	找出 λ 回傳物件後，依 Comparator 找出最小元素，若是 Empty 集合則拋出 NoSuchElementException
聚合	maxWith()	依 Comparator 找出最大元素，若是 Empty 集合則拋出 NoSuchElementException
聚合	maxWithOrNull()	依 Comparator 找出最大元素，若是 Empty 集合則回傳 Null
聚合	minWith()	依 Comparator 找出最小元素，若是 Empty 集合則拋出 NoSuchElementException
聚合	minWithOrNull()	依 Comparator 找出最小元素，若是 Empty 集合則回傳 Null
聚合	maxOfWithOrNull()	找出 λ 回傳物件後，依 Comparator 找出最大元素，若是 Empty 集合則回傳 Null
聚合	minOfWithOrNull()	找出 λ 回傳物件後，依 Comparator 找出最小元素，若是 Empty 集合則回傳 Null
操作	sortWith()	依傳入的 Comparator 排序
轉換	associateWith()	將集合依 λ 選擇的 Value 並與原本元素對應成 Map
轉換	associateWithTo()	將集合依 λ 選擇的 Value 並與原本元素對應成 Map 後附加至指定集合

　　當使用 With 時，後面接的是「工具」，中文可以翻譯成「用○○來做」，這些方法可傳入 **Comparator** 做為比較的工具，或是 λ 做為對映 Map Value 的選擇器。

　　延續前面購物車的例子，除了使用 **maxByOrNull()** 方法外，**maxWithOrNull()** 方法提供了另一種選擇，藉由傳入的 Comparator 物件找出集合裡最大值的元素。那麼該如何產生 Comparator 呢？可使用標準函式庫裡的 **compareBy()** 函式簡單快速的宣告一個 Comparator，再由 **maxWithOrNull()** 方法找出最大值。

▶ 檔名：.../collection/concept/variants/with-related.ws.kts

```
// 使用 maxWithOrNull() 找出購物車裡購買數量最多的品項
cart.maxWithOrNull(compareBy{ it.amount })
```

　　名稱含有 With 的方法除了傳入 Comparator 外，另一個方式是傳入 λ 做選擇器。當我們要把集合裡每一個元素當成 Key 並和另一個 Value 對映成 Map 時，就可以使用 **associateWith()** 方法達成。傳入 **associateWith()** 方法的 λ 可以想成是轉換工具，經過 λ 轉換出來的結果會被放在 Map 的 Value。以水果清單為例，λ 選擇以水果名稱的字串長度跟水果名稱對映成 Map 的過程如下：

▶ 檔名：.../collection/concept/variants/with-related.ws.kts

```
val fruits = listOf("Grape", "Muskmelon", "Kumquat", "Pear")

fruits.associateWith { it.length }
// {Grape=5, Muskmelon=9, Kumquat=7, Pear=4}
```

　　雖然用 **associateBy()** 方法也可以達成一樣的效果，但必須用兩個 λ 來完成：

▶ 檔名：.../collection/concept/variants/with-related.ws.kts

```
fruits.associateBy({ it }, { it.length })
// {Grape=5, Muskmelon=9, Kumquat=7, Pear=4}
```

若不更動 Key 的內容，那麼使用 **associateWith()** 方法會更簡潔、意圖也更明確。以後看到集合方法名稱有 With 時，就知道參數要傳入一個做比較工具或選擇器，也知道可以找到用 By 來命名的相似方法，可依照開發情境及語意選擇使用。

2-2-5 Of

搞清楚 **By** 跟 **With** 的差異後，還有一個也很容易混淆的介系詞是 **Of**，它們的行為跟 By 很像，但有時又會跟 With 併用，比方說前面提到的 **maxByOrNull()** 方法有個很像的 **maxOfOrNull()** 方法，同時還有加了 With 的 **maxOfWithOrNull()** 方法。這些方法名稱裡有 Of 的方法依用途分類整理成以下表格：

分類	方法名稱	功能說明
聚合	sumOf()	依條件計算總合
聚合	maxOf()	以 λ 找出具最大數值元素的屬性，若是 Empty 集合則拋出 NoSuchElementException
聚合	minOf()	以 λ 找出具最小數值元素的屬性，若是 Empty 集合則拋出 NoSuchElementException
聚合	maxOfOrNull()	以 λ 找出具最大數值元素的屬性，若是 Empty 集合則回傳 Null
聚合	minOfOrNull()	以 λ 找出具最小數值元素的屬性，若是 Empty 集合則回傳 Null
聚合	maxOfWith()	找出 λ 回傳物件後，依 Comparator 找出最大元素，若是 Empty 集合則拋出 NoSuchElementException

分類	方法名稱	功能說明
聚合	minOfWith()	找出 λ 回傳物件後，依 Comparator 找出最小元素，若是 Empty 集合則拋出 NoSuchElementException
聚合	maxOfWithOrNull()	找出 λ 回傳物件後，依 Comparator 找出最大元素，若是 Empty 集合則回傳 Null
聚合	minOfWithOrNull()	找出 λ 回傳物件後，依 Comparator 找出最小元素，若是 Empty 集合則回傳 Null
取值	indexOf()	搜尋第一個符合指定元素的索引，找不到就回傳 -1
取值	lastIndexOf()	搜尋最後一個符合指定元素的索引，找不到就回傳 -1
取值	indexOfFirst()	依傳入條件搜尋第一個符合條件的索引，找不到就回傳 -1
取值	indexOfLast()	依傳入條件搜尋最後一個符合條件的索引，找不到就回傳 -1
取值	firstNotNullOf()	取出經過 λ 轉換後，第一個不是 Null 的元素的值，若轉換後是 Empty 集合則拋 NoSuchElementException
取值	firstNotNullOfOrNull()	取出經過 λ 轉換後，第一個不是 Null 的元素的值，若轉換後是 Empty 集合則回傳 Null

> **💡 提示**
>
> 雖然標準函式庫裡還有非常多以 Of 命名的方法，比方說 **arrayOf()** 方法、**listOf()** 方法、**setOf()** 方法、**mapOf()** 方法，但這些方法都是單純以傳入值建立對應的集合物件，也沒有與其他字詞混用，因此本節在討論時一併略過。

Of 接在主題的後面，構成「選出○○的○○」、「找出○○的○○」或「轉換○○的○○」的語意。根據主題的不同，傳入參數可能是 **selector**、**element** 抑或是 **transform**。語意有些抽象，但重點是名稱包含 Of 的方法回傳的都不是集合裡的元素本身，而是元素經 λ 取出後的值。

以 **maxOfOrNull()** 及 **minOfOrNull()** 方法為例，傳入的 λ 參數為 **selector**，行為與 **maxByOrNull()** 及 **minByOrNull()** 方法類似，都會依照 λ 取出比較對象並找出最大／最小元素，但與 By 不同的地方在於，以 By 命名的方法會直接回傳最大／最小元素，而以 Of 命名的方法則會回傳最大／最小元素依 λ 選擇屬性的值。

以下範例將兩種用法並列來比較其差異：

▶ 檔名：.../collection/concept/variants/of-related.ws.kts

```
val cart = listOf(
    OrderItem(1, Product("FT-0342", "Apple", 80.0), 2),
    OrderItem(2, Product("FT-0851", "Banana", 10.0), 8),
    OrderItem(3, Product("FT-0952", "Orange", 60.0), 3),
)

// 使用 maxByOrNull() 找出 amount 最大的元素
cart.maxByOrNull { it.amount }
// 回傳 OrderItem(id=2, ..., amount=8)

// 使用 maxOfOrNull() 找出最大的 amount
cart.maxOfOrNull { it.amount }
// 回傳 8
```

在上例中，雖然 **maxByOrNull()** 及 **maxOfOrNull()** 方法都知道購物車裡購買數量最多的品項是 **id** 為 **2** 的元素，但 **maxByOrNull()** 方法回傳的是 **OrderItem**，而 **maxOfOrNull()** 方法回傳的是 λ 選擇 **OrderItem** 的屬性 **amount** 的值 **8**。

比較兩個方法在標準函式庫裡的實作，兩者都會在集合裡逐一比較後找出最大值，只是 **maxByOrNull()** 方法會找出最大元素 **maxElem** 回傳，而 **maxOfOrNull()** 方法則是找出最大值 **maxValue** 回傳。以下摘要

maxOfOrNull() 方法的原始碼，與前述 **maxByOrNull()** 方法相比就能了解為何會有這樣的差異：

```
public inline fun <T, R : Comparable<R>> Iterable<T>.maxOfOrNull(
    selector: (T) → R): R? {
// 略
while (iterator.hasNext()) {
    val v = selector(iterator.next())
    if (maxValue < v) {
        maxValue = v
    }
}
return maxValue
}
```

再以其他方法為例，**indexOf** 系列的方法，傳入的都是要尋找的 **element**，回傳的不是找到的元素本身，而是該元素的索引；而 **firstNotNullOf()** 則傳入 **transform** 來轉換元素，回傳的也不是第一個非 Null 的元素，而是轉換出來的值。

▶ 檔名：.../collection/concept/variants/of-related.ws.kts

```
val employees = listOf(
    Employee(1, "Tom", "Backend", listOf("DB", "API")),
    Employee(2, "John", "IT", listOf("Network", "Hardware")),
    Employee(3, "Simon", "Backend"),
    Employee(4, "Mark", "IT"),
    Employee(5, "Tracy", "Design", listOf("Graphic")),
)

employees.firstNotNullOf { it.skills } // [DB, API]
```

掌握 Of 的特性後，就知道在做資料處理時，使用名稱含 Of 的集合方法，不僅可以找出目標元素，還可以直接取得目標結果的值。

2-2-6 At

在以介系詞命名的系列裡還有 **At** 也在兩個方法裡重複出現，比方說設計給 Set 使用的 **elementAt()** 方法，以及設計給 List 使用的 **removeAt()** 方法：

分類	方法名稱	功能說明
取值	elementAt()	取出集合裡指定索引位置的元素，若索引超出範圍則拋出 IndexOutOfBoundsException
操作	removeAt()	刪除集合裡指定索引位置的元素，若索引超出範圍則拋出 IndexOutOfBoundsException

從英文字義上就可以猜到，At 表明了位置的精確性，把這樣的概念用在集合上就是索引值。因此 **elementAt()** 方法精確地指出要從 Set/List 裡取出哪個位置的元素；而 **removeAt()** 方法則精確地指出要從 List 刪除哪個位置的元素。請注意，**removeAt()** 只適用於 List，若要刪除 Set 裡的元素，可直接使用 **remove()** 即可。

2-2-7 Or

除了使用介系詞外，集合命名裡也會用到連接詞，**Or** 就是最好的例子，其在組合上也有數種變化，像是 **OrNull**、**OrElse** 及 **OrDefault**，這些方法依用途分類整理成以下表格：

分類	方法名稱	功能說明
OrNull		
取值	getOrNull()	依索引取出集合內元素，若索引超出範圍則回傳 Null
取值	elementAtOrNull()	取出集合裡指定位置的元素，若索引超出範圍則回傳 Null
取值	firstOrNull()	取出集合裡的第一個元素，若為 Empty 集合則回傳 Null
取值	firstNotNullOfOrNull()	取出經過 λ 轉換後第一個不是 Null 的元素的值，若轉換後是 Empty 集合則回傳 Null
取值	lastOrNull()	取出集合裡最後一個元素，若是 Empty 集合則回傳 Null
取值	randomOrNull()	從集合隨機取出一個元素，若是 Empty 集合則回傳 Null
取值	singleOrNull()	取出集合裡的唯一元素，若是 Empty 集合或集合超過一個元素則回傳 Null
聚合	maxOrNull()	找出集合裡最大的元素，若是 Empty 集合回傳 Null
聚合	maxByOrNull()	依 λ 找出最大元素，若是 Empty 集合則回傳 Null
聚合	maxWithOrNull()	依 Comparator 找出最大元素，若是 Empty 集合則回傳 Null
聚合	maxOfOrNull()	以 λ 找出具最大數值元素的屬性，若是 Empty 集合則回傳 Null
聚合	maxOfWithOrNull()	找出 λ 回傳物件後依 Comparator 找出最大元素，若是 Empty 集合則回傳 Null
聚合	minOrNull()	找出集合裡最小的元素，若是 Empty 集合回傳 Null
聚合	minByOrNull()	依 λ 找出最小元素，若是 Empty 集合則回傳 Null
聚合	minWithOrNull()	依 Comparator 找出最小元素，若是 Empty 集合則回傳 Null

分類	方法名稱	功能說明
聚合	minOfOrNull()	以 λ 找出具最小數值元素的屬性，若是 Empty 集合則回傳 Null
聚合	minOfWithOrNull()	找出 λ 回傳物件後依 Comparator 找出最小元素，若是 Empty 集合則回傳 Null
聚合	reduceOrNull()	由左至右累進，若是 Empty 集合則回傳 Null
聚合	reduceRightOrNull()	由右至左累進，若是 Empty 集合則回傳 Null
聚合	reduceIndexedOrNull()	由左至右累進，包含索引，若是 Empty 集合則回傳 Null
聚合	reduceRightIndexedOrNull()	由右至左累進，包含索引，若是 Empty 集合則回傳 Null
操作	removeFirstOrNull()	移除集合裡第一個元素，若是 Empty 集合則回傳 Null
操作	removeLastOrNull()	移除集合裡最後一個元素，若是 Empty 集合則回傳 Null
OrElse		
取值	getOrElse()	依索引取出集合內元素，若索引超出範圍可指定回傳預設值的 λ
取值	elementAtOrElse()	取出指定位置的元素，若索引不存在可指定回傳預設值的 λ
OrDefault		
取值	getOrDefault()	依 Key 取出 Map 元素，若超出範圍則回傳預設值

　　Or 的英文字義代表「或」，也就是說 **Or** 後面接的字就是前面主要行為的「替代方案」。

❏ OrNull

　　Kotlin 在 Null 值的處理上非常仔細，OrNull 這一系列的方法，就是在處理當集合沒有元素時的回傳值。以集合取值為例，雖然可用 **[]** 或 **get()** 以索引值取出元素，但若索引值超出範圍時，兩種方式都會拋出例外。若不希望程式因此中斷，標準函式庫提供 **getOrNull()** 方法讓程式以回傳 Null 來取代拋出例外。

　　集合會這樣設計，主要是讓開發者可以在方法後面串上貓王運算子 **?:**（Elvis Operator）來決定要如何處理 Null，如此一來語法不僅簡潔，而且不需加一層條件判斷式。

　　以 **getOrNull()** 方法為例，一個存放三個名字的集合 **names**，若嘗試取出索引值為 10 的元素時，因為超出索引範圍，所以方法會回傳 Null。這時再搭配 **?:** 就可以指定預設值：

▶ 檔名：.../collection/concept/variants/or-related.ws.kts

```
val names = listOf("Jim", "Sue", "Nick")

names.getOrNull(10) ?: "Unknown Person"
// Unknown Person
```

❑ OrElse

　　雖然使用 **getOrNull()** 搭配貓王運算子可指定預設值，但若能讓開發者決定預設值的產生方式是不是更彈性？ **OrElse** 即可滿足這樣的需求。

　　延續前面的範例，當集合沒有元素時，若需要指定預設值，可用 **getOrElse()** 方法並傳入一個產生預設值的 λ 參數，**getOrElse()** 方法也會把收到的索引值傳給 λ，可做額外處理。

▶ 檔名：.../collection/concept/variants/or-related.ws.kts

```
names.getOrElse(10) {
    "Unknown Person (index $it is not exist)"
}
// Unknown Person (index 10 is not exist)
```

比較 **getOrNull()** 及 **getOrElse()** 方法的原始碼，其實兩者的實作幾乎是相同的，差別只在索引值超出範圍時，會有不同的回傳值。

```
// getOrNull() 的原始碼
public fun <T> List<T>.getOrNull(index: Int): T? {
    return if (index ≥ 0 && index ≤ lastIndex)
                get(index)
            else
                null
}

// getOrElse() 的原始碼
public inline fun <T> List<T>.getOrElse(
    index: Int,
    defaultValue: (Int) → T
): T {
    return if (index ≥ 0 && index ≤ lastIndex)
                get(index)
            else
                defaultValue(index)
}
```

❑ OrDefault

另一個相近的 **getOrDefault()** 則是 Map 專屬的方法，用法和 **getOrElse()** 方法幾乎相同，不過第一個參數是 Key 不是索引值、第二個參數不是 λ 而是 **Any**，開發者可以依照情境選擇回傳的**預設值**。

▶ 檔名：.../collection/concept/variants/or-related.ws.kts

```
val mapOfFruit = mapOf(
    "Apple" to 7,
    "Banana" to 5,
    "Orange" to 7,
```

```
)

mapOfFruit.getOrDefault("Grape", 10)
// 10
```

回顧以上三個名稱包含 Or 的集合方法，都是在補足當主要動作無法進行時（可能是集合沒有內容、索引值或 Key 超出範圍）的備案：

- OrNull - 當無法執行主要動作時，回傳 Null 當做備案。
- OrElse - 當無法執行主要動作時，以 λ 產生的值當做備案。
- OrDefault - 當 Map 不存在指定的 Key 時，回傳預設值當作備案。

下次若希望針對主要動作做備案處理時，可選用名稱含 Or 的集合方法，可以少寫許多條件判斷的程式碼。

2-2-8 條件判斷相關（If、While）

除了介系詞、連接詞外，集合也會加上與條件判斷有關的命名，比方說 **removeIf()** 方法加上 **If**，**takeWhile()** 及 **dropWhile()** 方法加上 **While**。這些含有條件判斷單字的方法依用途分類整理成以下表格：

分類	方法名稱	功能說明
If		
操作	removeIf()	依條件移除元素
While		
取值	takeWhile()	依 λ 條件取出集合元素直到無法通過條件時停下
取值	takeLastWhile()	依 λ 條件反向取出集合元素直到無法通過條件時停下
取值	dropWhile()	依 λ 條件丟棄集合元素直到無法通過條件時停下
取值	dropLastWhile()	依 λ 條件反向丟棄集合元素直到無法通過條件時停下

不論是 **If** 或 **While**，都是程式語言裡常見的條件判斷及迴圈關鍵字，跟前面的動詞組合在一起就讓這個動作在執行時多一道關卡。IDE 的提示裡，傳入這些方法的參數都被命名為受詞（Predicate），表示這些 λ 都一定是一個條件判斷式，回傳值會是布林值。

因為有多一層邏輯判斷，對於開發者來說，可以省下自行組合迴圈和判斷的程序。以 **takeWhile()** 方法的內部實作為例，您會看到函式在 for 迴圈裡，以傳入的 λ 做為判斷式來新增或跳過元素。

```kotlin
public inline fun <T> Iterable<T>.takeWhile(
        predicate: (T) → Boolean): List<T> {
    val list = ArrayList<T>()
    for (item in this) {
        if (!predicate(item))
            break
        list.add(item)
    }
    return list
}
```

這些原本需要寫在外部的邏輯，在標準函式庫漂亮的設計下，全部被封裝在方法裡，以更具語意 命名。日後在操作集合元素時，別忘了有這系列可以讓程式碼變得更簡潔的工具可用。

2-2-9 常用英文字

除了眾多的介系詞、連結詞外，集合方法的命名裡還有一些英文字也重覆出現，筆者也將這些單字整理出來歸納其含義及用法，幫助讀者更快掌握到這些方法的設計用意。

❑ Indexed

集合裡有一系列方法名稱都含 **Indexed** 單字，這些方法都可以在 λ 裡取得索引值，且另外還有不含 Indexed 名稱的方法，符合這樣設計的方法有：

分類	方法名稱	功能說明
轉換	forEachIndexed()	逐一取出集合裡的索引及內容
轉換	mapIndexed()	將集合轉換為其他元素組成的集合時包含索引
轉換	mapIndexedNotNull()	將集合轉換為其他元素組成的集合時包含索引，並去除 Null 的結果
轉換	mapIndexedTo()	將集合轉換為其他元素組成的集合時包含索引，完成後附加至指定集合
轉換	mapIndexedNotNullTo()	將集合轉換為其他元素組成的集合時包含索引，去除 Null 後的結果附加至指定集合
轉換	scanIndexed()	依初始值及 λ 累進時包含索引
分群	filterIndexed()	在過濾集合時包含索引
分群	filterIndexedTo()	在過濾集合時包含索引，並附加至指定集合
聚合	reduceIndexed()	由左至右累進，包含索引，若是 Empty 集合則拋出 UnsupportedOperationException
聚合	reduceRightIndexed()	由右至左累進，包含索引，若是 Empty 集合則拋出 UnsupportedOperationException
聚合	reduceIndexedOrNull()	由左至右累進，包含索引，若是 Empty 集合則回傳 Null
聚合	reduceRightIndexedOrNull()	由右至左累進，包含索引，若是 Empty 集合則回傳 Null
聚合	foldIndexed()	依給定的初始值由左向右累進，包含索引
聚合	foldRightIndexed()	依給定的初始值由右向左累進，包含索引

索引對開發者來說應該不陌生，使用過去分詞代表方法已經把索引取出，最常見的例子就是 **forEach()** 和 **forEachIndexed()** 方法。兩者的差異是，在

forEach() 的 λ 裡，只會拿到集合裡的元素；但 **forEachIndexed()** 方法會多拿到索引值，開發者可用來做其他處理。

▶ 檔名：.../collection/concept/variants/indexed-related.ws.kts

```
val numbers = listOf(1, 3, 5, 7, 9)

numbers.forEach { println(it) }
// 逐行印出 1 3 5 7 9

numbers.forEachIndexed { index, value →
    println("index=$index, value=$value")
}
/*
   index=0, value=1
   index=1, value=3
   index=2, value=5
   index=3, value=7
   index=4, value=9
*/
```

除了這個差別外，兩種方法功能相同，開發者只需依照使用情境選擇即可。下次在 λ 裡需要索引時，可以在 IDE 裡查詢有無名稱含 Indexed 的方法，就可以在 λ 內直接取得索引值及對應的元素。

❑ All

All 也經常出現在集合方法的名稱裡，包括操作集合的方法，以及檢查一類的方法，這些方法依用途分類整理成以下表格：

分類	方法名稱	功能說明
操作	addAll()	新增數個元素至集合
操作	putAll()	新增多個元素進 Map

分類	方法名稱	功能說明
操作	removeAll()	從集合裡移除數個元素
操作	retainAll()	保留集合裡的元素
操作	replaceAll()	將集合所有元素都套用 λ 後取代
檢查	containsAll()	檢查集合裡是否包含全部的指定元素

從 **All** 的英文字義就知道它是針對複數元素而設計，行為上可視為批次操作。不過各方法稍有差異，共有三種用法：

- 傳入多個元素：可新增元素的 **addAll()** 及 **putAll()** 都是以傳入多個元素後新增到集合裡；檢查元素的 **containsAll()** 也是一樣的用法。
- 傳入的 λ：取代元素的 **replaceAll()** 是將 λ 套用在所有元素上來更新集合。
- 傳入多個元素或 λ：移除元素的 **removeAll()** 和保留元素的 **retainAll()** 則是有兩種用法，假如傳入的是多個元素，則會刪除或保留這些元素；若傳入的是 λ，則會將元素以 λ 條件做判斷，符合條件的就會被刪除或保留。

使用上要注意的是，這邊指的複數元素是指先將元素放在一個集合裡再傳入，而不是用 **vararg** 多個參數傳入，且在傳入集合參數時，適用於 List 的 **addAll()** 可傳入 List 或 Set、適用於 Map 的 **putAll()** 則只能傳入 Map，要注意型別不可混用。

❏ Not

Not 也出現在數個不同分類的方法裡，細分下去還有 **Not**、**NotNull**、**NotEmpty** 三種不同的變化型。依照不同的組合及用途分類整理成以下表格：

分類	方法名稱	功能說明
Not		
分群	filterNot()	依條件反向過濾
分群	filterNotTo()	依條件反向過濾後附加至指定集合
NotNull		
分群	filterNotNull()	過濾非 Null 值
分群	filterNotNullTo()	過濾出非 Null 值後附加至指定集合
轉換	mapNotNull()	將集合轉換成其他元素組成的集合，並去除 Null 的結果
轉換	mapIndexedNotNull()	將集合轉換為其他元素組成的集合時包含索引，並去除 Null 的結果
轉換	mapNotNullTo()	將集合轉換成其他元素組成的集合，並去除 Null 後，將結果附加至指定集合
轉換	mapIndexedNotNullTo()	將集合轉換為其他元素組成的集合時包含索引，去除 Null 後的結果附加至指定集合
取值	firstNotNullOf()	取出經過 λ 轉換後第一個不是 Null 的元素的值，若轉換後是 Empty 集合則拋 NoSuchElementException
取值	firstNotNullOfOrNull()	取出經過 λ 轉換後第一個不是 Null 的元素的值，若轉換後是 Empty 集合則回傳 Null
NotEmpty		
檢查	isNotEmpty()	反向檢查集合是否有元素

`Not` 字義上表示「反向」，單獨或與不同字組合後就可以用在不同情境：

- **Not**（反轉條件）：單獨使用 Not 時，功能用於反轉條件判斷式。以 **filterNot { it.length > 3 }** 方法為例，原本的判斷條件是要過濾出字串「長度大於 3」的元素，但因為加了 Not 所以條件反轉成「長度小於等於 3」的元素。

- **NotNull（去除 Null）**：與 Null 合併使用時，可用來去除 Null，也就是說留下來的都不是 Null。以 `filterNotNull()` 方法為例，會把集合裡的 Null 去除。

- **NotEmpty（增加語意判斷）**：與 Empty 合併使用時，可以增加判斷的語意。以 `isNotEmpty()` 方法為例，我們當然可以用 `isEmpty() ==false` 達成一樣的判斷效果，但寫成 NotEmpty 可以增加語意，使用者不需要在腦中運算判斷式的結果。

名稱有包含 Not 的集合方法，在使用情境上都是以條件判斷式為核心，雖然可直譯為「不、否」，但由於英文並非中文開發者的母語，在面對英文語意時會多一層轉換，尤其遇到雙重否定時，務必要多確認一次。

2-2-10 排列組合

以上這些方法名稱拆成單字來解釋都很單純、好理解，但 Kotlin 集合方法之所以讓人難以親近，是因為這些單字排列組合出現在不同用途分類裡，有時看到一串單字組合的方法名稱容易不知所措。

以集合聚合的 `max` 系列方法為例，就有高達七種變化型，包括：`maxOrNull()`、`maxByOrNull()`、`maxWithOrNull()`、`maxOf()`、`maxOfOrNull()`、`maxOfWith()`、`maxOfWithOrNull()`。這些方法共計使用了 `OrNull`、`By`、`With`、`Of` 四種前面介紹的常用字詞。

為了能真正融會貫通，接下來筆者將從新手村難度到魔王等級，逐一拆解這些集合的方法名稱，透過分解、翻譯、排序等幾個步驟，多練習幾次後，下次再遇到很長名稱的方法就能迎刃而解。

❏ 組合一個單字

　　只用到一個單字是最簡單的，只要抓到前面各單字的核心精神就能猜到該方法的特性，再配合主詞就能知道該方法的功能。以 **maxOrNull()** 方法為例，先將方法名稱拆解成 max、OrNull 兩個單字，再翻譯單字字義成「找出最大值」、「或回傳 Null」。由於字義單純不需要重新排序，直接依序閱讀就能還原出方法功能為「找出集合裡最大值的元素，若集合沒有內容就回傳 Null」。

❏ 組合兩個單字

　　延伸前面的技巧，遇到方法名稱包含兩個單字時，以 **maxOfOrNull()** 方法為例，一樣先把方法名稱拆解成 max、Of、OrNull 三個單字，再翻譯單字字義成「找出最大值」、「回傳經 λ 取出後的值」、「或回傳 Null」。這時會發現翻譯過後無法直接組合出方法含義，所以把理解順序改一下，變成「找出以 λ 取出的最大值後回傳，若集合沒有內容就回傳 Null」就可以正確還原出方法功能。

　　再以 **associateByTo()** 及 **associateWithTo()** 方法為例，前面我們已經知道 **associateBy()** 方法的功能是以 λ 選出的值當做 Map 的 Key，以集合內元素當做 Map 的 Value 組合出新的 Map 回傳，而加上 To 之後，就是會把這個新的 Map 附加到指定的可變集合裡；而 **associateWith()** 方法的動作則是反過來，以集合內元素當做 Map 的 Key，以 λ 轉換出來的值當做 Map 的 Value 組合出新的 Map 回傳，加上 To 後一樣會把回傳的結果附加到指定的可變集合裡。

❏ 組合三個單字

　　大魔王就是含三個單字的方法名稱了！延續前面 max 系列的方法，以 **maxOfWithOrNull()** 為例，一樣先把方法名稱拆解成 max、Of、With、OrNull，再翻譯單字字義成「找出最大值」、「回傳經 λ 取出後的值」、「用傳入的 λ 當工具來做比較或轉換」、「或回傳 Null」，調整字詞的解釋順序為，先進入 Of

的 λ 後再進到 With 的 λ，接著才是找出最大值這個主題，最後再處理若集合沒有內容時的替代方案，整體的語義就變成「以 λ 取出的值依 Comparator 做比較找出最大值後回傳，若集合沒有內容則回傳 Null」。

`firstNotNullOfOrNull()` 方法也是大魔王等級的方法名稱，不過別被名稱裡看似兩個 Null 又有 Of、Or、Not 嚇到，其實只需拆成 first、NotNull、Of、OrNull 即可，直接翻譯單字字義即為：「找出第一個」、「不是 Null 的」、「回傳經 λ 取出後的值」、「或回傳 Null」。一樣調整理解順序後，先以 Of 的 λ 取出值，接著要過 NotNull 的篩選，若通過就達成找出第一個的條件，最後再處理若集合沒有內容時的替代方案，整體的語義就變成「以 λ 取出第一個不是 Null 的值後回傳，若集合沒有內容則回傳 Null」。

2-2-11 回顧

本章整理了集合方法命名時的時態、介系詞、連接詞、常用英文字的含義與特性，各單字以一句話重點摘要如下：

- **時態**：以原型動詞命名的方法會更動原始集合的內容，以過去分詞命名的方法會將處理結果以新集合回傳。
- **To**：傳一個目的地參數將處理結果附加進去。
- **By**：依傳入的 λ 處理集合後回傳結果。
- **With**：用傳入的 λ 當工具來做比較或轉換。
- **Of**：回傳經 λ 取出後的值。
- **At**：依索引值處理指定位置的元素。
- **Or**：提供主詞的替代方案。
- **If**：若可通過條件則執行動作。
- **While**：執行動作直到無法通過條件時停止。
- **Indexed**：迴圈執行過程中可取得索引值。

- **All**：針對複數元素進行動作。
- **Not**：反轉條件判斷語意。

透過這樣的拆解，對於這些重複出現在集合方法名稱裡的時態與單字會有更清楚的認識，未來遇到更多變化形的時候也能夠更快掌握，在使用這些方法時更清楚其意圖、行為與參數用法。

2-3 與集合併用的組合技

前面的章節已討論了集合的實作原理、命名慣例、使用方式…等，相信讀者能感受到使用集合在資料處理的方便之處。而身為 Kotlin 開發者，標準函式庫裡還有更多功能強大的類別，若能與集合一併使用，更能發揮加成的效果。這個章節要來討論 Kotlin 裡可以與集合併用的「組合技」！

2-3-1 以 Range 產生指定範圍

第一部份技法篇裡示範集合方法時，大多都是用 `listOf()` 系列的函式建立集合物件。存入集合的元素數量都在十個以下，手動產生還不會太辛苦，但若需要產生的數量是上百甚至上千個時，總不能還是手工撰寫吧？有沒有什麼方式可以快速產生一段數列集合，比方說從一到一百呢？

❏ 初探 Range

Kotlin 標準函式庫提供 `kotlin.ranges` 套件，裡面有一系列的 Range 類別可以使用。建立一個 Range 物件，只需要用一個起始值和一個終止值，中間以 `..`（兩個英文句點）連接，即可代表一段序列，比方說從 **1** 到 **10**、從 **a** 到 **z**。

Kotlin 以 `..` 符號表示一段範圍讓語法簡潔且易於理解程式碼的語意，根據起始值及終止值的型別，標準函式庫實作出不同的 Range 類別，包括 **CharRange**、**IntRange**、**LongRange**。Range 類別還可放入 for 迴圈裡使用，語法與集合相同。

▶ 檔名：.../collection/concept/combo/range.ws.kts

```
for (i in 1..10) {
    println(i)
}
// 逐行印出 1 到 10 的數字

for (char in 'a'..'z') {
    println(char)
}
// 逐行印出 a 到 z 的英文字元
```

有了 Range 類別，Kotlin 開發者就不需用 **i = 0**、**i++** 之類的語法來控制迴圈流程、也不需區別 **for** 和 **foreach** 兩種語法，一個 **for** 語法通用各式需求。

Kotlin 這種看似神奇的語法，背後其實是呼叫了名為 **rangeTo()** 的方法，因此上例的程式碼可以改寫成以下這樣：

▶ 檔名：.../collection/concept/combo/range.ws.kts

```
for (i in 1.rangeTo(10)) {
    println(i)
}
// 逐行印出 1 到 10 的數字

for (char in 'a'.rangeTo('z')) {
    println(char)
}
// 逐行印出 a 到 z 的英文字元
```

若想產生從 **10** 到 **1** 的倒序數列，可用 **downTo()** 方法，且它是以 Infix Function 實作，使用時可省略點及小括號，像關鍵字般地使用：

▶ 檔名：.../collection/concept/combo/range.ws.kts

```
for (i in 10 downTo 1 ) {
    println(i)
}
// 逐行印出 10 到 1 的數字
```

若產生的範圍不需包含終止值的話，則換成 **until()** 方法，它同樣以 Infix Function 實作：

▶ 檔名：.../collection/concept/combo/range.ws.kts

```
for (i in 1 until 10) {
    println(i)
}
// 逐行印出 1 到 9 的數字（不會印 10）
```

想了解 Range 類別的實作方式，可以閱讀 **rangeTo()**、**downTo()** 及 **until()** 的原始碼。以 **1 rangeTo 10** 為例，**rangeTo()** 是 Int 類別方法。由於標準函式庫在實作時，使用運算子多載實作算數運算子，所以方法宣告時有 **operator** 標記，可用 **..** 符號取代方法名稱。但 **rangeTo()** 並非 Infix Function，所以要注意不可省略點及小括號。

```
public operator fun rangeTo(other: Int): IntRange
```

downTo() 方法則是 Int 類別的 Extension Function，擴充了 Int 類別原有的行為，可以直接從 Int 類別呼叫，加上標準函式庫將其實作成 Infix Function，在撰寫時可以省略點及小括號，讓整段程式碼看起來更像是一句英文敘述句。

```
public infix fun Int.downTo(to: Int): IntProgression {
    return IntProgression.fromClosedRange(this, to, -1)
}
```

　　until() 方法一樣是類別的 Extension Function，內部也是用 **rangeTo()**
方法來產生一段範圍，差別只是將終止值減一來排除終止值。

```
public infix fun Int.until(to: Int): IntRange {
    if (to ≤ Int.MIN_VALUE) return IntRange.EMPTY
    return this .. (to - 1).toInt()
}
```

❏ 再探 Progression

　　從一到十中間等距間隔的序列就稱為 Progression，與 Range 不同的是，
Range 裡的每個間隔都是 **1**，但 Progression 可以自行決定間隔距離。標準
函式庫為三個原始型別實作 Progression 類別，包括 **IntProgression**、
LongProgression、**CharProgression**。

　　Progression 類別有三個屬性：起始值（**first**）、終始值（**last**）、間隔距
離（**step**）。以 **1..10** 為例，**1** 是 **first**，**10** 是 **last**，**step** 預設為 **1**；再以
a..z 為例，**a** 是 **first**，**z** 是 **last**，**step** 預設為 **1**。Progression 可自訂間
距，只要以 **step** 指定每一步的「前進距離」即可。

▶ 檔名：.../collection/concept/combo/range.ws.kts

```
for (i in 1..10 step 2) {
    println(i)
}
// 印出 1 3 5 7 9
```

　　上例在 **1** 到 **10** 的指定間距為 **2**，所以印出的結果就是相差 **2** 的等差數列。
語法裡的 **step** 跟 **downTo()** 或 **until()** 一樣都是以 Extension Function 實
作，擴充了 **IntProgression** 類別。它同樣不是關鍵字，因為以 Infix Function
實作的關係，所以可省略點及小括號，讓程式碼讀起來更像英文語句。它的實作
細節如下：

```
public infix fun IntProgression.step(step: Int): IntProgression {
    checkStepIsPositive(step > 0, step)
    return IntProgression.fromClosedRange(
            first,
            last,
            if (this.step > 0) step else -step
        )
}
```

閱讀 **IntRange** 及 **IntProgression** 的原始碼會發現，其實 **IntRange** 是繼承 **IntProgression** 而來，而 **IntProgression** 實作了 **Iterable<T>** 介面。也因為有這層繼承關係，所以這兩個類別都有 **iterator()** 方法，除了可以傳入 for 迴圈裡使用外，也可以使用許多集合方法。

❏ 從 Range 使用集合方法

由於 Range 實作了 **Iterable<T>** 介面，因此繼承了眾多集合方法，利用這個特性，就可以綜合運用從 Range 使用集合方法來施展組合技！

為了快速開發或測試時需要假資料，有時會需要有一定數量元素的集合，比方說一個包含一百筆學生資料的名單。但即便 IDE 用得再熟，若用人工將程式碼複製貼上再修改還是很花時間，需求變更要調整時更麻煩。這時先用 Range 產生一段範圍，再呼叫集合方法做轉換，就可以用很簡短的程式碼，產生指定數量的集合元素。

以產生一百筆學生資料為例，先以 **(1..100)** 產生從 **1** 到 **100** 的 **IntRange**，接著使用 **map()** 方法將這段數字範圍裡的整數轉換成 **Student** 資料類別後回傳，就可以產生一個存了一百位學生資料的集合。

▶ 檔名：.../collection/concept/combo/range.ws.kts

```
val students = (1..100).map {
```

```
    Student(
        id = it,
        firstName = "User",
        lastName = "No.$it",
        email = "student$it@example.com",
        grade = Random.nextInt(1, 6)
    )
}
/* students 內含 100 筆 Student 資料類別
    [
     Student(id=1, ...),
     // ...
     Student(id=100, ...),
    ]
 /*
```

在上面的範例裡，類別裡的各屬性值除了年級（**grade**）是用 **Random** 類別產生 **1** 到 **6** 的隨機數字外，其他都是用 **it** 搭配字串樣板產生，由於 λ 裡沒有顯式的 **return**，所以會回傳實例化的 **Student** 資料類別，最後 **students** 變數裡就有一百位學生資料了。

同樣是一百位學生資料，若需求要的是 Map 結構，即 Key 是 **1** 到 **100** 的數字、Value 是 **Student** 資料類別，則改用 **associateWith()** 方法即可。

▶ 檔名：.../collection/concept/combo/range.ws.kts

```
val students = (1..100).associateWith {
    Student(
        id = it,
        firstName = "User",
        lastName = "No.$it",
        email = "student$it@example.com",
        grade = Random.nextInt(1, 6)
```

```
    )
}
/* students 是 100 筆 Student 資料類別的 Map
   {
     1=Student(id=1, ...),
     // ...
     100=Student(id=100, ...),
   }
/*
```

利用上面的技巧，就可以用程式產生「定量尺寸」的數字範圍，再搭配豐富多元的集合方法，就可以組合出許多變化，甚至可用此技巧計算數學演算題：

▶ 檔名：.../collection/concept/combo/range.ws.kts

```
(1..100).average()
// 1 到 100 的平均數 50.5

(1 ..100 step 2).sum()
// 1 到 100 每次跳一格的總數 2500

(1..100).filter { (it % 2) == 0 }
// 1 到 100 間的偶數

(1..100).partition { (it % 2) == 0 }
// 把 1 到 100 間的奇偶數分成兩個 List
```

由於集合裡的元素數量是由 Rang 的範圍決定，所以要調整回傳的集合尺寸時，只需要修改區間的終止值，其他程式碼都不用改，非常方便！若要將區間轉換成其他集合類別也很簡單：

▶ 檔名：.../collection/concept/combo/range.ws.kts

```
(1..10).toList()
```

```
(1..10).toMutableList()

(1..15).toSet()
(1..15).toMutableSet()

(1..5).toList().toIntArray()
(1..10).toList().toTypedArray()
```

　　本書的第三部份實戰篇，就會用這個技巧，實際應用在抽獎程式及實作 Mock Server 的主題上，還會整合 Faker 函式庫提升假資料的真實性，讓模擬資料更真實。

2-3-2　把字串轉成集合使用

　　除了使用函式建立集合外，也可以將其他類別轉型成集合。除了上述所提從區間轉成集合的例子，字串也可以轉成集合使用，以下介紹三種常用情境：把多行文字以行為單位轉成集合、把字串依分隔符號拆成集合、把字串拆成字元集合。

❏ 把多行文字轉成集合

　　Kotlin 可用簡便的語法建立多行文字的變數，以三個雙引號 **"""** 框住多行文字即可將大量的文字儲存在變數裡。雙引號裡的文字可依習慣用空格做縮排，儲存至變數前可用 **trimIndent()** 將縮排移除。如此可方便開發者做視覺排版，但又不會有多餘的空格在變數內。

　　當想把變數裡的文字逐行取出時，**String** 類別提供 **lines()** 方法，可將變數裡的多行文字依換行字元拆解後轉型成集合後回傳 **List<String>**。有了這個方法，就不需要自行依換行字元切割字串，可以接續呼叫集合方法做下一步的操作。

　　以一段應用程式的 Log 為例，變數裡的每一行就是一筆紀錄，用 **lines()** 轉成字串集合後，再使用 **forEachIndexed()** 即可逐行讀出每一筆 Log 的索引值及內容。

▶ 檔名：.../collection/concept/combo/string.ws.kts

```
val multiLineLogs = """
    2022-01-04 04:22:24.580 INFO 83900
    2022-02-07 20:36:10.581 WARN 57873
    2022-02-10 03:36:26.629 INFO 20652
    2022-03-11 09:56:30.629 WARN 83593
    2022-03-12 06:03:09.363 WARN 79165
    2022-06-15 21:04:05.373 INFO 14424
    2022-06-18 15:02:01.420 INFO 94741
    2022-10-20 08:32:58.750 ERROR 91389
    2022-10-21 11:10:41.792 ERROR 38602
    2022-11-22 13:05:13.817 WARN 86177
""".trimIndent()

multiLineLogs.lines().forEachIndexed { index, log →
    println("$index ⇒ $log")
}
/*
    0 ⇒ 2022-01-04 04:22:24.580 INFO 83900
    1 ⇒ 2022-02-07 20:36:10.581 WARN 57873
    2 ⇒ 2022-02-10 03:36:26.629 INFO 20652
    3 ⇒ 2022-03-11 09:56:30.629 WARN 83593
    4 ⇒ 2022-03-12 06:03:09.363 WARN 79165
    5 ⇒ 2022-06-15 21:04:05.373 INFO 14424
    6 ⇒ 2022-06-18 15:02:01.420 INFO 94741
    7 ⇒ 2022-10-20 08:32:58.750 ERROR 91389
    8 ⇒ 2022-10-21 11:10:41.792 ERROR 38602
    9 ⇒ 2022-11-22 13:05:13.817 WARN 86177
*/
```

多行字串轉成集合的用途不僅止於此，文字來源也可以從檔案讀取，這樣的技巧常用於 Log 的截取、比對與分析，資料量大時尤其好用。若要進一步分析每一筆紀錄裡的細節，可以再將字串依分隔符號拆成更小的字串集合。

❑ 把字串依分隔符號拆成集合

當一段字串內含多個片段資訊，若想將其區隔開來時，可用字串類別的 **split()** 方法切割字串。傳入一個分隔符號，**split()** 方法會將字串切成多個片段，並轉成較小長度的字串集合回傳。延續上例中 Log 的單行紀錄，可以用空格做分隔符號，將每一行的紀錄再切成更小的單元。

▶ 檔名：.../collection/concept/combo/string.ws.kts

```
val singleLineLog = "2022-02-07 20:36:10.581 WARN 57873"

singleLineLog.split(" ").forEach {
    println(it)
}
/*
  2022-02-07
  20:36:10.581
  WARN
  57873
*/
```

當單行紀錄切成數個片段後，更容易針對訊息的內容做進一步判斷，也方便設計程式反應。

▶ 檔名：.../collection/concept/combo/string.ws.kts

```
singleLineLog.split(" ").forEachIndexed { index, piece ->
    if (index == 2 && piece == "WARN") {
        println("Check the log!")
    }
```

```
}
// Check the log!
```

split() 方法可用 **limit** 參數指定回傳的元素數量，預設值 **0** 則不限制。以取出一筆紀錄裡前段的日期時間為例，先設定以空格做為分隔符號，指定回傳三個元素，再取出前兩個元素，分別就是日期及時間。

▶ 檔名：.../collection/concept/combo/string.ws.kts

```
val chunks = singleLineLog.split(" ", limit = 3)

println("Date: ${chunks[0]}")
// Date: 2022-02-07

println("Time: ${chunks[1]}")
// Time: 20:36:10.581
```

❑ 把字串拆成字元集合

除了把長字串拆解成短字串外，可再往下把字串拆成字元，概念上就是將字串視為字元的集合。也因為可視為集合，常用的集合取值、轉換、過濾 ... 等方法都可以拿來使用，比方說取出索引值為 **12** 的字元，用 **forEach()** 方法逐行印出字元，用 **filter()** 把大寫字元篩出來。

▶ 檔名：.../collection/concept/combo/string.ws.kts

```
val slogan = "Have a nice Kotlin"

println(slogan[12])
// K

slogan.forEach {
    println(it)
}
```

```
// 逐行印出 Have a nice Kotlin 的各字元

slogan.filter { it.isUpperCase() }
// HK
```

字串之所有能使用這些集合方法，是因為實作了 **CharSequence** 介面，而標準函式庫又為 **CharSequence** 介面實作了一系列可以將字串轉成集合的 Extension Function。透過字串與集合的綜合運用，可以讓集合的資料來源多樣、字串與字元處理也變得更簡單、更變化無窮。

2-3-3 提升處理大量資料時的效能

雖然標準函式庫提供大量的集合方法，讓資料處理一事變得簡單直覺，也透過相同回傳值的設計，讓集合方法可以彼此串接。但當串接多個集合方法一起使用時，有可能會大量消耗效能。

筆者以 Kotlin 文件上的範例說明，若想從「The quick brown fox jumps over the lazy dog」這句經典的鍵盤測試句中 [1]，取出前四個長度大於三的單字長度時，該如何綜合運用前面提到的方法呢？

▶ 檔名：.../collection/concept/combo/sequence.ws.kts

```
val sentence = "The quick brown fox jumps over the lazy dog"

sentence.split(" ")
    .filter { it.length > 3 }
    .map { it.length }
    .take(4)
// [5, 5, 5, 4]
```

把需求拆解成小塊後，實作策略就單純很多：

1. 先把語句中的單字，用字串方法 **split()** 以空白做為分隔符號切割後，轉成內含九個單字的集合。

2. 接著用 **filter()** 方法，以條件 **it.length > 3** 將長度大於三的單字，過濾成新的集合。

3. 再用 **map()** 算出單字的字串長度後，轉換成新的集合回傳。

4. 最後再以 **take()** 取出集合裡的前四個元素，回傳 **[5, 5, 5, 4]**。

透過以上四個步驟，就可以將一句英文語句轉換為數字集合。不過這樣的操作方式，雖然對開發者來說很有效率，但對電腦計算來說，其實效率不高。為什麼？筆者以 Kotlin 文件裡的這張流程圖來說明，當串接多個集合方法時，程式實際上的執行流程是這樣運作的：

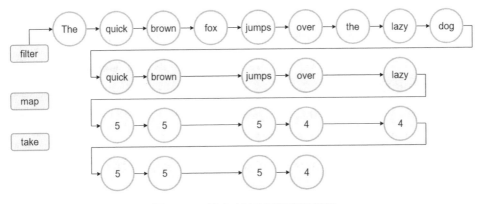

圖 2-3-1　集合方法串接的運作流程

從上圖可以觀察到，每呼叫一次集合方法，方法會逐一處理集合裡的所有元素，回傳一個全新的集合。若串接數個集合方法，則下一個方法也會逐一處理回傳集合裡的所有元素，回傳一個全新的集合給下一個方法。從需求來看，其實最後只需要四個元素而已，但為了要找出這四個元素，會把集合裡的所有元素遍歷三輪，過程中會產生許多不必要的運算、暫時性的集合容器。若原始集合的尺寸非常大時，效能的消耗就會愈加明顯。

為了提升處理大量資料時的效能，標準函式庫提供了 **Sequence** 介面。

❑ 以 Sequence 改變資料處理流程

Kotlin 標準函式庫提供另一種與集合同為容器用途的類別，但內部的運作方式不同，名為 **Sequence** 的介面。相較於集合一呼叫方法就會馬上執行，Sequence 則採較為「懶散（Lazy）」的策略，只有等到真的需要執行時才會進行運算，藉此解決處理大量資料時的效能問題。

前面的例子若以 Sequence 改寫的話，其執行順序就會從原本由左至右再上至下遍歷元素，改成由上至下再左至右直到滿足條件為止，處理資料的步驟就變成：

1. 先處理集合裡的第一個單字 **The**，傳給 **filter()** 方法後因為字串長度不符合條件就被過濾掉了。既然被過濾掉，後面的 **map()** 及 **take()** 方法也就不需執行。

2. 再處理第二個單字 **quick**，其字串長度符合條件所以被 **map()** 轉換成 **5**，**take()** 還不足四個回傳值所以再往下進行。

3. 依序處理 **brown**、**fox**、**jumps**、**over**，過程中 **fox** 也因為不符合 **filter()** 方法的條件而被過濾掉，整個流程在取到 **over** 後因湊足四個後停止。

改用 Sequence 後的流程可以繪製成下圖，圖中被深色框起來的英文單字是被過濾掉或超過取值範圍的元素，只有四個單字完整走完全部的集合方法。

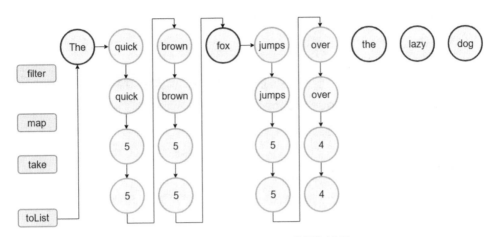

圖 2-3-2　改用 Sequence 的運作流程

　　讀者可以計算上、下兩張圖所需的步驟，若以集合方法串接需要二十三步，但換成 Sequence 後只需十八步，若遇到巨量資料時，可以省下的步驟及效能就會很可觀。

❑ 在集合與 Sequence 間轉換

　　經過前面的比較，雖然 Sequence 在處理大量資料時可以有較好的效能，但反過來，當資料量小或是計算複雜度低時，Sequence 有可能更耗資源。另外，Sequence 與集合可使用的方法也不是完全相同，為了使用較豐富的集合方法，實務上會在兩個類別間轉換，在適合的情境底下，各取其長處來用。

　　在瞭解兩種類別各自的優勢後，上面的程式碼就可改寫成：

▶ 檔名：.../collection/concept/combo/sequence.ws.kts

```
sentence.split(" ")
    .asSequence()
    .filter { it.length > 3 }
    .map { it.length }
    .take(4)
```

```
    .toList()
// [5, 5, 5, 4]
```

注意範例裡的兩個地方，為了換取較好的效能，在呼叫 **filter()**、**map()** 及 **take()** 方法前先以 **asSequence()** 方法轉型。而在處理完資料後，會再以 **toList()** 方法轉型成集合回傳。

❏ 用 Sequence 產生巨量資料

除了前面以 Range 產生指定範圍的元素外，也可以用 Sequence 產生巨量資料，其資料量甚至可以是無限的，且不會消耗太多的資源喔！

標準函式庫提供 **generateSequence()** 函式用來產生巨量資料，傳入 λ 參數的作用是產生下一筆資料：

▶ 檔名：.../collection/concept/combo/sequence.ws.kts

```
var counter = 5

generateSequence { counter-- }
    .take(10)
    .toList()
// [5, 4, 3, 2, 1, 0, -1, -2, -3, -4]
```

在上例裡，**generateSequence()** 函式會從 **5** 一路減一產生數列，函式後面接了 **take()** 方法，所以當數列產生到十個元素時就會停下回傳並轉成集合。

generateSequence() 函式支援在第一個參數傳入種子（**seed**），做為第一筆資料的值，在 λ 裡可以拿到前一筆資料的值做為產生下一個值的基礎，以產生偶數數列為例，可以從 **2** 開始，每一筆資料往上加 **2**，以產生五筆資料為例：

▶ 檔名：.../collection/concept/combo/sequence.ws.kts

```
generateSequence(2) { it + 2 }
```

```
    .take(5)
    .toList()
// [2, 4, 6, 8, 10]
```

用 `generateSequence()` 函式產生資料時，在沒有取出前，產生出來的資料是無限的。但由於 Sequence 懶惰的特性，在取出前不會真的產生資料，所以消耗的效能不多。若想明確的限制產生資料的數量，可以透過兩種方法：

1. 當 λ 裡回傳 Null 時。
2. 當函式後面接了 **take()** 或 **toList()** 會明確指定取值數量或是轉型回集合的方法。

▶ 檔名：.../collection/concept/combo/sequence.ws.kts

```
generateSequence(1) {
    if (it < 8) {
        it + 2
    } else {
        null
    }
}
// [1, 3, 5, 7, 9]
```

另外，`generateSequence()` 函式的種子參數支援泛型，可傳入任一類別，產生出來的元素就會是指定的類別。以產生間隔七天的日期集合為例，先以 **LocalDate** 產生種子日期，在 λ 裡以加七天產生下一個日期，再以取出定量元素後轉成集合：

▶ 檔名：.../collection/concept/combo/sequence.ws.kts

```
generateSequence(
    LocalDate.of(2022, 5, 1)
) {
```

```
    it.plusDays(7)
}.take(5).toList()
/*
  [
    2022-05-01,
    2022-05-08,
    2022-05-15,
    2022-05-22,
    2022-05-29
    ]
*/
```

❏ 使用 Sequence 前的評估點

在比較集合與 Sequence 後，可約略知道當資料量小時用集合，資料量大時用 Sequence。但效能評估其實沒這麼絕對，中間也太多會影響結果的因子，針對使用 Sequence 前的評估，知名 typealias.com 網站的作者 Dave Leeds 給出以下實用建議[2]：

1. **考量操作動作的數量**：在使用集合方法如 **filter()**、**map()** 時，方法會產生暫時性的集合，當這些暫時物件愈多時，就愈消耗資源。當要對資料做很多次操作時，選擇 Sequence 會有較好的效能。

2. **考量取回元素數量**：由於集合與 Sequence 在處理元素時的順序不同，所以若操作是有限制取回元素的數量，像是 **take()** 可指定取出的數量、**contains()** 及 **indexOf()** 只要定址到元素的位置就不需要再往下找；**any()**、**none()** 及 **find()** 只要找到對應的元素後就不需要再往下找；**first()** 只需要取出第一個，後面的通通都可以跳過。若操作的最後一個動作是以上這些方法的話，就可以使用 Sequence。

3. **考量取回的結果**：若處理完資料後要再轉回集合的話，Sequence 的表現就沒這麼理想。原因是集合從頭到尾都知道自己的元素有多少個，因此在操作時，底層可以直接分配正確尺寸；反觀 Sequence 因為不知道元素有幾個，在取回資料時，會需要不斷調整尺寸，過程中間會有複製、分配等大量的底層操作，因此在 **toList()** 或 **toSet()** 時，效能較差。

4. **考量操作的狀態**：Sequence 支援的操作大多都是無狀態的（Stateless），如 **map()** 或 **filter()** 方法。若操作會需要紀錄狀態，如 **sortedBy()** 或 **distinct()** 方法，底層就得暫時把 Sequence 轉成集合，過程中就有效能耗損。所以當操作都是無狀態方法時，用 Sequence 的效能比較好；若是狀態方法的話，集合會有比較好的效能。

5. **考量物件功能**：雖然效能很重要，但著眼點不能只有效能，開發時的方便性及後續的維護也很重要。Sequence 雖然看似有較好的效能，但這個類別的屬性和方法也比較少。比方說 Sequence 因為沒有尺寸的概念，因此不會有 **size** 屬性或 **isEmpty()** 方法。甚至因為 Sequence 可以無限大，所以也無法反向取出資料，所以沒有 **slice()**、**reverse()** 或以 **Right**、**Last** 結尾的方法，另外像 **union()**、**intersect()**、**random()**…等方法也都不存在。假如需要這些資料操作功能的話，還是用集合吧！

　　雖然以上這些評估點可以幫助我們決定何時該使用哪一種類別，不過要注意的是，這些因子也會彼此影響，當操作行為有複合因子時，有時也很難說哪個效能較好。開發時若對效能有強烈要求，建議還是拿真實資料跑分會更準確。

2-3-4 實作 Comparable 讓類別能被排序或比較

第一部份的技法篇裡介紹過排序與聚合相關的集合方法，在 **2-2 集合方法變化形釋疑**一篇裡也整理出方法名稱包含 `With` 時，代表方法支援傳入一個 `Comparator`，讓集合方法能以此為工具，排序或比較集合內的元素。

除了以 `compareBy()` 函式產生 `Comparator` 物件，搭配 `With` 系列方法來做排序及聚合操作外，標準函式庫設計了 `Comparable` 介面，任何類別只要實作介面的 `compareTo()` 方法，就能被排序或比較。

實作 `Comparable` 介面的類別，其 `compareTo()` 方法，會需要傳入一個相同類別當參數，並回傳一個整數值示意比較結果：

1. 正數表示數字較大、排序較後。
2. 負數表示數字較小、排序較前。
3. 0 表示兩者相等。

❏ 讓集合能排序類別

在 **1-5 排序集合的方法**裡示範的排序對象，都支援自然排序。但實務上更多時候是對自行設計的資料類別做排序。延續本書第一部份購物車待購商品的例子，集合裡儲存的是 `OrderItem` 資料類別，類別身上的 `amount` 屬性紀錄了商品的購買數量。由於集合不知道該以哪個屬性為基準來排序這些物件，因此得用 `sortedByDescending()` 來指定以 `amount` 屬性由購買數量多到少排序。

▶ 檔名：.../collection/concept/combo/comparable.ws.kts

```
data class OrderItem(
    val id: Int,
    val product: Product,
    val amount: Int
)
```

```
val orderItemCart = listOf(
    OrderItem(1, Product("FT-0342", "Apple", 80.0), 2),
    OrderItem(2, Product("FT-0851", "Banana", 10.0), 8),
    OrderItem(3, Product("FT-0952", "Orange", 60.0), 3),
)

orderItemCart.sortedByDescending { it.amount }
/*
  [
  OrderItem(id=2, ..., amount=8),
  OrderItem(id=3, ..., amount=3),
  OrderItem(id=1, ..., amount=2)
  ]
*/
```

同樣的需求，若 **OrderItem** 實作 **Comparable** 介面，就可以用更簡潔的 **sortedDescending()** 方法排序。筆者以 **OrderItem** 為基礎稍做修改，重新命名為 **ComparableItem**，並以 when 表達式判斷情境實作 **compareTo()** 方法改寫此例如下：

▶ 檔名：.../collection/concept/combo/comparable.ws.kts

```
data class ComparableItem(
    val id: Int,
    val product: Product,
    val amount: Int
) : Comparable<ComparableItem> {
    override fun compareTo(other: ComparableItem): Int = when {
        this.amount ≠ other.amount → this.amount compareTo
other.amount
        else → 0
    }
```

```
}

val comparableItemCart = listOf(
    ComparableItem(1, Product("FT-0342", "Apple", 80.0), 2),
    ComparableItem(2, Product("FT-0851", "Banana", 10.0), 8),
    ComparableItem(3, Product("FT-0952", "Orange", 60.0), 3),
)

comparableItemCart.sortedDescending()
/*
  [
  OrderItem(id=2, ..., amount=8),
  OrderItem(id=3, ..., amount=3),
  OrderItem(id=1, ..., amount=2)
  ]
*/
```

有了 **Comparable** 介面後，更複雜的資料類別也能夠被排序與比較。想像一個軟體發佈情境，在專案裡依照語意化版本規範，設計名為 **Version** 的資料類別來代表版本號，這個類別有三個屬性：**major**、**minor** 及 **patch**，分別代表語意化版本規範裡的大版本、小版本及修正版三個數字。在排序時，必需針對三個屬性值依序比較，這時用 **sortedBy()** 也難以簡潔的程式碼做排序了。

筆者一樣在 **Version** 資料類別實作 **Comparable** 介面，**compareTo()** 方法裡會以 when 表達式，依序比較大版本號、小版本號及修正版號，三碼版本號裡依自然排序的規則做數值比較即可，若兩者相同就回傳 **0**。另外，為了方便印出 **Version** 資料類別代表的版本號，筆者實作了 **toString()** 方法，會將版本號以 **v0.0.0** 的格式輸出：

▶ 檔名：.../collection/concept/combo/comparable.ws.kts

```
data class Version(
```

```kotlin
    val major: Int,
    val minor: Int,
    val patch: Int
) : Comparable<Version> {
    override fun compareTo(other: Version): Int = when {
        this.major ≠ other.major → this.major compareTo other.major
        this.minor ≠ other.minor → this.minor compareTo other.minor
        this.patch ≠ other.patch → this.patch compareTo other.patch
        else → 0
    }

    override fun toString(): String {
        return "v$major.$minor.$patch"
    }
}
```

　　Version 資料類別實作 **Comparable** 介面後，集合就能比較 **Version** 資料類別的順序，排序版本號的程式碼變得乾淨簡潔。

▶ 檔名：.../collection/concept/combo/comparable.ws.kts

```kotlin
val versions = listOf(
    Version(2, 1, 1),
    Version(1, 1, 1),
    Version(1, 0, 1),
    Version(1, 2, 0)
)

versions.sorted()
// [v1.0.1, v1.1.1, v1.2.0, v2.1.1]

versions.sortedDescending()
// [v2.1.1, v1.2.0, v1.1.1, v1.0.1]
```

❏ 讓集合能比較類別大小

在使用聚合相關的集合方法時，比方說找出最大值的 **maxOrNull()** 方法或最小值的 **minOrNull()** 方法，預設只能針對原始型別做運算。若集合裡放的是「無法被比較」的類別，如前面購物車採買清單的例子，這時會發現集合無法呼叫 **maxOrNull()** 方法，IDE 不會提供這個方法選項：

```
val cart = listOf(
    OrderItem(1, Product("FT-0342", "Apple", 80.0), 2),
    OrderItem(2, Product("FT-0851", "Banana", 10.0), 8),
    OrderItem(3, Product("FT-0952", "Orange", 60.0), 3),
)

cart.maxOrNull() // 無法通過編譯
```

閱讀 **maxOrNull()** 方法的原始碼，其泛型限制為有 **Comparable** 介面的類別。因此當集合裡的類別沒有實作 **Comparable** 介面時，就無法使用 **maxOrNull()** 方法來取出最大值。

```
public fun <T : Comparable<T>> Iterable<T>.maxOrNull(): T? {
    // 略
}
```

將集合裡的物件改為有實作 **Comparable** 介面的 **ComparableItem** 後，Kotlin 就知道要怎麼比較這個資料類別，也就可使用 **maxOrNull()** 及 **minOrNull()** 方法來取出最大值和最小值，在 IDE 裡編輯程式碼時，也會出現方法的提示了。

▶ 檔名：.../collection/concept/combo/comparable.ws.kts

```
val comparableItemCart = listOf(
    ComparableItem(1, Product("FT-0342", "Apple", 80.0), 2),
    ComparableItem(2, Product("FT-0851", "Banana", 10.0), 8),
    ComparableItem(3, Product("FT-0952", "Orange", 60.0), 3),
```

```
)

comparableItemCart.maxOrNull()
// OrderItem(id=2, ..., amount=8)

comparableItemCart.minOrNull()
// OrderItem(id=1, ..., amount=2)
```

2-3-5 將集合串接 Scope Function

Kotlin 標準函式庫提供 **let()**、**run()**、**with()**、**apply()** 及 **also()** 共五個名為 Scope Function 的方法，它們的功能是讓一個物件依據情境執行一段程式碼。這些方法不是特殊功能，也不是語法糖，目的只是為了讓程式碼更精簡，並提升可讀性。

初識 Scope Function 時會覺得這五個方法很相似，一時之間很難掌握差異，學習時關注兩個重點即可：

1. λ 裡的 Context Object 為何？
2. λ 回傳的是什麼？

❏ Context Object

Context Object 是呼叫 Scope Function 的物件，由於 Scope Function 都是泛型的 Extension Function，所以 Context Object 可以是任何型別的類別。此節皆以集合示範 Scope Function 的用法，因此範例裡的 Context Object 皆為集合。在 Scope Function 的 λ 裡，可用兩種方式之一取得呼叫方法的 Context Object：

1. 以 λ Receiver 取得，在程式碼裡以 **this** 代表。
2. 以 λ Argument 取得，在程式碼以 **it** 代表。

不論 Scope Function 是用以上哪種方式代表 Context Object，並不會影響 Context Object 的功能，差別只有在 λ 裡因關鍵字的不同，所表現的語意差異。

Scope Function 裡的 **run()**、**with()** 及 **apply()** 三個方法使用的是 **this**，一般來說會在 λ 裡設定傳入 λ 類別的屬性或是呼叫方法，在 λ 裡還可以省略 **this** 關鍵字讓程式碼更精簡；而 **let()** 及 **also()** 則使用的是 **it**，**it** 關鍵字雖不可省略，但可依需求修改名稱，通常用在 λ 有多個參數的情境。

❏ 回傳值

Scope Function 的 λ 回傳值有兩種：

1. 回傳 Context Object。
2. 回傳 λ 結果（最後一行）。

回傳值的不同會影響程式下一步能做的動作。Scope Function 裡的 **apply()** 及 **also()** 回傳的是 Context Object，所以可再接續 Context Object 的方法；而 **let()**、**run()** 及 **with()** 回傳的是 λ 結果，若 λ 有回傳，則可將結果儲存在變數，或是再呼叫回傳物件的方法；反之若 λ 沒有回傳，則 λ 創造出的程式碼片段就此終止。

Scope Function 彼此間有點相似但又不同的特性，常讓人搞不清楚其用途，在此將各方法特性整理成表格，方便讀者區別其差異：

方法	物件參考	回傳值	使用情境
let()	it	λ 結果	對物件執行一段 λ
run()	this	λ 結果	執行一段需要表達式的程式碼
with()	this	λ 結果	在一個物件呼叫一系列方法
apply()	this	Context Object	設定物件屬性或呼叫方法
also()	it	Context Object	完成後需要再串接方法

請注意，Scope Function 可以用在各種物件上，不過為符合本書主題，以下會示範集合與 Scope Function 併用的例子。

❏ let() 方法

let() 方法的 Context Object 在 λ 裡以 **it** 表示，方法回傳 λ 結果。將 **let()** 與集合串接，可以不需要暫存變數，就能直接對集合做多項操作。

以儲存水果名字的集合為例，在經過 **map()** 及 **filter()** 的操作後，想把集合的內容印出來，一般得先將回傳集合存在變數裡，再用 **println()** 把變數內容印出。若直接在回傳集合後呼叫 **let()** 方法，可以免去暫存結果在變數的步驟，直接在 λ 內印出集合內容：

▶ 檔名：.../collection/concept/combo/scope.ws.kts

```
val fruits = mutableSetOf("Grape", "Muskmelon", "Kumquat", "Pear")

val parsedFruitResult = fruits.map { it.length }
    .filter { it > 4 }

println(parsedFruitResult)
// 印出 [5, 9, 7]

fruits.map { it.length }
    .filter { it > 4 }
    .let { println(it) }
// 印出 [5, 9, 7]
```

若有需要，甚至可以在 **let()** 的 λ 裡一次呼叫多個函式，可省下更多程式碼。若 λ 裡只呼叫一個函式並只將 **it** 傳入，則可以用方法參考（Function Reference）**::** 的語法取代 λ 語法。

▶ 檔名：.../collection/concept/combo/scope.ws.kts

```
fruits.map { it.length }
    .filter { it > 4 }
    .let(::println)
// 印出 [5, 9, 7]
```

❏ run() 方法

run() 方法的 Context Object 在 λ 裡以 **this** 表示，方法回傳 λ 結果。將 **run()** 與集合串接，可以在 λ 裡一次呼叫多個集合方法，免除重複撰寫集合名稱的程式碼。由於 λ 結果通常不是 Context Object，較少在回傳後串接其他方法。

將上例的水果清單改成可變集合，若想在水果清單裡新增元素，並計算名稱是以 **e** 結尾的水果有幾個。可將新增元素的 **add()** 方法及計算符合條件的 **count()** 方法，以一個 **run()** 方法包裝，並將 λ 結果儲存至變數。λ 裡還可省略 **this** 關鍵字，程式碼更為精簡。

▶ 檔名：.../collection/concept/combo/scope.ws.kts

```
val fruitsSet = mutableSetOf("Grape", "Muskmelon", "Kumquat", "Pear")

val countEndsWithE = fruitsSet.run {
    add("Papaya")
    add("Pineapple")
    count { it.endsWith("e") }
}

println("$countEndsWithE 個水果名稱以 e 結尾")
// 2 個水果名稱以 e 結尾
```

❏ with() 方法

with() 與其他 Scope Function 稍有不同，它不是 Extension Function 而是以函式實作。Context Object 以參數傳入函式，在 λ 裡以 **this** 表示，方法回

傳 λ 結果。有兩種情境適合將 **with()** 與集合串接。

第一種情境，使用 **with()** 呼叫 Context Object 的方法且不需要回傳值，語境上為「用這個物件做這些事」。延續前面水果清單的例子，使用 **with()** 將清單裡的內容及數量印出：

▶ 檔名：.../collection/concept/combo/scope.ws.kts

```
val fruits = listOf("Grape", "Muskmelon", "Kumquat", "Pear")

with(fruits) {
    println("清單裡有：$this")
    println("總共有 $size 種水果")
}
// 清單裡有：[Grape, Muskmelon, Kumquat, Pear]
// 總共有 4 種水果
```

第二種情境是使用輔助方法，將其屬性或函式用於計算，比方說取出集合裡的第一個及最後一個元素後與字串重組後回傳：

▶ 檔名：.../collection/concept/combo/scope.ws.kts

```
val statistics = with(fruits) {
    "清單裡的第一個水果是 ${first()}，" +
    "清單裡的最後一個水果是 ${last()}"
}

println(statistics)
// 清單裡的第一個水果是 Grape，清單裡的最後一個水果是 Pear
```

❑ apply() 方法

apply() 方法的 Context Object 在 λ 裡以 **this** 表示，方法回傳 Context Object。與 **run()** 方法相同之處是以 **this** 表示 Context Object，但因為 **apply()** 方法回傳的是 Context Object，所以還能再串接方法做二次操作。

下例的水果清單是一個可變集合，在 λ 裡以可變集合的 **add()** 方法增加兩個元素後回傳，由於回傳的就是當初傳入的水果清單集合，所以可以串接 **sort()** 方法排序。經 **apply()** 及 **sort()** 方法處理過後的水果清單，就會是新增元素且排序過的結果。

▶ 檔名：.../collection/concept/combo/scope.ws.kts

```kotlin
val fruitsList = mutableListOf("Papaya", "Banana", "Orange")

fruitsList.apply {
    add("Apple")
    add("Grape")
}.sort()

println(fruitsList)
// fruitsList 內容為 [Apple, Banana, Grape, Orange, Papaya]
```

❏ also() 方法

also() 方法的 Context Object 在 λ 裡以 **it** 表示，方法回傳 Context Object。**also()** 方法適合用於將 Context Object 做為參數的操作，或是當不想以 **this** 表示 Context Object 的情境。

將 **also()** 與集合串接，可以在不影響方法串接的運作下，執行額外的操作，語境上為「也對物件做這些⋯」。延續前例的水果清單，在串接各個集合方法間，可以穿插 **also()** 將當下的集合內容印出：

▶ 檔名：.../collection/concept/combo/scope.ws.kts

```kotlin
fruits.also(::println)
    .map { it.length }
    .also(::println)
    .filter { it > 4 }
    .also(::println)
```

```
    .take(2)
    .also(::println)
// 各 also() 分別印出
// [Grape, Muskmelon, Kumquat, Pear]
// [5, 9, 7, 4]
// [5, 9, 7]
// [5, 9]
```

❏ 記憶口訣

Scope Function 的設計，是為了讓開發者在不同情境裡有不同的語意可使用，但由於英文不是中文開發者的慣用語言，較難掌握 let、run、with、apply 及 also 的使用語境。因此筆者推薦讀者以 Julian Chu 文章 [3] 裡的口訣記憶 Scope Function 裡 Context Object 及回傳值的差異：

Let it Run this literal, it Also Apply this

let() 用 **it**，**run()** 用 **this**，都是回傳 λ 結果。**also()** 用 **it**，**apply()** 用 **this**，都是回傳 **this**。

熟悉 Scope Function 並與集合併用後，未來在串接集合方法時，還可以再串接 Scope Function。喜歡這種串接式語法的開發者，甚至將這種寫法戲稱為「串串大法」呢！

2-3-6 回顧

本章介紹了五種可以與集合併用的技巧，各組合技的應用重點如下：

- **與 Range 併用**：以 Range 或 Progression 產生區間，再搭配集合方法產生資料。
- **與 String 併用**：將字串變成集合的資料來源，可用於拆解組合字串。

- **與 Sequence 併用**：改善集合處理資料時的效能問題，也可用於產生巨量資料。
- **與 Comparable 併用**：讓類別能被排序或比較，讓集合的排序與聚合方法也能應用於自訂類別。
- **與 Scope Function 併用**：在集合方法後再串接 Scope Function，可用更簡潔的程式碼做更多動作。

透過以上這些組合技，就可以大大擴增集合應用的範圍，也能讓程式碼寫起來更有 Kotlin 風味喔！

實戰篇

在看完前面的技法與心法後，相信大家已經對 Kotlin 集合的四大物件、各類型的方法及實作原理有更深入的了解。前面的章節為了讓讀者容易吸收，會儘量簡化範例的複雜度，單純就方法的功能做示範。但當我們面對真實的開發需求時，不免會有些落差。換言之，實戰還是有其必要性，本書的第三部份「實戰篇」就是在補齊這塊拼圖。

接下來，筆者會從過往的開發經驗整理出一系列情境題，以類似刷題解題的方式，帶領讀者綜合運用集合的功能來面對各種資料處理情境，活用從心法與技法學到的知識。透過這些練習逐步掌握實戰技巧，真正將集合應用在工作上。同時也會在案例間穿插介紹延伸應用，包括使用 Kotlin Playground 分享程式碼、在網頁上內嵌程式碼區塊、結合 Faker 產生假資料、使用 Mordant 設定終端機輸出樣式，以及用 Ktor 實作 Mock Server，為讀者示範 Kotlin 廣泛的應用面向。

3-1 樂透選號

3-1-1 做一個發財夢

這天早上，筆者的新加坡同事傳了訊息過來：

早安！今天新加坡樂透的頭獎金額高達 $8,600,000（約新台幣 1.8 億）耶！快給我 1 組 6 個 1 到 49 之間的不重複數字，我要去買個機會，假如明天我沒來上班的話，你就知道發生什麼事了 :p

咦？有沒有覺得這樣的對話很熟悉呢？相信大家一定有過類似的經驗，尤其是年節期間，總是會冒出寫抽獎機、樂透機的需求。身為開發者雖然沒辦法預測或報明牌，不過要產生六個隨機數字到很容易。而且有前面心法與技法的熏陶，相信讀者心中已經冒出數個集合方法準備串接了對吧？

分析同事的需求，拆解出來的虛擬碼（Pseudocode）大概是這樣的：

1. 產生從 **1** 到 **49** 的數字後，放入箱子裡。
2. 把箱子搖一搖（將元素隨機排序）。
3. 從箱子中取出不重複的六個數字。
4. 把數字排序（為了方便同事填單）。
5. 用「,」連接成字串（為了方便閱讀）。
6. 把最終結果輸出。

在下手寫程式碼前，先把虛擬碼寫下來，對解題會很有幫助。它能夠幫助我們先專注在拆解邏輯與操作步驟，等覺得解題策略和流程是正確的後，再把虛擬碼以 Kotlin 程式碼實作即可。接下來，筆者就照著前面的虛擬碼以學習到的技巧實作一次。

第一步：先產生從 **1** 到 **49** 的數字，直接運用在 **2-3** 與集合併用的組合技裡學到的技巧，使用產生 Range 類別的語法（**起始值 .. 終止值**）即可產生一段指定範圍的數字，而且可以當作集合使用。

▶ 檔名：.../collection/practice/lottery/solution1.ws.kts

```
(1..49)
```

第二步：想像 **1..49** 產生出來的數字放在一個抽獎箱裡，在選號時為了創造隨機性，要先箱子搖一搖，讓裡面的數字隨機排列，使用 **1-5 集合排序方法**的 `shuffled()` 來取得隨機排序的新集合：

▶ 檔名：.../collection/practice/lottery/solution1.ws.kts

```
(1..49).shuffled()
```

第三步：從集合隨機取值，想到的可能是 `random()` 方法，但 `random()` 只能從集合裡取出一個值，且前一步已經用 `shuffled()` 方法隨機排序過，所以這一步可用 **1-4 集合取值**的 `take()` 方法，以傳入參數指定數量，取出六個數字。

▶ 檔名：.../collection/practice/lottery/solution1.ws.kts

```
(1..49).shuffled()
    .take(6)
```

到這一步就其實已完成主要需求（虛擬碼的第一至第三步），若將結果存入變數，裡面就會有六個隨機數字。不過為了方便同事拿去填單，筆者希望能把集合以較易讀的格式輸出，所以接下來的三步是為了輸出而做。

第四步：由於集合裡的元素是原始型別的整數，使用 **1-5 集合排序方法**的 `sorted()`，就能依自然排序規則由小至大排序。

▶ 檔名：.../collection/practice/lottery/solution1.ws.kts

```
(1..49).shuffled()
    .take(6)
    .sorted()
```

第五步：要把集合元素組成字串，不必自行判斷索引值及組合字串樣板，使用 **1-10 聚合集合**的 **joinToString()** 方法，就能將所有數字以半形英文逗點串接。

▶ 檔名：.../collection/practice/lottery/solution1.ws.kts

```
(1..49).shuffled()
    .take(6)
    .sorted()
    .joinToString()
```

第六步：雖然可以把 **joinToString()** 的回傳值存在變數後，再用 **println()** 輸出，甚至直接把整段程式碼傳入 **println()** 函式也可以。但存入變數再輸出，語法不夠精簡；以參數傳入函式，又覺得語法層層包夾實在不易讀。這時可用 **2-3 與集合併用的組合技**裡 Scope Function 的技巧，用 **let()** 方法串在最後把數字印出。

▶ 檔名：.../collection/practice/lottery/solution1.ws.kts

```
(1..49).shuffled()
    .take(6)
    .sorted()
    .joinToString()
    .let(::println)
```

在 **let()** 方法裡若只將 **it** 傳入 **println()** 印出，還能用更精簡的 **let(::println)** 語法。

以上示範為了方便讀者對應虛擬碼的每一步，所以故意一個動作換一行，實務上還可以合併成一行，看起來會更精簡。

3-1-2 同理可證

如同第一部份技法篇所列，集合套件提供為數可觀的方法，在面對同一個需求時，可使用不只一種方法組合完成任務。且往往因每人解題思維不同，寫法也千變萬化。以樂透選號為例，以下解法也能有類似的結果：

▶ 檔名：.../collection/practice/lottery/solution2.ws.kts

```
(1..6).map { (1..49).random() }
    .sorted()
    .joinToString()
    .let(::println)
```

這個解題思維是以最終需要六個號碼為出發，以 Range 產生六次迴圈，每次迴圈裡從 **1** 到 **49** 隨機取一個數字回傳，之後再排序、串接及輸出。不過，腦筋動得快的讀者會發現，這種解法雖然可以產生六個 **1** 到 **49** 之間的數字，但沒有考慮到數字間可能重複的問題。

學會集合後，會習慣性的想把所有方法都串接起來，但實務上並非用方法串接就比較厲害，使用迴圈處理也可以。比方說，先宣告一個可變 Set 做為結果儲存集合，接著一樣用 Range 產生 **1** 到 **49** 的數字後，隨機取出並加到 Set 裡。由於 Set 不重複的特性，可以確保放入的元素不會有重複的數字，再以 while 來判斷 Set 裡是否有六個數字，若沒有就重複這個循環，最後再以逗點串接成字串輸出即可。

▶ 檔名：.../collection/practice/lottery/solution3.ws.kts

```
val numbers = mutableSetOf<Int>()
```

```
while (numbers.size < 6) {
    numbers.add((1..49).random())
}

numbers.sorted().joinToString().let(::println)
```

雖然上例分三部份也可以得到一樣的結果，但程式碼的長度及易讀性就沒這麼好。三者比較之後應該會覺得，第一種寫法是最易懂、最易讀、也是程式碼最短的解法。

透過這個樂透選號案例，讀者可明顯感受到集合的精妙之處。前面兩部份所學到的知識，也更具體的展現出用途。Kotlin 透過簡短、直覺、符合語意的方法命名，讓開發者能透過一層層的方法串接與組合技，解決複雜的需求！

3-1-3 更進一步

同事收到程式碼後，很開心的產生幾組號碼準備下注，過一陣子又傳了訊息過來：

機會難得，畢竟頭獎金額這麼高也不是天天都有，我想多下三注，這三組號碼不想重疊，但其中一定要有我老婆、小孩的生日：12/31、8/29、7/9。另外，13 和 5 這兩個號碼和我不合，而 17 和 44 在不同文化裡代表著不吉利我也想避開，你能幫我修改一下程式嗎？ :)

針對這個新需求，可以怎麼解題呢？筆者拆解這段需求後，構思出的虛擬碼如下：

1. 產生從 **1** 到 **49** 的數字後，放入箱子裡。
2. 排除不想要的數字 5、13、17、44 以及想要的數字 7、8、9、12、29、31。

3. 把箱子搖一搖（將元素隨機排序）。

4. 每四個數字為一群分組，並從中隨機取出三組。

5. 把想要的數字 7、8、9、12、29、31 每兩個隨機分成三組。

6. 把想要數字的三組與隨機抽出的三組合併。

7. 把數字排序，用半形英文逗點連接成字串後輸出（為了方便同事填單）。

接下來就依解題策略用 Kotlin 程式碼實作一次。

第一步：產生從 **1** 到 **49** 的數字清單。

▶ 檔名：.../collection/practice/lottery/solution4.ws.kts

```
(1..49)
```

第二步：根據需求要先排除不需要的數字 **5, 13, 17, 44**，及一定要包含的數字 **7, 8, 9, 12, 29, 31**。因此把這些數字用 **1-9 轉換集合**的 **subtract()** 方法統一去除，先篩選出可以拿來取號的數字。

▶ 檔名：.../collection/practice/lottery/solution4.ws.kts

```
(1..49)
    .subtract(listOf(13, 5, 17, 44, 12, 31, 7, 9, 8, 29))
```

第三步：用 **shuffled()** 方法讓取號數字隨機排序。

▶ 檔名：.../collection/practice/lottery/solution4.ws.kts

```
(1..49)
    .subtract(listOf(13, 5, 17, 44, 12, 31, 7, 9, 8, 29))
    .shuffled()
```

第四步：在需求描述裡，一定要包含的數字有六個。由於最後要抽出三組號碼，將一定要包含的數字平均分配，每一組號碼裡會有兩個是一定要包含的數字。而每一組需要六個數字，扣掉一定要有的兩個數字，剩下四個數字的空間。

因此將集合裡剩下的數字以 **1-4 集合取值**的 `windowed()` 方法，每四個數字分一組，去除不足四個數字的組別後，再將這些組別隨機排列後取出三組。

▶ 檔名：.../collection/practice/lottery/solution4.ws.kts

```
(1..49)
    .subtract(listOf(13, 5, 17, 44, 12, 31, 7, 9, 8, 29))
    .shuffled()
    .windowed(4, 4, partialWindows = false)
    .shuffled()
    .take(3)
```

第五步：截至目前為止，已經產生出三組，每組四個號碼的集合。接著利用 Scope Function 的 `let()` 方法搭配 **1-9 轉換集合**的 `forEachIndexed()` 方法，在這些集合裡加入一定要包含的數字。

▶ 檔名：.../collection/practice/lottery/solution4.ws.kts

```
(1..49)
    // ...
    .let { groups →
        groups.forEachIndexed { index, group →

        }
    }
```

在 `let()` 方法的 λ 裡，將一定要包含的 **7, 8, 9, 12, 29, 31** 六個數字，以 **1-4 集合取值**的 `chunked()` 方法隨機排序後，再以 **1-5 集合排序**的 `shuffled()` 方法，依照每兩個一組，可以分成三組，存在暫存變數 `mustHave` 裡。

▶ 檔名：.../collection/practice/lottery/solution4.ws.kts

```
(1..49)
    // ...
```

```
    .let { groups →
        val mustHave = listOf(12, 31, 7, 9, 8, 29)
            .shuffled()
            .chunked(2)
        groups.forEachIndexed { index, group →

        }
    }
```

第六步：在 **forEachIndexed()** 方法的迴圈裡，把前面內含四個數字的三組集合與內含一定要放、內含兩個數字的三組集合，以 **1-9 轉換集合**的 **union()** 方法合併。

▶ 檔名：.../collection/practice/lottery/solution4.ws.kts

```
(1..49)
    // ...
    .let { groups →
        val mustHave = listOf(12, 31, 7, 9, 8, 29)
            .shuffled()
            .chunked(2)
        groups.forEachIndexed { index, group →
            group.union(mustHave[index])
                .sorted()
        }
    }
```

第七步：為了輸出好看，一樣組合 **joinToString()**、**let()** 及 **println()** 方法將結果輸出。

▶ 檔名：.../collection/practice/lottery/solution4.ws.kts

```
(1..49)
    // ...
```

```
.let { groups →
    val mustHave = listOf(12, 31, 7, 9, 8, 29)
        .shuffled()
        .chunked(2)
    groups.forEachIndexed { index, group →
        group.union(mustHave[index])
            .sorted()
            .joinToString()
            .let(::println)
    }
}
```

最終的完整程式碼如下：

▶ 檔名：.../collection/practice/lottery/solution4.ws.kts

```
(1..49)
    .subtract(listOf(13, 5, 17, 44, 12, 31, 7, 9, 8, 29))
    .shuffled()
    .windowed(4, 4, partialWindows = false)
    .shuffled()
    .take(3)
    .let { groups →
        val mustHave = listOf(12, 31, 7, 9, 8, 29)
            .shuffled()
            .chunked(2)
        groups.forEachIndexed { index, group →
            group.union(mustHave[index])
                .sorted()
                .joinToString()
                .let(::println)
        }
    }
```

上面的示範是以輸出字串為最後的目標，若想要最後抽出的三組號碼存在集合裡，則可以將 **let()** 方法裡的 **forEachIndexed()** 換成 **mapIndexed()**，讓方法將轉換的結果回傳即可，無須合併字串及輸出的方法：

▶ 檔名：.../collection/practice/lottery/solution4.ws.kts

```
val lotteryNumbersList = (1..49)
    // ...
    .let { groups →
        val mustHave = listOf(12, 31, 7, 9, 8, 29)
            .shuffled()
            .chunked(2)
        groups.mapIndexed { index, group →
            group.union(mustHave[index])
                .sorted()
                .joinToString()
                .let(::println)
        }
    }
```

　　筆者的解題策略是最大化的使用集合方法，儘可能地將所有方法串成一句來完成所有動作，省去中介變數，避免分多段程式碼。當然，實務開發時，到底要用多少集合方法，怎麼樣寫比較好讀、好懂、好維護還是仰賴團隊成員的共識與默契。筆者要強調，本書的解題思維不是唯一解，讀者可以依自己的喜好與需求發展出適合的風格。

3-1-4 分享您的超能力

　　有了上面這段程式碼，想要幾組樂透號碼就可以產生幾組。不過既然會來找我幫忙，大概就知道他並非技術背景的同事。要非技術背景的同事使用 IntelliJ IDEA 產生 Kotlin 專案，並把程式碼貼進去執行，仍嫌不夠親民、方便。

有沒有什麼方式可以分享我們的 Kotlin 超能力，且不需要依賴 IDE 呢？

還真的有！ Kotlin 官網提供 Playground 功能[1]，點選官網首頁右上角導覽列的 **Play** 路徑底下的 **Playground** 選單即可進入。Playground 介面的左上角可以選擇使用的 Kotlin 編譯器版本，執行的環境（JVM、JS 等），還可以依照需求傳入程式啟動時的參數。

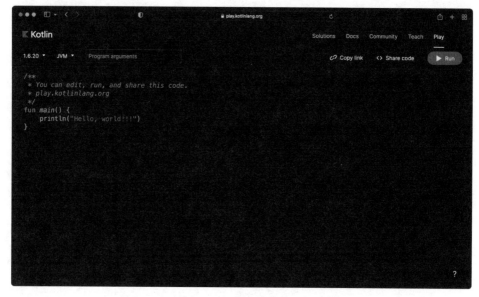

圖 3-1-1　Kotlin Playground

直接在畫面上的編輯區域輸入 Kotlin 程式碼，在輸入程式碼的同時，會發現它也具備 IDE 語法提示的功能。由於 Playground 模擬的就是一個 Kotlin File 的執行環境，所以別忘了把所有程式碼放到 **main()** 函式裡，若有需要也可以加上套件名稱。

輸入完畢後，點選右上角的 **Run** 播放鍵，Playground 會編輯輸入的程式碼，並將執行結果顯示在下方彈出的輸出面板裡，體驗與 IDE 相同。

圖 3-1-2　在 Kotlin Playground 編輯並執行程式碼

除了可以不用開 IDE 就能寫程式外，Playground 還可以一鍵產生出短網址，點一下右上角 **Copy link** 的按鈕，Playground 會自動產生出一個開頭為 **https://pl.kotl.in/** 的短網址，方便我們把這段程式碼分享給其他人。只要點了這個網址就會在瀏覽器裡開啟 Kotlin Playground 並載入儲存的程式碼，點選 **Run** 播放鍵就可以取得專屬的樂透選號。連 IDE 都不用安裝，超方便！

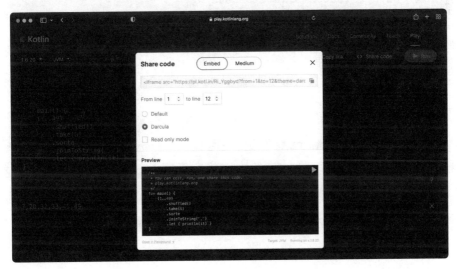

圖 3-1-3　Kotlin Playground 產生 Embed Code

更棒的是，Playground 支援把程式碼片段以 **\<iframe\>** 內嵌到網頁或 Medium 平台 [2]，點選右上角的 **Share code** 按鈕會彈出一個設定對話框，裡面可以設定這段程式碼要顯示的行數範圍、顯示的佈景主題、是否能編輯 ... 等屬性，設定完成後就會在上面產生嵌入網址，再貼入目標網頁或 Medium 文章裡即可。

假如想把程式碼嵌入自己的文章，並希望可以動態地在自己的網站、文件或其他部落格平台上載入 Playground 介面的話，Kotlin 團隊也提供 JavaScript SDK [3]，只要在網頁裡新增一行 Script 宣告，從 CDN 載入 Playground JavaScript，並指定使用的 Kotlin 編譯器版本（以 **data-version** 指定）、使用的 CSS 選擇器（比方說 **.kotlin-code**）來抓取網頁上的程式碼區塊，當 Playground 載入後，就會自動將網頁上所有 CSS Class 標記為 **kotlin-code** 的區塊變成 Kotlin Playground 介面。

▶ 檔名：src/main/resources/static/lottery.html

```
<script src="https://unpkg.com/kotlin-playground@1"
        data-version="1.7.0"
        data-selector=".kotlin-code">

    // ...

</script>
```

在標記程式碼區塊時，還可以透過 HTML 屬性來設定 Playground 的介面功能。比方說以 **theme="darcula"** 設定使用 Darcula 佈景主題、**data-target-platform="java"** 設定目標平台為 JVM、**data-highlight-only** 設定是否唯讀（不會出現 Run 按鈕）、**data-output-height="200"** 設定輸出畫面的高度，也可以用 **//sampleStart** 與 **//sampleEnd** 標記想要顯示的範圍，並隱藏其他行的內容：

▶ 檔名：src/main/resources/static/lottery.html

```html
<div class="kotlin-code"
    theme="darcula"
    data-target-platform="java"
    data-output-height="200">

    package io.kraftsman

    fun main() {
    //sampleStart
        (1..49)
            .shuffled()
            .take(6)
            .joinToString()
            .let(::println)
    //sampleEnd
    }
</div>
```

　　讀者可以開啟位於 **src/main/resources/static/lottery.html** 的範例檔，裡面就用樂透選號做了一個範例頁面，點選編輯器右上方浮動的瀏覽器按鈕的第一個，在 IntelliJ IDEA 開啟並列的瀏覽器預覽視窗，就可以看在存檔後即時看到網頁渲染出來的結果。

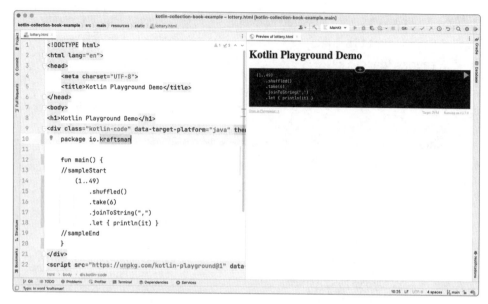

圖 3-1-4　在網頁載入 Kotlin Playground

　　以後在寫技術文件或部落格時，別忘了嵌入 Kotlin Playground 讓您的讀者可以更方便、更即時的看到程式碼範例喔！

3-1-5　回顧

　　本章以樂透選號為例，示範綜合運用集合方法與 Scope Function 的實戰，過程中用到的技巧依照本書章節順序整理如下：

- **1-4 集合取值**的 `take()` 方法：從集合裡取出指定數量的元素，本章用來取出隨機排序的樂透號碼。

- **1-4 集合取值**的 `windowed()` 方法：依指定尺寸及步數移動截取集合元素，本章用來將樂透號碼切成子集合並去除個數不足的組別。

- **1-4 集合取值**的 `chunked()` 方法：將集合依指定尺寸切成小塊，本章用來將一定要包含的數字切成子集合。

- **1-5 集合排序方法**的 `shuffled()` 方法：將集合裡的元素隨機排序，本章用來隨機排序集合裡的樂透號碼。

- **1-5 集合排序方法**的 `sorted()` 方法：將集合裡的元素依自然排序正向排序，本章用來在輸出前把數字由小至大排列。

- **1-9 轉換集合**的 `forEachIndexed()` 方法：逐一取出集合裡的索引及內容，本章用於將集合元素取出且不需要回傳值時。

- **1-9 轉換集合**的 `subtract()` 方法：用傳入的集合減去來源集合，本章用來排除不需要及一定要包含的樂透數字。

- **1-9 轉換集合**的 `union()` 方法：在兩個集合間找聯集，本章用來合併一定要包含的數字與隨機抽出的數字。

- **1-10 聚合集合**的 `joinToString()` 方法：將元素以分隔符號串接成字串，本章用於將抽出的樂透數字合併成以逗點分隔的字串。

- **2-3 與集合併用的組合技**的 **Range** 技巧：迅速產生指定範圍的數字，本章用於產生樂透可選的所有數字。

- **2-3 與集合併用的組合技**的 `let()` 方法：對集合執行一段 λ，本章用於與 `println()` 函式併用輸出字串。

除了程式碼的示範外，也補充如何用 Kotlin 官網提供的 Playground 介面，不用開 IDE 就有編輯及分享程式碼的功能，還可以內嵌至任一網頁內，方便說明與展示程式碼。

3-2 資料統計運算

3-2-1 微型資料科學

　　Kotlin User Group（或簡寫為 KUG）是分佈在全世界，專門討論、分享 Kotlin 知識的技術社群。任何對 Kotlin 技術有興趣的愛好者（不需要是開發者，任何人都可以！），都可以為自己所在的城市向 Kotlin 官方申請成立，並登記在 Kotlin 官網的 User Group 清單頁 [1]。目前在台灣除了有 Taiwan Kotlin User Group 外，在 Facebook 上還有 Kotlin Taipei 社團，從 2021 年開始，兩個社群聯手舉辦 Kotlin Meetup，視疫情狀況舉辦實體或線上的技術分享聚會，讓 Kotlin 開發者能持續接收新知、彼此交流心得，是很重要的「取暖」活動。

　　筆者有幸從活動舉辦初期就擔任志工至今，為了讓主辦群能了解聽眾的參與心得與建議，每次活動舉辦時，都會準備線上報名及意見回饋表單，透過活動後的數據統計與分析，讓工作小組檢視活動舉辦過程需要改善之處，讓 Kotlin Meetup 能愈辦愈好。Kotlin Meetup 目前使用 Google Form 製作表單，在表單關閉後可從後台下載 CSV 格式的資料，接著就可以用 Kotlin 分析這些資料，邁出「微型資料科學（其實就是統計啦）」的第一步。

　　本章以活動報名資料為例，串連多個集合方法做統計運算。請先在練習專案的 **practice** 資料夾底下新增 **statistics** 資料夾，做為本章練習的根目錄。在資料夾內建立名為 **processing.ws.kts** 的 Kotlin WorkSheet 檔案，在此檔案內撰寫統計運算程式碼。要讀取的資料集 CSV 檔案放在 **dataset** 資料夾內，不過由於活動報名資料含敏感個人資訊，活動結束後工作小組也會依管理辦法處置個資，因此本章裡的運算皆為假想範例，使用的來源檔案是仿照活動報名表單欄位，以假資料產生出的模擬資料。讀者可先打開 **dataset** 資料夾裡，以

kotlin-meetup 開頭的 CSV 檔案，了解報名表上的欄位及資料內容。若想練習使用不同的資料集，可參考本章後半段**產生隨機資料集**一節的說明。

3-2-2 逐行印出檔案內容

若要做統計分析，首先得從檔案讀取內容，逐行印出檔案裡的資料開始。要讀取檔案，可使用 **java.io.File** 傳入檔案的絕對路徑，接著呼叫 **readLines()** 方法，該方法會將 CSV 檔案裡每一行的內容變成一個字串集合，集合裡的每一個元素，就是一筆報名資料，並使用 **1-9 轉換集合**的 **forEach()** 方法搭配 **println()** 函式將檔案裡的每一行印出。

▶ 檔名：.../collection/practice/statistics/recordset.ws.kts

```
val basePath = "..."
val filName = "..."
File("$basePath/$filName").readLines()
    .forEach {
        println(it)
}
/* 逐行印出檔案內容（以下僅顯示部份輸出內容）
姓名（請填中文真實姓名),Email,手機, ...
廉宗憲,miss.jame.toy@hotmail.com,0916186523, ...
雲佳玲,fr.mendy.breitenberg@yahoo.com,0910250951, ...
文雅君,kieth.jakubowski@gmail.com,0916433573, ...
...
*/
```

💡 提示

由於 **Kotlin Worksheet** 的執行環境不同，因此讀取資料集時需要使用絕對路徑。因為 CSV 檔案的絕對路徑很長，所以在上面的範例裡，將根目錄路徑及檔案名稱分別抽取成 **basePath** 及 **fileName** 變數儲存。讀者在使用範例程式碼時，需要將路徑更換成本機路徑。

在程式碼內輸入路徑時，可在 IntelliJ IDEA 裡開啟 **Project** 工具視窗，點選想要取得路徑的檔案，按一下右鍵，選擇 **Copy Path/Reference...**，接著選擇彈出選單裡的 **Absolute Path**，IDE 會將檔案的絕對路徑複製到剪貼簿裡，這時再貼到編輯中的程式碼裡即可。運用這個技巧，可以省下手動輸入路徑的時間且降低錯誤率。

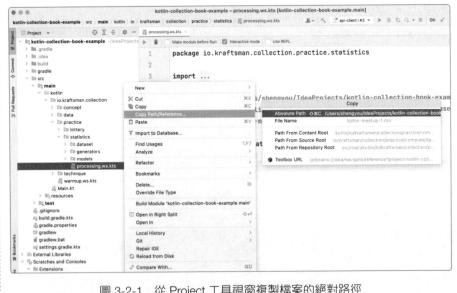

圖 3-2-1　從 Project 工具視窗複製檔案的絕對路徑

從程式輸出的結果發現，因為 CSV 檔案的第一行是標頭資訊（包括姓名、Email、手機…等），而這行對於運算來說是多餘的。為了將第一行的資料在印出前排除，可用 **1-4 集合取值**的 **drop()** 方法丟棄第一行標頭：

▶ 檔名：.../collection/practice/statistics/recordset.ws.kts

```
File("$basePath/$filName").readLines()
    .drop(1)
    .forEach {
        println(it)
}
/* 逐行印出檔案內容（以下僅顯示部份輸出內容）
廉宗憲,miss.jame.toy@hotmail.com,0916186523, ...
雲佳玲,fr.mendy.breitenberg@yahoo.com,0910250951, ...
文雅君,kieth.jakubowski@gmail.com,0916433573, ...
...
*/
```

目前印出的字串是以行為單位，資料粒度還太大，各欄位仍是以逗號「黏」
在一起的字串。為了區隔每一筆資料的各個欄位，可以逗號（ , ）作為分隔符
號，用字串類別的 **split()** 方法，將每一行字串切分出各欄位的值。方法會將
字串切開後，回傳新的字串集合，就可用索引取值的方式將每一個欄位的資料印
出：

▶ 檔名：.../collection/practice/statistics/recordset.ws.kts

```
File("$basePath/$filName").readLines()
    .drop(1)
    .forEach {
        val columns = it.split(",")
        println(columns[0])
    }
/* 逐行印出第一欄的內容（以下僅顯示部份輸出內容）
廉宗憲
雲佳玲
文雅君
...
*/
```

3-2-3 從純文字轉型成資料類別

　　雖然透過讀取檔案，輔以集合方法及字串處理後，可取出活動報名資料裡，每一筆資料的每一個欄位內容，但現階段的資料都只是單純的「文字」，而沒有「意義」，對閱讀這段程式碼的開發者來説，很難從變數名稱及索引值猜出儲存的內容是什麼。因此，為了讓取出的資料更容易辨識，在進行統計運算前，筆者會先將這些純文字資料轉型成資料類別。

　　檢視報名表上的欄位，有姓名、Email、手機、所在城市、服務機構、職稱、防疫資訊及報名時間戳記。在專案底下的 **models** 資料夾中建立 **Registerant.kt**，並將這些資料轉換成 **Registrant** 資料類別，最後新增一個識別屬性 **id**：

▶ 檔名：.../collection/practice/statistics/models/Registrant.kt

```
data class Registrant(
    val id: Int,
    val name: String,
    val email: String,
    val mobile: String,
    val city: String,
    val affiliation: String,
    val position: String,
    val hasSymptom: Boolean,
    val hasTravelRecords: Boolean,
    val needQuarantine: Boolean,
    val registrationAt: LocalDateTime,
)
```

　　為了讓集合方法能回傳轉換後的資料類別，將原本的 **forEach()** 換成 **mapIndexed()** 方法，在 λ 裡將解析後的字串轉換成 **Registrant** 資料類別：

▶ 檔名：.../collection/practice/statistics/recordset.ws.kts

```
val formatter: DateTimeFormatter = DateTimeFormatter
                                .ofPattern("M/d/yyyy H:m:s")

val recordSet = File("$basePath/$filName").readLines()
    .drop(1)
    .mapIndexed { index, line →
        val columns = line.split(",")
        Registrant(
            id = (index + 1),
            name = columns[0].trim(),
            email = columns[1].trim(),
            mobile = columns[2].trim(),
            city = columns[3].trim(),
            affiliation = columns[4].trim(),
            position = columns[5].trim(),
            hasSymptom = (columns[6].trim() == "是"),
            hasTravelRecords = (columns[7].trim() == "是"),
            needQuarantine = (columns[8].trim() == "是"),
            registrationAt = LocalDateTime.parse(
                            columns[9].trim(),
                            formatter
                        ),
        )
    }
```

筆者轉換時使用了幾個轉換時的常用技巧：

1. 為了讓每一筆報名資料有一個從 1 開始的序列號，使用 **mapIndexed()** 方法取出集合元素的索引值，加 1 後轉成資料類別的 **id**。

2. 填寫表單時有可能意外輸入空白字元，在轉進資料類別前，先用字串類別的 **trim()** 方法，去除每一個欄位前後多餘的空白。

3. 由於報名時間戳記是字串，將其轉型成 **LocalDateTime** 類別並存入資料類別，除了讓資料更具意義外，也方便後續運算時使用。

將來源資料轉成資料類別集合並儲存在 **recordSet** 變數後，接下來就以此集合進行統計運算。

3-2-4 以集合方法做統計運算

將活動的報名資料整理成資料集後，即可綜合運用集合方法來做統計運算。

❏ 總報名人數

工作小組想統計活動的總報名人數，透過 **1-10** 聚合集合的 **size** 屬性或 **count()** 方法計算集合尺寸即可：

▶ 檔名：.../collection/practice/statistics/number-of-registrants.ws.kts

```
recordSet.size     // 61
recordSet.count()  // 61
```

❏ 可參與活動總人數

因應防疫政策，能到場的參與者必需十四天內沒有發燒、沒有出境紀錄且沒有收到居家隔離通知單（以二○二一年第一次舉辦活動時的防疫政策為例），實際能參與活動的人數要過濾掉無法通過以上三個條件的參與者。運用 **1-8** 集合分群的 **filterNot()** 方法，在 λ 內判斷三個防疫屬性是否皆為 False，過濾出能參加活動的報名資訊後，再搭配 **count()** 方法計算人數：

▶ 檔名：.../collection/practice/statistics/allowed-to-participate.ws.kts

```
recordSet.filterNot {
    it.hasSymptom ||
    it.hasTravelRecords ||
    it.needQuarantine
```

```
}.count()
// 46
```

❑ 每日報名人數分佈

　　一般來説，工作小組都是在活動正式開始前的兩個星期啟動宣傳，為了解這十四天的報名分佈變化，需要依日期分群計算出每日報名人數。此時需要運用 **1-8 集合分群**的 **groupingBy()** 將報名資料依 **registrationAt** 欄位的日期分群，再搭配 **eachCount()** 方法計算出每個子群組裡的數量即可：

▶ 檔名：.../collection/practice/statistics/daily-registrants.ws.kts

```
recordSet.groupingBy {
    it.registrationAt.toLocalDate()
}.eachCount()
/*
  {
    2021-03-10=6,
    2021-03-11=2,
    2021-03-12=3,
    2021-03-13=2,
    2021-03-14=2,
    2021-03-15=3,
    2021-03-16=16,
    2021-03-17=3,
    2021-03-18=4,
    2021-03-19=14,
    2021-03-20=6
}
*/
```

❑ 各縣市報名佔比

為了解各地區對 Kotlin 技術及參與技術社群活動的熱絡度，工作小組想知道各縣市報名活動的佔比。由於所在城市欄位在報名表單裡為選填值，若參與者沒有填寫，則這個欄位在 CSV 檔案裡就是空白值。因此在計算前需要先把空白值的答案以 **filter()** 方法濾掉，再使用 **groupingBy()** 方法依城市（**city**）分群，最後搭配 **eachCount()** 方法計算出結果：

▶ 檔名：.../collection/practice/statistics/distribution-by-city.ws.kts

```
recordSet.filter { it.city.isNotEmpty() }
    .groupingBy { it.city }
    .eachCount()
/*
{
  雲林縣=5,  臺北市=4,  臺東縣=4,  澎湖縣=4,
  金門縣=3,  新北市=3,  桃園市=6,  宜蘭縣=6,
  新竹縣=3,  苗栗縣=2,  南投縣=3,  彰化縣=2,
  屏東縣=3,  嘉義市=1,  連江縣=4,  新竹市=3,
  嘉義縣=1,  基隆市=2,  臺中市=2
}
*/
```

❑ 參與者職位一覽

延續對參與族群的好奇，工作小組想知道來參與活動的聽眾有哪些工作職位？由於職位欄在報名表單也不是必填，在計算前一樣要先把空白值濾掉。接著先用 **1-9 轉換集合**的 **map()** 方法把所有職位（**position**）屬性先轉換成新集合，再用 **1-8 分群集合**的 **distinct()** 方法去除重複的內容，最後以 **1-5 排序集合**的 **sorted()** 方法排序後輸出：

▶ 檔名：.../collection/practice/statistics/positions-list.ws.kts

```
recordSet.filter { it.position.isNotEmpty() }
```

```
    .map { it.position }
    .distinct()
    .sorted()
/*
  [
    Android App Developer,
    Android Developer,
    Android 工程師,
    Android 開發者,
    iOS 開發者, 前端開發者, 副工程師,
    實習生, 後端開發者, 技術總監, 總工程師
  ]
*/
```

❏ 各職位報名佔比

　　從上例的輸出結果發現，因為在設計表單時，沒有限制職位選項，導致參與者在填寫表單時，同樣是 Android 開發的職位，卻有四種不同的寫法。為了將職位名稱裡有 Android 字樣的都視為同一類，可以用 **map()** 方法正規化集合元素。同時工作小組也想知道各職位的佔比，綜合運用分群操作後，即可算出如下結果：

▶ 檔名：.../collection/practice/statistics/distribution-by-position.ws.kts

```
recordSet.filter { it.position.isNotEmpty() }
    .map {
        it.copy(
            position = if (
                it.position
                    .lowercase()
                    .contains("android")
            ) {
                "Android 開發者"
```

```
        } else {
            it.position
        }
    )
}
.groupingBy { it.position }
.eachCount()
/*
  {
    Android 開發者=9,
    前端開發者=5,
    iOS 開發者=3,
    實習生=5,
    副工程師=1,
    總工程師=1,
    後端開發者=2,
    技術總監=1
  }
*/
```

在上例中，由於 **Registrant** 資料類別的各屬性皆不可變（以 **val** 宣告），因此在 **map()** 方法的 λ 裡，先判斷 **position** 屬性轉成小寫後是否包含 **android** 字樣，接著使用物件的 **copy()** 方法修改 **position** 屬性後回傳新物件，最後再以正規化後的報名資料做運算。

❏ 活動報到率

活動進行當天，活動志工群會在會場入口設立報到台，讓參與活動的聽眾在報到台量測體溫、消毒雙手及簽到。活動結束後，將簽到紀錄的姓名存在 **participants** 集合裡，透過 **1-8 集合分群**的 **partition()** 方法，可比對出報到名單與未出席名單：

▶ 檔名：.../collection/practice/statistics/divided-participants-and-noshow.ws.kts

```kotlin
val participants = listOf(/* ... */)

recordSet.partition {
    it.name in participants
}.let {
    println("報到人數：${it.first.count()}")
    println("未出席人數：${it.second.count()}")
}
// 報到人數：54
// 未出席人數：7
```

　　計算出報到名單與未出席名單後，就可用報到人數除以報名人數算出該次活動的報到率。計算出的報到率小數位數太多，對於工作小組來說，只要到小數點後兩位數就足夠，因此範例裡設定回傳小數點後二位四捨五入的結果：

▶ 檔名：.../collection/practice/statistics/participant-rate.ws.kts

```kotlin
(participants.size.toDouble() / recordSet.size.toDouble() * 100)
    .toBigDecimal()
    .setScale(2, RoundingMode.UP)
    .toDouble()
    .let { println("報到率：$it %") }
// 報到率：88.53 %
```

　　以集合方法組合出以上這些算式後，就可以批次套用在所有的活動報名及簽到紀錄上，一次統計出歷次結果。在 **dataset** 資料夾裡有五次活動的報名資料，檔名為 **kotlin-meetup-{n}.csv**，以及五次的活動簽到紀錄，檔名為 **meetup-checkin-{n}.txt**。先以 **File** 讀取資料夾的所有檔案，過濾出附檔名為 **csv** 的檔案後，逐一計算各次活動的報到率：

▶ 檔名：.../collection/practice/statistics/statistics-each-meetups.ws.kts

```kotlin
File(basePath).listFiles { file → file.extension == "csv" }
    ?.mapIndexed { index, file →
        val registrants = file.readLines()
        val participants = File("$basePath" +
                "/meetup-checkin-${index + 1}.txt")
            .readLines()

        (participants.size.toDouble() /
         registrants.size.toDouble() * 100)
            .toBigDecimal()
            .setScale(2, RoundingMode.UP)
            .toDouble()
    }?.forEachIndexed { index, participantRate →
        println("Kotlin Meetup #${index+1} 報到率:" +
                " $participantRate %")
    }
/*
Kotlin Meetup #1 報到率: 87.1 %
Kotlin Meetup #2 報到率: 90.15 %
Kotlin Meetup #3 報到率: 89.54 %
Kotlin Meetup #4 報到率: 88.32 %
Kotlin Meetup #5 報到率: 89.16 %
*/
```

❑ 找出活動鐵粉名單

在舉辦這麼多次活動後，工作小組想要從歷次報名紀錄裡，找出「鐵粉」名單，也就是最踴躍參與、報名場次最多的前三位參與者。

為了要算出這份名單，先將每次活動報名紀錄的姓名從檔案裡取出。接著把這份歷次報名清單，以 **1-9 轉換集合**的 **flatten()** 方法將巢狀結構的 List 攤平。運用 **1-8 集合分群**的 **groupingBy()** 再搭配 **eachCount()** 方法,即可計算出每位參與者的報名次數。為了依報名次數的多寡排序,先以 **1-11 集合轉型**的 **toList()** 方法將集合轉成 List,再以 **1-5 排序集合**的 **sortedByDescending()** 方法依次數由高至低排序,最後以 **1-4 集合取值**的 **take()** 方法將前三名的鐵粉名單取出。為了呈現輸出結果,以 **1-11 集合轉型** 的 **toMap()** 方法將集合轉回 Map 後,用 **.let(::println)** 輸出:

▶ 檔名:.../collection/practice/statistics/stan-rate.ws.kts

```
File(basePath).listFiles { file → file.extension == "csv" }
    ?.map { file →
        file.readLines().drop(1).map { it.split(",")[0] }
    }
    ?.flatten()
    ?.groupingBy { it }
    ?.eachCount()
    ?.toList()
    ?.sortedByDescending { it.second }
    ?.take(3)
    ?.toMap()
    .let(::println)
```

在使用方法串接時要注意,由於從檔案讀取資料時,有可能讀取不到資料,因此回傳的型別都是 Nullable。因此在這一步串接各集合方法時,都要以 Null Safety 的 **?.** 方式呼叫各方法。

3-2-5 調整輸出樣式

隨著統計數據愈多,未經表格化的資料會讓數據愈不易閱讀,尤其 Kotlin Worksheet 的輸出畫面比較適合用來觀察逐行的運算過程,要測試正式的輸出,還是要用標準的 Kotlin 檔案,並在終端機底下執行會比較準確。

以上的統計範例，不少都需要以表格呈現。為了讓程式在終端機輸出表格型式的資料，可以在專案裡安裝終端機樣式套件，讓輸出時有更多樣式可使用，顯示數據資料更易讀。以下示範如何安裝 Mordant [2] 套件，並以每日報名人數統計為例，在終端機以表格呈現資料。

❏ 安裝 Mordant 套件

IntelliJ IDEA 內建 **Dependencies** 工具視窗，提供圖型化介面讓開發者搜尋套件資訊、查詢版本號，並可一鍵將指定的套件加入專案的 Build Script 裡，省下在 Maven Central 查詢，人工複製貼上的麻煩。

打開 IDE 下方的 **Dependencies** 工具視窗（若沒看到 **Dependencies** 按鈕，可以從上方功能表 **View** > **Tool Windows** > **Dependencies** 開啟），先點一下最左邊的 `kotlin-collection-book-example` 指定要操作的 Module，接著在視窗中間的搜尋框裡輸入 `mordant` 關鍵字後按下鍵盤 **Enter** 鍵，IDE 會將所有符合關鍵字的套件列在下方的列表裡。

由於目前 Mordant 正準備推出第二版，語法上與第一版稍有不同，因此要安裝 Beta 版才能使用新語法。請取消勾選搜尋框旁的 **Only stable**，IDE 會重新刷新可安裝的套件列表，這時會出現 Group ID 為 `com.github.ajalt.mordant:mordant` 版本號為 `2.0.0-beta6` 的 Mordant 套件，視窗的右邊會列出該套件的詳細資料，點擊右上角的 **Add** 按鈕將這個套件加進專案裡。

圖 3-2-2　以 Dependencies 工具視窗安裝套件

IntelliJ IDEA 會在專案 **build.gradle.kts** 的 **dependencies** 區塊增加相依套件的設定，新增後別忘了按一下 IDE 右上角自動浮現的 Gradle 更新按鈕，讓 IDE 把新增的套件下載至專案內完成安裝。

❏ 以 Mordant 輸出表格

在練習專案裡新增 **output-daily-registrants.kt** 檔案（請注意，為了正式輸出，此範例用的是標準 Kotlin 檔案），先在檔案裡新增 **main()** 函式，將前面讀取報名資料、轉換成資料類別、計算每日報名人數的程式碼複製貼進函式內：

▶ 檔名：.../collection/practice/statistics/output-daily-registrants.kt

```
fun main() {

    // ...
```

```
    val result = recordSet.groupingBy {
        it.registrationAt.toLocalDate().atStartOfDay()
    }.eachCount()
}
```

Mordant 將表格結構設計成 DSL 語法，只要先實例化 Mordant 的 **Terminal** 物件，接著依表格階層使用 **table()**、**header()**、**body()**、**row()** 函式，就能將要輸出的資料設定成表格樣式，最後再呼叫 **Terminal** 物件的 **println()** 方法輸出結果到終端機：

▶ 檔名：.../collection/practice/statistics/output-daily-registrants.kt

```
fun main() {

    // ...

    val terminal = Terminal()
    terminal.println(
        table {
            header { row("Date", "Count") }
            body {
                result.forEach { (date, count) →
                    row(
                        date.format(DateTimeFormatter.ISO_DATE),
                        count
                    )
                }
            }
        }
    )
}
/* 輸出結果為：
```

Date	Count
2021-03-10	6
2021-03-11	2
2021-03-12	3
2021-03-13	2
2021-03-14	2
2021-03-15	3
2021-03-16	16
2021-03-17	3
2021-03-18	4
2021-03-19	14
2021-03-20	6

```
*/
```

3-2-6 產生隨機資料集

本章範例所用的報名資料，是由筆者撰寫的假資料產生器產生。若讀者想要測試不同的資料集，或是想要產生更多數量的資料，可以依據需求，重覆利用這個產生器產生 CSV 格式的檔案。

打開本章範例程式碼的 **generators** 資料夾，裡面有數個以 **Generator** 結尾的 Kotlin Object 檔案，以及一個 **SampleDataGenerator.kt** 主程式。打開主程式，裡面有幾個變數可以依照需求修改。變數調整後，執行 **main()** 函式即可產生新的隨機資料集：

- **basePath**：存放資料集的資料夾路徑（預設為本章範例程式碼底下的 **dataset** 資料夾）。
- **fileName**：資料集的檔案名稱。
- **amount**：產生資料的筆數。
- **startDate**：報名日期的起始日期。
- **formatter**：報名日期的格式（調整 **ofPattern()** 方法裡的格式設定）。

為方便產生隨機資料集，筆者另外安裝了兩個套件：一個是 **io.github. serpro69:kotlin-faker** 用於產生假資料，一個是 **org.apache. commons:commons-csv** 可將 List 轉換成 CSV 格式儲存，讀者可使用前一節介紹的 Dependencies 工具視窗安裝這些套件，或是直接開啟專案的 **build. gradle.kts** 檔案，在 **dependencies** 一節裡新增以下設定：

▶ 檔名：build.gradle.kts

```
dependencies {
    // ...
    implementation("io.github.serpro69:kotlin-faker:1.11.0")
    implementation("org.apache.commons:commons-csv:1.9.0")
    // ...
}
```

若想深入了解如何使用 Faker 套件產生假資料，進一步地應用在後端 API 服務的開發上，請繼續閱讀下一章 **3-3 萬用 Mock Server**，筆者會有更詳細的介紹。

假如覺得自己寫產生器太麻煩的話，網路上也有 Mockaroo [3]、generatedata.com [4]…等線上產生器可使用。以 Mockaroo 為例，在介面裡可以依據需求設定資料欄位的數量，從高達一百五十七種產生器中選擇資料型別，也可以指定產生資料的方程式或是填入空值的機率。在資料產生前，可以指定產生的資料數量，檔案類型（CSV、TSV、JSON、SQL、Excel、XML、甚至多種 DB 格式），是否包含標頭…等，非常彈性。

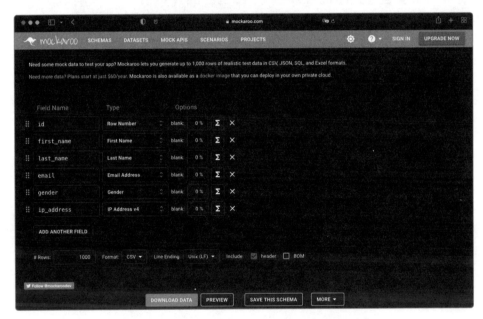

圖 3-2-3　以 Mockaroo 線上產生器產生假資料

以上兩種產生隨機資料集的方法提供給讀者參考，有需要時可善加利用。

3-2-7 回顧

本章以活動報名資料為情境題，示範如何將集合操作運用在統計運算，過程中用到的技巧整理如下：

- **1-4** 集合取值的 **`drop()`** 方法：丟棄集合裡指定數量的元素，本章用來去除 CSV 檔案裡的標頭資料。

- **1-5** 排序集合 的 **`sorted()`** 及 **`sortedByDescending()`** 方法：將集合裡的元素依自然排序正向及反向排序，本章用於輸出前依職位及鐵粉程度排序。

- **1-8** 集合分群的 **`filter()`** 及 **`filterNot()`** 方法：依條件過濾集合元素，兩個方法的過濾條件相反，本章用於過濾並達防疫要求、未填所在城市及職位的報名資料。

- **1-8** 集合分群的 **`groupingBy()`** 及 **`eachCount()`** 方法：先依條件將集合分群成子集合，再計算各個子集合裡的數量，本章用於計算每日報名人數、各縣市報名人數。

- **1-8** 集合分群的 **`partition()`** 方法：將集合元素分成通過條件與未通過條件的兩個子集合，本章用於區分出報到名單與未出席名單。

- **1-9** 轉換集合的 **`flatten()`** 方法：去除巢狀集合的階層，本章於用將歷次活動報名人姓名打平成一個集合。

- **1-9** 轉換集合的 **`forEach()`** 方法：逐一取出集合裡的內容，本章用於將集合元素取出且不需要回傳值時。

- **1-9** 轉換集合的 **`map()`** 及 **`mapIndexed()`** 方法：將集合轉換為其他元素，本章用於將報名資料轉換成資料類別。

- **1-10** 聚合集合的 **`count()`** 方法：計算集合尺寸，本章用於計算人數。

- **1-11** 集合轉型的 **`toList()`** 及 **`toMap()`** 方法：將集合依需求轉型成其他型別的集合，本章用於排序和輸出鐵粉名單前使用。

- **2-3** 與集合併用的組合技的 **`let()`** 方法：對集合執行一段 λ ，本章用於與 **`println()`** 函式併用輸出字串。

　　除了以上集合方法外，本章還介紹如何在專案中增加套件，並以 Mordant 套件設定終端機輸出樣式，讓畫面輸出更好看；以及示範如何依需求撰寫產生器以產生練習用的資料集，讓開發時可以自行模擬情境。透過以上這些集合方法的綜合運用，一些基本的統計運算可以用幾行程式碼就完成，不需依賴辦公室軟體、不需記憶軟體介面操作，也完全不用背誦公式，全部以高語意的 Kotlin 程式碼達成！

3-3 萬用 Mock Server

3-3-1 當個龍的傳人

　　筆者近年在推廣 Kotlin 時，曾與朋友 Nevin 合作一場《Kotlin 一條龍 - 打造全平台應用》[1] 的線上技術分享，由 Nevin 以 Kotlin Multiplatform Mobile 技術開發手機應用程式，而筆者以 Ktor 框架配合前端手機應用程式實作後端 API 服務。兩人合力在講座裡，以 Kotlin 程式語言，打造橫跨前後端的多平台應用。

　　當初在設計這場講座的內容時，就是想展示 Kotlin 多平台的能力，除了可以開發 Android 外，也可以用於 iOS、後端、前端，甚至應用在資料科學，真正做到圈內暗黑笑話所謂「一條龍」生產的境界，紮紮實實的當個龍的傳人。

　　如同所有前後端分離的專案，在準備這場講座時，兩人是分別準備各自負責的部份。所以在開發初期，優先針對 API 規格進行討論。為了快速驗證兩人的想法，前端的部份只做了簡單的 UI 及換頁，就開始串接後端 API 服務，實作處理 HTTP Request 與 Response 的功能。而後端為配合前端的開發進度，先用 Ktor 框架快速實作出一個 Mock Server，讓後端在沒有資料庫的情況下，就可以模擬回傳符合 API 規格的內容。

3-3-2 Mock Server 快速原型

所謂 Mock Server，就是由後端架起 API 服務，依照規格開放 API 路徑讓前端連入，並依照規格回應 HTTP 狀態碼及回傳 JSON 格式的內容。如同 Mock 的英文字義，其行為完整的模仿 API 規格定義的行為，但不論是回傳的內容，或是底層的實作都是假的。所以回傳的 JSON 物件屬性雖與規格相符，但屬性對應的值則是隨機產生，只要資料型別正確，內容看起來擬真即可。畢竟對前端來說，在開發初期只要能夠拿到正確的格式與型別，先測試頁面流程，畫面上顯示的文字或圖片是否正確並不重要。

透過這種開發方式，前後端串接時，最容易出錯也最常需要修改的部份會愈早被驗證。前後端的開發者能夠同時開發，不需輪流等待，不會彼此牽制。而當概念原型完成後，剩下的都只是將成果精緻化的過程。依此運作下來，能減少開發時的不確定性、降低專案的風險。

此次合作經驗除了讓筆者見識到 Kotlin 多平台的能力外，對於綜合應用集合、Faker 套件、Ktor 框架也有深刻的心得。在這個章節裡，筆者會綜合運用前面學會的技巧，示範如何打造 Mock Server。不論讀者是後端開發者需要快速實作原型，或是手機應用開發者要測試自己的應用程式，都能應用這個技巧。

3-3-3 設計 API 規格

由於 Mock Server 必須照著規格實作才有意義，因此採用規格先行（Spec-First）的開發流程。筆者將實作主題訂為線上商城的商品資料清單，服務規格包括 API 路徑、接受的 HTTP Method，回傳的 JSON 物件設計如下：

```
【API Request】
GET https:// .../api/v1/products
Accept: application/json
```

```
【API Response】
Content-Type: application/json
{
    "data":[
        {
            "sku": "SKU-001",
            "name": "...",
            "description": "...",
            "price": 100,
            "rating": 3.2,
            "thumbnail": "...",
            "createdAt": "...",
            "updatedAt": "..."
        },
        // ...
    ],
    "meta":{
        "currentPage": 1,
        "perPage": 10,
        "lastPage": 5,
        "from": 1,
        "to": 50,
        "total": 50
    }
}
```

以上規格描述一個接受 HTTP **GET** Method 的 **/api/v1/products** 路徑，路徑的命名慣例拆解成三個部份：

1. 最前面以 **api** 做前綴，示意所有的 API 服務都集中在此路徑下。

2. 中間以 **v1** 標示 API 版本號，方便未來更新與維護向前相容版本。

3. 依回傳的主題，以資料主題的小寫、複數型態設計路徑名稱，本例的商城商品資料為 **products**。

此 API 回傳 **application/json** 格式的資料，JSON 物件的第一層有兩個屬性：**data** 及 **meta**。商品資料放在 **data** 屬性底下的 Array 裡，有以下屬性：

- **sku**：商品庫存編號（三碼大寫英文字母及三碼數字組成，中間以 **-** 分隔，格式為 **SKU-001**）。
- **name**：商品名稱（顯示給消費者看的商品名稱）。
- **description**：商品描述（顯示給消費者看的商品描述）。
- **price**：商品價格（最小 **10**，最大 **100,000**）。
- **rating**：商品評價（消費者評價的平均值，最小 **1.0**、最大 **5.0**）。
- **thumbnail**：商品縮圖（靜態圖片網址）。
- **createdAt**：資料建立時間（格式 **yyyy-MM-ddTHH:mm:ss**）。
- **updatedAt**：資料最後更新時間（格式 **yyyy-MM-ddTHH:mm:ss**）。

由於商品數量眾多（本例模擬五十個，數量可依需求由讀者自行調整），API 每次只回傳十筆資料，分頁相關的資訊放在 **meta** 屬性下，有以下屬性：

- **currentPage**：本頁頁數。
- **perPage**：一頁資料筆數。
- **lastPage**：最後一頁頁數。
- **from**：本頁第一筆資料的序列號。
- **to**：本頁最後一筆資料的序列號。
- **total**：全部資料筆數。

本書為求範例簡單明確，只示範實作一個商品資料 API，規格也僅以文字描述做紀錄。實務開發時，一般會使用 Open API 格式詳實定義 API 細節，也會以測試輔助驗收工作，有興趣深入的讀者可再參考相關資料。

3-3-4 建立 Ktor 專案

設計好 API 規格後，就可以開始實作 Mock Server。以 Kotlin 實作 API 服務，筆者推薦由 JetBrains 團隊以 100% Kotlin 打造的 Ktor 框架，其輕量的核心、搭配簡單易懂的 DSL 語法，即便沒有後端經驗的 Kotlin 開發者，也能在短時間內學會。除了開發 API 服務外，也能應用於網站及微服務。

建立 Ktor 專案有兩種方式，可用 IntelliJ IDEA Ultimate 版內建的 Ktor 專案樣板建立，或是使用 Ktor 官網的線上專案產生器 [2] 建立。以下分別介紹其建立流程：

❏ 使用 IntelliJ IDEA Ultimate 建立 Ktor 專案

以 IntelliJ IDEA Ultimate 版建立 Ktor 專案，第一步先在歡迎頁點擊 **New Project** 按鈕，選擇左邊的 **Ktor** 專案樣板。

在專案設定畫面裡，依據以下條件設定：

1. **Name**（專案名稱）可依自己的喜好命名，或按本書慣例設定成 `mock-server`。
2. 依自己的喜好選擇 **Location**（專案存放位置），或依 IntelliJ IDEA 慣例放在 `~/IdeaProjects/` 底下。
3. 勾選專案建立時一併初始化 Git Repository。
4. **Build System** 請選擇 Gradle Kotlin。
5. **Website** 可依照自己的偏好設定，筆者慣用的設定是 `kraftsman.io`。
6. **Ktor version** 依預設值選擇當下最新版。
7. 勾選 **Add sample code** 自動產生示範程式碼。

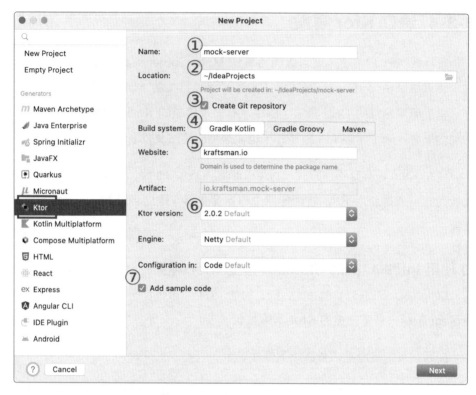

圖 3-3-1　IntelliJ IDEA 內建的 Ktor 專案樣板

設定完成後，按 **Next** 進入第二步。

Ktor 在設計之初，就是一個輕量框架，只需要精簡的核心就能運作。若要讓 Ktor 有更多的「能力」，可在專案內安裝 Plugin 來增加功能。專案設定的第二步，可以選擇安裝由 Ktor 團隊提供的官方 Plugin：

圖 3-3-2 選擇要安裝的 Ktor Plugin

根據前面的規格，Mock Server 要能回傳 JSON 格式的內容，因此需要安裝 JSON 序列化（JSON Serialization）Plugin。在視窗的左上搜尋框裡輸入 **json**，會出現三個 Plugin。筆者推薦由 Kotlin 團隊推出，能支援多平台的 JSON 序列化套件 **kotlinx.serialization**，按下右方的 **Add** 按鈕新增進安裝清單裡。加入 Plugin 時，IntelliJ IDEA 會提示需要增加 **ContentNegotiation** 及 **Routing** 兩個相依的 Plugin，點擊 **Yes** 讓 IDE 自動加入，完成後按 **Create**。IntelliJ IDEA 會依照設定建立工作區，包括 Ktor 專案的資料夾結構，以 Gradle 下載相依套件並初始化 Git 版本管理。

> **💡 提示**
>
> IntelliJ IDEA 擁有 Ktor 專案樣板是因為在發佈時，就內建了 Ktor Plugin。
> 但建立專案第二步時說的 Plugin，指的是能增加 Ktor 框架功能的 Plugin。
> 由於兩者使用的名稱相同，特此說明以免混淆。

❏ 使用線上 Ktor 專案產生器建立新專案

　　使用 IntelliJ IDEA Community 版或其他編輯器的讀者，可以使用 Ktor 官網的線上產生器建立專案。產生專案的步驟與使用 Ultimate 版類似，先指定 **Project Name**，展開 **Adjust project settings** 可以有更詳細的專案設定，接著點選 **Add plugins**，在搜尋框輸入 **json** 後按 **Generate project**。產生器會將專案以 Zip 壓縮後下載至本機，請先將 Zip 檔解壓縮後，以習慣的編輯器開啟專案，再依照後續步驟開發即可。

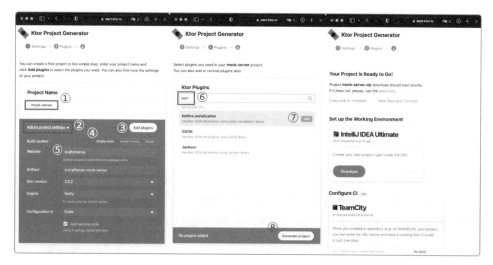

圖 3-3-3　線上 Ktor 專案產生器

　　不論是用以上哪種方式建立 Ktor 專案，為確認專案成功建立，請開啟 **Application.kt** 檔案，點選 **main()** 函式旁的綠色播放鍵啟動 Ktor 應用程式。IntelliJ IDEA 會在編譯完成後，執行 Ktor 應用程式，當 **Run** 工具視窗出現 **ktor.application - Responding at http://0.0.0.0:8080** 時，表示 Ktor 可成功執行無誤。

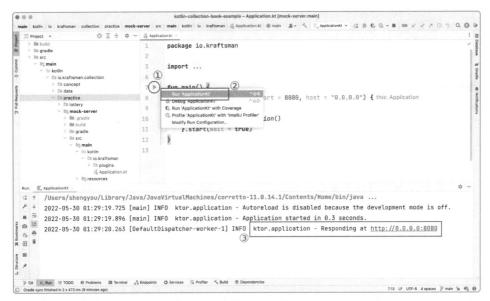

圖 3-3-4　啟動 Ktor 應用程式

💡 提示

若需參考本章範例，請參考本書範例程式碼根目錄下的 **mock-server** 資料夾。為讓 Ktor 專案能與本書其他範例相容，筆者移除並修改部份 Gradle 檔案。由於 Gradle 設定超出本書討論主題，筆者就不細述，請讀者參考專案內 Kotlin 檔案的部份即可。**在練習本章範例時，以建立全新的 Ktor 專案會較易上手，不需將 Ktor 專案與其他練習共用同一個資料夾。**

3-3-5 Ktor 語法簡介

專案建立後，所有 Mock Server 需要的檔案都放在 **src/main/kotlin/io/kraftsman** 資料夾底下。資料夾裡的 **Application.kt** 檔案就是 Ktor 的核心啟動程式碼，打開會看到程式進入點 **main()** 函式，裡面有一段很精簡的程式碼：

▶ 檔名：.../mock-server/src/main/kotlin/io/kraftsman/Application.kt

```
fun main() {
    embeddedServer(Netty, port = 8080, host = "0.0.0.0") {
        configureRouting()
        configureSerialization()
    }.start(wait = true)
}
```

main() 函式裡的 **embeddedServer()** 是 Ktor 框架提供的函式，透過它可以啟動一個伺服器，並設定執行的引擎、埠號及網址。在 **embeddedServer()** 函式裡呼叫了 **configureRouting()** 及 **configureSerialization()**，這兩個是分別由 **plugins/Routing.kt** 及 **plugins/Serialization.kt** 透過 Extension Function 所提供的方法。如同前面所述，Ktor 是一個輕量核心框架，功能都是靠掛載 Plugin 來增加。在建立專案時若有勾選 **Add sample code**，IntelliJ IDEA 會將安裝 Plugin 的示範程式碼放在 **plugins** 資料夾裡。透過學習 **Routing.kt** 及 **Serialization.kt** 裡的程式碼，就能了解 Ktor 的基本語法，依樣畫葫蘆就能實作出 API 服務。

開啟 **Routing.kt** 檔案，裡面以 Extension Function 幫 **Application** 類別擴充了 **configureRouting()** 方法：

▶ 檔名：.../mock-server/src/main/kotlin/io/kraftsman/plugins/Routing.kt

```kotlin
fun Application.configureRouting() {

    routing {
        get("/") {
            call.respondText("Hello World!")
        }
    }
}
```

這段程式碼設定了應用程式的首頁，步驟依階層詳解如下：

1. **routing()** 函式用來註冊應用程式開放讓前端連入的路徑，函式裡可以註冊多個 API 路徑。可以把這個函式想像成總機，每多一條電話線，就會有一組電話號碼。

2. 每開放一個路徑，就要指定該路徑接受的 HTTP Method、位置及回應動作。Ktor 把路徑設定依照 HTTP Method 的名稱實作成函式，**get("/")** 表示接受使用 HTTP Get 方法連線至根目錄（**/**）。

3. 每一個 HTTP 函式的 λ 參數裡，可以取得 **call** 物件，透過它可以取出每一次 Request 的內容，並設定 Response。示範程式碼使用的 **respondText()** 方法，從字義上就能猜到方法會回傳字串，此例設定回傳 **Hello World!** 字串給前端當做首頁。

Ktor 以精煉的 DSL 語法描述複雜的 HTTP Request 及 Response 動作，透過語意就能迅速理解應用程式的行為。不只開發更有效率，也大幅降低維護時的理解成本。

不過上面這段程式碼只能回傳字串，Mock Server 的目標是要能回傳 JSON 格式的內容，打開 **Serialization.kt** 查看示範程式碼的寫法：

▶ 檔名：.../mock-server/src/main/kotlin/io/kraftsman/plugins/Serialization.kt

```kotlin
fun Application.configureSerialization() {
    install(ContentNegotiation) {
        json()
    }

    routing {
        get("/json/kotlinx-serialization") {
            call.respond(mapOf("hello" to "world"))
        }
    }
}
```

這段程式碼的架構與前面範例大致相同，可看出宣告了一個接受 HTTP Get 的路徑，並傳入一個 Map 回傳至前端。與前例相比，以粗體標出三個不同之處並說明如下：

1. 要回傳 JSON 格式的內容，必需在 HTTP Response 的 Header 裡指定使用的格式。為了要讓 Ktor 擁有跟前端溝通格式的能力，使用 **install()** 函式，傳入 **ContentNegotiation** Plugin，並設定預設 JSON 格式，Ktor 就具備回傳 JSON 格式的功能。

2. 因為 **Routing.kt** 裡的設定已佔走根目錄的路徑，所以這裡就得宣告成不同的路徑，在預設產生的示範裡，使用 **/json/kotlinx-serialization** 做為 API 路徑。

3. 為了回傳 JSON 格式的內容至前端，先用 **mapOf()** 建立 Map 結構，Map 的 Key 會被序列化為 JSON 物件的屬性名稱，Map 的 Value 會被序列化為 JSON 物件的屬性值。將 Map 傳入 **respond()** 方法，Ktor 會自動在底層用 **kotlinx.serialization** 套件庫，將 Map 序列化成 JSON 字串。

為驗證以上兩個 API 路徑的回傳值，可用 IntelliJ IDEA Ultimate 版的 HTTP Client 功能，建立一個 HTTP Request 的 Scratch File 來發送 Request 並觀察 Response 的內容。使用 IntelliJ IDEA Community 版或其他編輯器的讀者，可以用 Postman 來替代。

Scratch File 是 IntelliJ IDEA 的 Playground 功能，依據建立檔案時不同的檔案類型，自動對應不同的執行方式。以 HTTP Request 類型來說，可在檔案裡描述要發送的 HTTP Request 動作，IntelliJ IDEA 會依照設定與目標 API 服務互動，並將取得的 HTTP Response 印出供開發者檢視，功能等同於 Postman 之類的軟體。Scratch File 預設是不屬於專案內的檔案，測試後可隨時刪除，若要保存下來，可再另存新檔至專案內。

點一下 **Project** 工具視窗的專案根目錄，以鍵盤快速鍵 ⌘ + N（macOS）或 Alt + Insert（Windows/Linux）呼叫建立新檔案選單，選擇 **Scratch File**，在隨後跳出的檔案類型選單裡，選擇 **HTTP Request**。

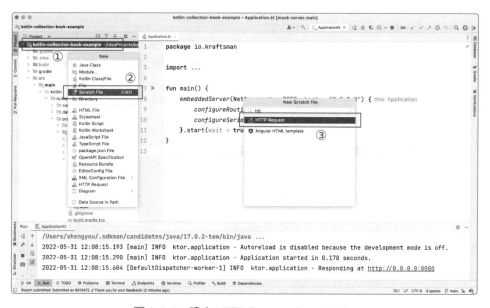

圖 3-3-5　建立 HTTP Request Scratch File

在新建立的 **scratch.http** 檔案裡，測試首頁的路徑，輸入以下腳本：

```
GET http://localhost:8080
```

以上這段腳本的涵義，代表發送一個 HTTP GET Request 到 **http://localhost:8080** 路徑。接著可以點選編輯器行號間距上的綠色播放鍵，或是把滑鼠游標放在網址上按快速鍵 ⌥ + ↵（macOS）或 Alt + Enter（Windows/Linux）選擇 **Run**。IntelliJ IDEA 會依照設定發送 HTTP Request 至 Ktor 應用程式的首頁，並將回傳的結果顯示在 **Services** 工具視窗裡。

圖 3-3-6　以 IntelliJ IDEA 測試首頁路徑

在 **Services** 工具視窗裡查看剛發送 Request 的回應內容，Response 的 HTTP 狀態碼為 **200**，格式為 **text/plain**，內容為 **Hello World!**。從回應的狀態碼及內容表示可正常瀏覽首頁，而從 **Content-Type** 則知道回傳的資料格式為純文字。

輸入 **###** 分隔不同的 HTTP Request，接著再輸入以下腳本測試第二個路徑，這次發送時，以 **Accept** 指定接收的資料格式為 **application/json**。

```
###

GET http://localhost:8080/json/kotlinx-serialization
Accept: application/json
```

查看回應的 Response 的 HTTP 狀態碼為 **200**，格式為 **application/json**，內容為 **{"hello": "world"}**，表示可以正常連接 API 服務，其回傳的 JSON 物件屬性名稱及值，與程式碼裡 Map 的 Key/Value 是對應的。

3-3-6 實作 API 路徑

對 Ktor 有基礎認識後，就能用這些語法實作 Mock Server。遵循 Ktor 的設計理念，每當要增加新功能時，就建立一個新的 Plugin，並掛載到 Ktor 核心裡。首先，在 **plugins** 資料夾底下建立 **ProductApi.kt** 檔案。仿照 **Serialization.kt** 以 Extension Function 擴充 **Application**，方法名稱依照範例的慣例命名為 **configureProductApi()**：

▶ 檔名：.../mock-server/src/main/kotlin/io/kraftsman/plugins/ProductApi.kt
```
fun Application.configureProductApi() {
    // ...
}
```

在輸入程式碼的過程中，IntelliJ IDEA 會提示無法參考 **Application** 類別，以快速鍵 ⌥ + ↵（macOS）或 Alt + Enter（Windows/Linux）呼叫 **Quick Fix** 功能，選擇以 **Import** 修正。

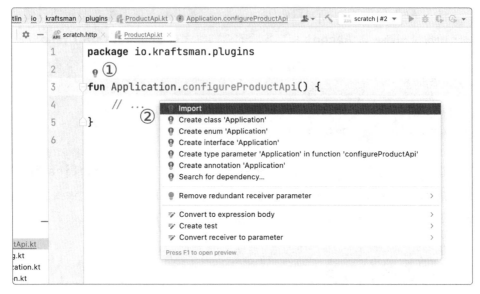

圖 3-3-7 以 Quick Fix 加上 Import 程式碼

完成 Plugin 宣告後，要將它掛載進 Ktor。打開 **Application.kt** 檔案，在 **embeddedServer()** 函式裡，呼叫 **configureProductApi()** 方法設定掛載：

▶ 檔名：.../mock-server/src/main/kotlin/io/kraftsman/Application.kt

```
fun main() {
    embeddedServer(Netty, port = 8080, host = "0.0.0.0") {
        // ...
        configureProductApi()
    }.start(wait = true)
}
```

回 到 **ProductApi.kt**，在 **configureProductApi()** 方 法 裡 用 **routing()** 註冊應用程式要開放的路徑，接著以 **get()** 函式設定一個接受 HTTP GET Method 的路徑，依據本例的 API 規格，路徑以 **api** 為前綴，加上

API 版本號 **v1**，後面接上回傳主題的小寫複數名稱 **products**。由於還沒實作回傳資料格式的資料類別，所以先宣告固定值的 Map 物件回傳：

▶ 檔名：.../mock-server/src/main/kotlin/io/kraftsman/plugins/ProductApi.kt

```kotlin
fun Application.configureProductApi() {

    routing {
        get("/api/v1/products") {
            call.respond(
                mapOf(
                    "data" to "data",
                    "meta" to "meta"
                )
            )
        }
    }
}
```

截至目前為止，Mock Server 要開放的路徑已經建立完成。讀者可在 **scratch.http** 裡新增一段 HTTP Request，並請記得**重新啟動 Ktor 應用程式**後再做測試，送出的 Request 及收到的 Response 應如下所示：

```
###

GET http://localhost:8080/api/v1/products
Accept: application/json

HTTP/1.1 200 OK
Content-Length: 29
Content-Type: application/json
Connection: keep-alive

{
```

```
  "data": "data",
  "meta": "meta"
}
```

3-3-7 實作資料類別

實作前就先設計 API 規格的原因，是為了讓前後端先定義交換資料的格式，這種用來讓兩端溝通及傳送，只帶資料不帶操作行為的物件，一般稱為資料傳輸物件（Data Transfer Object）或數值物件（Value Object）。簡單來說，後端實作一個類別來盛裝資料，在回傳給前端之前，會用序列化函式庫將其序列化成 JSON 字串，前端收到 JSON 字串後，會再轉成 JavaScript 物件使用。實作資料傳輸物件的目的，除了方便前後端交換資料外，在架構後端程式碼時也會更清楚資料是如何產生、交換與儲存。對有 Java 經驗的讀者來說，這類型的物件通常會以 POJO（Plain Old Java Object）實作，而 Kotlin 開發者則會用資料類別（Data Class）。

在 Ktor 專案裡新增 **dtos** 資料夾，用來儲存前後端在交換資料時，需要的資料類別。接著依照 API 規格拆解 JSON 的物件結構，從回傳值的設計可以看出物件裡包含兩個屬性：**data** 及 **meta**，其中 **data** 屬性會放每一頁的十筆商品資料；而 **meta** 則存放分頁資訊。

以資料類別分別實作這兩個屬性裡的資訊，在 **dtos** 資料夾裡新增 **Product.kt** 檔案，並依照 API 規格的設計，實作 **Product** 資料類別。在撰寫程式碼時，只要把 JSON 物件屬性轉成資料類別的屬性即可：

▶ 檔名：.../mock-server/src/main/kotlin/io/kraftsman/dtos/Product.kt

```kotlin
@Serializable
data class Product(
    val sku: String,
```

```kotlin
    val name: String,
    val description: String,
    val price: Int,
    val rating: Double,
    val thumbnail: String,
    val createdAt: String,
    val updatedAt: String,
)
```

Product 資料類別的屬性可大至分成字串型別與數字型別,因應紀錄精度的需求,價格用整數即可,評分在算完平均值後通常會有小數點,使用雙精度浮點數儲存。要注意的是,一般在紀錄資料建立及最後更新時間時,會用日期時間的型別,但由於資料傳輸物件只用來傳輸,所以筆者會在實例化物件時,就將日期時間依指定格式轉成字串,這樣也可以省掉實作日期時間類別的序列化處理器,降低實作複雜度。另外,為了讓序列化函式庫識別類別可被序列化,因此要在資料類別宣告前加上 **@Serializable** Annotation。

在 **dtos** 資料夾裡新增 **Meta.kt** 檔案,並依照 API 規格實作其屬性及型別:

▶ 檔名:.../mock-server/src/main/kotlin/io/kraftsman/dtos/Meta.kt

```kotlin
@Serializable
data class Meta(
    val currentPage: Int,
    val perPage: Int,
    val lastPage: Int,
    val from: Int,
    val to: Int,
    val total: Int,
)
```

由於回傳的資料結構會包含十筆商品資料及分頁資訊,筆者習慣用一個資料類別來描述整個 API 回傳的資料結構,因此會在 **dtos** 資料夾裡再增加一個 **ProductApiResponse.kt** 檔案,由這個資料類別包裝另外兩個資料類別:

▶ 檔名:.../mock-server/src/main/kotlin/io/kraftsman/dtos/ProductApiResponse.kt

```kotlin
@Serializable
data class ProductApiResponse(
    val data: List<Product>,
    val meta: Meta,
)
```

3-3-8 產生多筆資料及分頁資訊

宣告好資料類別後,接著在 **ProductApi.kt** 檔案裡,**configureProductApi()** 的一開頭產生要模擬的五十筆資料。

運用 **2-3** 與集合併用的組合技裡提到的技巧,以 Range 產生 **1..50** 的數字區間,再搭配 **1-9** 轉換集合的 **map()** 方法將區間裡的數字轉換成 **Product** 資料類別。在實例化 **Product** 資料類別時,字串型別的屬性暫時先以字串樣板搭配 **map()** 方法裡的 **it** 參數做組合,數字型別的屬性,則以固定數值設定。轉換完畢後,儲存在 **products** 集合裡做為資料來源:

▶ 檔名:.../mock-server/src/main/kotlin/io/kraftsman/plugins/ProductApi.kt

```kotlin
fun Application.configureProductApi() {
    val products = (1..50).map {
        Product(
            sku = "SKU-001",
            name = "Product #$it",
            description = "Product description",
            price = 100,
            rating = 3.2,
```

```
        thumbnail = "https:// ...",
        createdAt = "2022-06-01T00:00:00.000000",
        updatedAt = "2022-06-01T00:00:00.000000",
    )
  }
}
```

　　由於目標是實作 Mock Server，所以在串接資料庫前，無法依賴資料庫做資料分頁，因此每一頁的分頁資訊，包括本頁頁數、一頁資料筆數、最後一頁頁數、本頁第一筆資料的序列號、本頁最後一筆資料的序列號及全部資料筆數，都必需自行計算。可在 API 的路徑設定裡，綜合應用 **1-4 集合取值**的 **chunked()** 方法、**1-10 集合聚合**的 **count()** 及 **maxOrNull()** 方法計算這些數據。詳細的分頁數學計算，請參考以下範例程式碼：

▶ 檔名：.../mock-server/src/main/kotlin/io/kraftsman/plugins/ProductApi.kt

```
get("/api/v1/products") {

    val currentPage = 1
    val total = products.count()
    val perPage = 10
    val lastPage = listOf(ceil(total.toDouble() / perPage)
                    .toInt(), 1).maxOrNull()!!

    if (currentPage > lastPage) {
        call.respond(
            HttpStatusCode.NotFound,
            mapOf("message" to "The requested page not found")
        )
        return@get
    }

    val index = currentPage - 1
```

```
    val currentPageProduct = products.chunked(perPage)[index]
    val from = index * perPage + 1
    val to = from + currentPageProduct.count() - 1
}
```

範例程式碼裡，為防止前端查詢超過資料範圍的頁數，在計算出 **currentPage** 及 **lastPage** 後，用判斷式回傳 404 狀態碼做防呆。另外，後續在實作分頁機制時，會以 URL 參數 **?page=** 讓前端決定取得的頁數，現階段先設定 **page** 為固定值 **1**。

3-3-9 回傳 JSON 格式的內容

有了前面的基礎，最後一步就是讓 Ktor 把產生出來的集合資料，以 JSON 格式回傳給前端。在前面語法簡介的示範裡，把要回傳給前端的資料傳入 **call.respond()**，Ktor 就會自動將資料轉成 JSON 格式。因此這一步先實例化 **ProductApiResponse**，傳入前面計算出來的分頁集合及頁面資訊，再傳入 **call.respond()**，就能完成 Product API 的實作。

▶ 檔名：.../mock-server/src/main/kotlin/io/kraftsman/plugins/ProductApi.kt

```
get("/api/v1/products") {

    // ...

    call.respond(
        ProductApiResponse(
            data = currentPageProduct,
            meta = Meta(
                currentPage = currentPage,
                perPage = perPage,
                lastPage = lastPage,
```

```
            from = from,
            to = to,
            total = total,
        )
      )
   )
}
```

別忘了重新啟動 Ktor 應用程式，並在 Scratch File 裡測試這個 API 路徑，收到的 Response 應如下所示：

```
HTTP/1.1 200 OK
Content-Length: 2420
Content-Type: application/json
Connection: keep-alive

{
  "data": [
    {
      "sku": "SKU-001",
      "name": "Product #1",
      "description": "Product description",
      "price": 100,
      "rating": 3.2,
      "thumbnail": "...",
      "createdAt": "2022-06-01T00:00:00.000000",
      "updatedAt": "2022-06-01T00:00:00.000000"
    },
    // ...
  ],
  "meta": {
    "currentPage": 1,
    "perPage": 10,
```

```
    "lastPage": 5,
    "from": 1,
    "to": 10,
    "total": 50
  }
}
```

3-3-10 增加資料擬真性

截至目前為主，Mock Server 已經能回傳五十筆資料的第一頁內容。不過由於很多資料都是用固定值產生，所以前端收到的資料看起來很呆板，顯示上的差異較小。為了讓 Mock Server 產生的資料更擬真，可以整合專門用來產生假資料的 Faker 套件，讓 API 的回傳值更符合前端的需求。

❏ 什麼是 Faker

Faker 是一種專門拿來產生假資料的函式庫，一開始是在 Ruby 開發生態系裡，為了在寫測試時能快速產生指定主題、格式的資料而做，由於功能強大、語法直覺，這樣的開發範式很快地被引入到各個程式語言的開發生態系裡。現在，幾乎每個程式語言的開發生態系裡都有同名的函式庫存在。只要在專案裡引入 Faker 套件，就能產出各種主題的假資料，讓 Mock Server 回傳的資料更有情境感。

在 Kotlin 生態系裡，除了可以延用 Java 生態系老牌的 Java Faker [3] 外，用 Kotlin 實作的 Faker 套件也好幾個。經筆者測試後，覺得 kotlin-faker [4] 能涵蓋較多的使用情境。以下將示範如何將 Faker 套件整合進 Mock Server，並產生 API 所需的假資料。

❏ 安裝 Faker 套件

打開 **Dependencies** 工具視窗，點一下最左邊的 `mock-server` 指定要操作的 Module，接著在視窗中間的搜尋框裡輸入 `kotlin-faker` 關鍵字搜尋。出現搜尋結果後，點選 Group ID 為 `io.github.serpro69` 的套件，點擊 **Add** 將套件加進專案裡。IntelliJ IDEA 會在 Ktor 專案的 Build Script 裡新增相依套件設定：

```
dependencies {
    // ...
    implementation("io.github.serpro69:kotlin-faker:1.11.0")
    // ...
}
```

新增後別忘了按一下 IDE 右上角自動浮現的 Gradle 更新按鈕，讓 IDE 把新增的套件下載至專案內完成安裝。

❏ 可產生的資料主題

Faker 套件內建各式各樣的「產生器」來產生不同主題的假資料，比方說一般常用的 ID（IdNumber）、姓名（Name）、電話號碼（PhoneNumber）、地址（Address）、假文字（Lorem）…等，幾乎囊括所有開發上的需求。甚至有更具「主題感」的產生器，比方說哈利波特（HarryPotter）產生器，可以產生出小說角色的名字、咒語、名言，英雄聯盟（LeagueOfLegends）產生器，可以產生電玩裡角色的名字、必殺技、地點、名言。除此之外還有魔戒（LordOfTheRings）、神奇寶貝（Pokemon）、七龍珠（DragonBall）產生器，甚至還有專為星際大戰尤達大師（Yoda）打造的經典名句產生器可使用，效果非常逼真！想查詢 kotlin-faker 所有的產生器清單，可以參考 GitHub 上的 README，或是使用官方的 CLI 查詢工具。

在產生假資料前，需要先將 Faker 類別實例化：

```
val faker = faker { }
```

使用時先呼叫要使用的產生器，再呼叫該產生器底下的方法。以產生名字為例，先呼叫 **name** 產生器，再呼叫 **firstName()**。產生地址時，也是先呼叫 **address** 產生器，再呼叫 **city()**：

```
faker.name.firstName()
// 隨機產生一個英文名字

faker.address.city()
// 隨機產生一個城市
```

❏ 以 Faker 產生假資料

對 Faker 有基本認識後，接著就可以將原本固定值的商品屬性，逐一以 Faker 產生擬真資料替換。

商品的 **sku** 屬性是由三碼大寫英文字母組成，中間以 **-** 分隔，後面再接上三碼數字。雖然可以用 Range 搭配集合方法產生出這樣的格式，但 Faker 的字串產生器提供更簡單的 **bothify()** 方法，只要以 **?** 代表英文字母、以 **#** 代表數字，再以布林值指定字母大小寫，就能產生出指定位數、指定格式的商品庫存編號：

```
faker.string.bothify("???-###", true)
```

商品的 **name** 及 **description**，可以使用商業（**commerce**）及行銷（**marketing**）產生器的 **productName()** 及 **buzzwords()** 方法，產生具商業風格的商品名稱及帶動市場潮流的描述：

```
faker.commerce.productName()
faker.marketing.buzzwords()
```

商品的 **price** 及 **rating**，都只是隨機的數字區間，可以用 Kotlin 標準函式庫裡的 **Random** 類別產生，根據不同的數字型別，選用 **nextInt()** 或 **nextDouble()** 方法來產生商品價格及評價區間。而在 IntelliJ IDEA 裡匯入 **Random** 類別時，會出現 Import 提示，注意要選 **kotlin.random.Random** 套件，若選到 Java 標準函式庫的套件（**java.util.Random**），語法是有差異的。

```
Random.nextInt(10, 100000)
Random.nextDouble(0.0, 5.0).format(2)
```

由於 **nextDouble()** 方法產生出來的數字，小數點後的位數太多，因此筆者使用 **2-1 探索集合實作奧祕**提到的技巧，以 Extension Function 擴充 **Double** 型別，增加 **format()** 方法限縮小數點後的位數：

▶ 檔名：.../mock-server/src/main/kotlin/io/kraftsman/extensions/NumberExtensions.kt

```
fun Double.format(digits: Int): Double =
    "%.${digits}f".format(this).toDouble()
```

商品的 **thumbnail** 需要回傳一個縮圖網址，不只網址要合法，最好還能回傳指定主題及長寬的圖片。kotlin-faker 沒有產生圖片的功能，因此筆者改以產生 Lorem Space [5] 假圖服務的網址實作。Lorem Space 的 API 網址分為三部份：

1. API 網址：固定為 **https://api.lorem.space/image/**。
2. 圖片主題：參考官網共內建十四種主題，若不設定則隨機。
3. 圖片長寬：以 URL 參數指定回傳圖片的長與寬。

產生圖片網址雖然只是單純的字串處理，但為簡化程式碼，筆者一樣以 Extension Function 擴充 Faker 產生器，增加 **thumbnail()** 方法，讓使用者可以決定縮圖的主題及長寬：

▶ 檔名：.../mock-server/src/main/kotlin/io/kraftsman/extensions/FakerExtensions.kt

```kotlin
enum class ThumbnailTheme {
    MOVIE, GAME, ALBUM, BOOK, FACE, FASHION,
    SHOES, WATCH, FURNITURE, PIZZA, BURGER,
    DRINK, CAR, HOUSE, RANDOM,
}

fun Commerce.thumbnail(
    theme: ThumbnailTheme = ThumbnailTheme.RANDOM,
    width: Int = 100,
    height: Int = 100
): String {
    val path = if (theme == ThumbnailTheme.RANDOM) {
        ""
    } else {
        "/${theme.name.lowercase()}"
    }
    return "https://api.lorem.space/image" +
            "$path?w=$width&h=$height"
}
```

擴充了 Faker 後，在產生商品縮圖時就能一行完成。方法的三個參數皆有預設值，也讓語法更簡短：

```kotlin
faker.commerce.thumbnail()
```

最後還需要用 **LocalDateTime** 並搭配 **DateTimeFormatter** 產生商品資料建立及最後更新時間，為了讓產生出來的日期時間更合理，不能有「未來商品」，最後更新日期也要晚於建立日期。因此筆者先將產生資料筆數抽取成 **amount** 變數，再搭配日期時間的 **minusDays()** 及 **plusHours()** 方法，透過加減時間來創造時間序列：

```
LocalDateTime.now()
            .minusDays((amount - it).toLong())
            .format(DateTimeFormatter.ISO_LOCAL_DATE_TIME)

LocalDateTime.now()
            .minusDays((amount - it).toLong())
            .plusHours(Random.nextLong(3, 20))
            .format(DateTimeFormatter.ISO_LOCAL_DATE_TIME)
```

重新啟動 Ktor 應用程式後測試，現在 Mock Server 回傳的資料就變得豐富、擬真且合理了。不過，因為還未示範從 Ktor 取得 URL 參數，所以現階段只能將 **currentPage** 設為定值來取分頁資料。接下來就要讓 Mock Server 真正支援分頁，讓前端可依需求翻頁。

3-3-11 實作分頁

前面的示範裡有提到，從 Ktor 的每一個路徑宣告裡的 **call** 物件可以取得該次 Request 的內容及設定 Response。在 **request** 屬性裡，可以從 **queryParameters** 拿到該次呼叫的所有 URL 參數。但 URL 參數型別為字串且可能不存在，記得要用 **?.** 取出並轉型成整數，若參數不存在，再搭配貓王運算子 **?:** 設定預設值。另外，既然所有分頁都是靠數值運算出來，除了開放頁數讓前端設定外，每一頁要有幾筆資料，也可開放讓前端以 URL 參數指定：

▶ 檔名：.../collection/practice/mock/src/main/kotlin/io/kraftsman/plugins/ProductApi.kt

```
get("/api/v1/products") {

    val currentPage = call.request.queryParameters["page"]
                              ?.toIntOrNull() ?: 1

    // ...
```

```
    val perPage = call.request.queryParameters["perPage"]
                            ?.toIntOrNull() ?: 10

    // ...
}
```

再次重啟 Ktor 應用程式，測試在路徑後面加上 **?page={n}&perPage={n}** 等 URL 參數時（比方說第一頁、每頁兩筆資料，路徑就是 **http://localhost:8080/api/v1/products?page=1&perPage=2**），Mock Server 回傳的資料筆數及分頁行為是否正確。

3-3-12 模擬 API 回應速度

根據 API 的運算複雜度及回傳資料量的大小，會影響 API 的回應速度。但由於 Mock Server 沒有串接資料庫，也沒有 I/O 處理，一般常態的回傳時間大約在 400ms 左右。回應速度快雖然是好事，但也因此難以測試遇到耗時 API 的情境。

這時可以在 Mock Server 上動點手腳，開放一個 URL 參數 **time**，由前端決定 API 要增加多少反應秒數，讓 Mock Server 回應前暫停執行緒一段時間：

▶ 檔名：.../collection/practice/mock/src/main/kotlin/io/kraftsman/plugins/ProductApi.kt

```
get("/api/v1/products") {
    // ...

    val seconds = call.request.queryParameters["time"]?.
                                                toIntOrNull()
    if (seconds ≠ null) {
        withContext(Dispatchers.IO) {
            delay(seconds * 1000L)
        }
    }
```

```
    // ...
}
```

或是想讓 Mock Server 的回應時間更隨機一點，可以用 Range 產生介於一百至一千的隨機延遲毫秒數，透過讓 Mock Server「睡著」，模擬 API 不同的回應時間。

```
get("/api/v1/products") {
    // ...

    withContext(Dispatchers.IO) {
        val seconds = (100..1000 step 100).toList()
            .random()
            .toLong()
        delay(seconds)
    }

    // ...
}
```

只需要在 Mock Server 上增加幾行程式，就能讓 API 的反應行為更擬真。尤其是當 Android 前端想要測試使用 Coroutine 發送多個 HTTP Request 在效能上的表現時，就能透過這個技巧模擬。而 Ktor 設計簡單，使用的語言也跟 Android 開發相同，對於 Android 開發者來說很好上手。正所謂自己需要的 Mock Server 自己寫，掌握度更高。況且，**模擬 API 回應時間的 Mock Server**，是許多線上服務（如 **httpbin.org**[6]）都沒有提供的功能喔！

3-3-13 產生 HTTPS 網址

Mock Server 實作到這一步，不論是在資料內容或是回應速度的擬真度都已經很高。不過，若有在本機測試過 Android 的開發者會發現，Android 模擬器會要求所有的連線採 HTTPS 加密，若 Mock Server 還在開發，前面也沒加掛 SSL 的話，會讓前端無法連接 Mock Server。

要解決這個限制，只要在本機架個反向代理（Reverse Proxy），讓 Mock Server 前面有公開網址及 SSL，就能讓前端透過代理從外部連入本機的 Mock Server。筆者平常慣用 ngrok [7] 這套有免費額度的商業工具，若讀者習慣使用開放源始碼軟體，可至 Github 搜尋相關替代方案。

❑ 安裝 ngrok

ngrok 是一個指令列工具，官方已經部署到各個套件管理平台上，不論是在 macOS 上使用 Homebrew，或是在 Windows 上使用 Scoop，都能一行指令安裝：

```
# macOS
$ brew install ngrok/ngrok/ngrok

# Windows
$ scoop install ngrok
```

❑ 啟動 ngrok

要讓 Mock Server 能有對外的 HTTP 網址，首先在 IntelliJ IDEA 裡啟動 Mock Server，Ktor 預設會以 8080 埠對外提供服務。記下埠號後，開啟 IDE 的 **Terminal** 工具視窗，輸入 ngrok 指令：

```
$ ngrok http 8080
```

指令的第一個參數 **http** 表示由 ngrok 建立反向代理對外開放服務,第二個
參數則是設定將外部連線轉送至本機的 **8080** 埠。指令啟動後,ngrok 會即時產
生一個暫時的 HTTPS 網址,指令列的畫面如下:

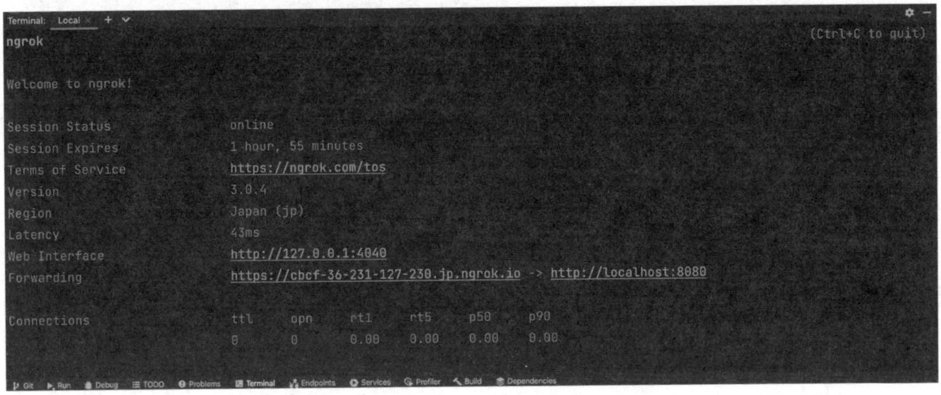

圖 3-3-8　以 ngrok 建立反向代理

從 ngrok 指令輸出的 Forwarding 一欄可以找到產生出來的 HTTPS 網址,
將這個網址取代原本在 **scratch.http** 檔案裡的 API 路徑,就能在有 SSL 加密
的 連線下測試 Mock Server:

```
GET https://cbcf-36-231-127-230.jp.ngrok.io/api/v1/products
Accept: application/json
```

ngrok 在運行時,還提供一個網頁版介面(請參考上圖 Web Interface 網
址),除了可以看到每次連線的詳細資訊外,還可以「重播」指定的連線行為,
無需依賴前端重複發送,對於開發和測試都非常實用。

使用完畢後,把視窗焦點放在 Terminal 工具視窗,按下 Ctrl + C 關閉
ngrok,中斷對外開放的連線。雖然免費版的 ngrok 會定時更換網址(註冊帳號
可延長一段時間),但只要簡單的兩個步驟,就能無痛地在本機架起有 SSL 加密
的 Mock Server,以短時間測試來說已足夠好用。若讀者在開發時遇到一定要有

HTTPS 網址的需求時，別忘了使用反向代理工具，可以提高不少開發效率。

圖 3-3-9　ngrok 網頁版介面

3-3-14 回顧

本章以提供 API 服務為例，示範綜合運用集合、Faker 套件、Ktor 框架，實戰開發 Mock Server，開發過程中用到的技巧整理如下：

- 集合技巧：
  - **1-4 集合取值**的 `chunked()` 方法：將集合依指定尺寸切成小塊，本章用於將資料分頁。
  - **1-9 轉換集合**的 `map()` 方法：將集合元素轉換為任何類別，本章用於將集合裡元素轉換成資料類別。

- **1-10 聚合集合的 `count()`** 方法：計算集合裡元素的總數，本章用於計算全部資料的總數及當前頁面的資料總數。
- **1-10 聚合集合的 `maxOrNull()`** 方法：找出集合裡最大值的元素，本章用於分頁計算時，找出最後一頁的頁數。
- **2-3 與集合併用的組合技的 Range** 技巧：迅速產生指定範圍的數字，本章用於產生指定數量的假資料。

- 以 Faker 套件產生假資料：
  - 以 kotlin-faker 套件不同的產生器產生各種主題的假資料。
  - **2-1 探索集合實作奧祕的 Extension Function**：為指定類別擴充方法，也可封裝複雜的程式邏輯，本章用於擴充 Faker 套件功能，產生可顯示線上圖片的網址。

- 以 Ktor 框架實作 Mock Server：
  - 以 Ktor 建立 HTTP 伺服器，提供 API 服務。
  - 先設計 API 規格，再以資料類別呈現資料格式，Ktor 會在回傳前自動序列化成 JSON 字串。
  - 讓前端傳入 URL 參數以決定 Mock Server 的部份行為。
  - 透過暫停執行緒，模擬不同長度的 API 反應時間。
  - 若前端要求 API 路徑必需是 HTTPS，可用 ngrok 架設反向代理。

透過綜合運用以上技巧，可快速打造專案所需的 Mock Server，在前後端分離、多人同時開發的情境下，若在開發前期就先用 Mock Server 讓前端串接，除了能儘早驗證 API 規格及頁面流程外，後端也可爭取更多時間做底層建設。不但能免除彼此等待的時間，更有機會讓整體開發時間縮短，相信是更有效率的團隊分工模式。

雖然開發圈裡也有不少 Mock Server 的選項，但以 Ktor 實作 Mock Server，除了開發語言熟悉外，自己實作 Mock Server 可 100% 針對自己的需求開發、掌控度破表，且已經完成的 Mock Server 也可以在之後繼續開發成正式上線的 API 服務，正所謂進可攻、退可守，好處多多！

結語

經過技法、心法及實戰三部份的說明後，相信讀者對於 Kotlin 標準函式庫裡的集合套件，不論是方法分類、功能用途、命名慣例、底層實作、實戰應用⋯等各方面，都有更深入的理解與體會。在最後，筆者想分享自己在使用集合時的心態，並整理延伸的學習資源做為全書總結。

4-1 有意識的把集合應用在實務上

在學習一項新技能時，除了擁有知識、配合大量練習外，關鍵還是要將學到的技巧應用在實務上，才能真正學以致用，變成肌肉記憶。就像電影《葉問》裡的經典台詞：「別只知道記口訣，關鍵還是要打到人。」

而最直接的方式，就是每當寫到 for 迴圈時、發現自己在處理大量資料類別時、發現自己正在使用建立集合的方法時，就要「有意識」的思考能如何串接集合方法，各方法的回傳值為何，有什麼組合技可一併使用。當這個循環運作愈多次，就會慢慢在腦中建立強連結，進而成為直覺反應，集合方法也就愈寫愈上手。

當然，為數眾多的集合方法，一時之間不可能全背下來。因此，筆者才會將集合方法分成九大類，並以速查地圖輔助。在實務應用時，先回想有哪些可能的選擇，再透過速查、概念驗證、原型測試…等步驟，逐步建立體感後，就能融入日常開發中了。

4-2 小步前進，持續改善

雖然筆者鼓勵大家把本書技巧用在實務開發裡，但在練習導入時，不需一步到位，而是秉持著「大處著眼，小處著手」的精神，從最簡單、最容易的地方開始即可。就像嬰兒學步一樣，每次只求前進一小步，從把 for 迴圈用 `forEach()` 改寫開始，再逐步導入更多的集合方法，以免落入什麼技巧都想用，結果反而卡在不知該怎麼下手的困境。別忘了，完美的程式碼都不是一蹴可幾，而是多次重構後的結果。抱著小步前進、持續改善的心情，往理想願景前進即可。

這種每次只改一點的方式，也符合集合用多個小動作組合成複雜操作的精神。當一個複雜的運算流程拆解成多個小塊時，除了能降低解題的複雜度，也能專注在每一塊的重點上，透過集結眾多的一小步來組合出最後的結果。或許看起來花的步驟很多，但反而是更有效率的解決方案。

4-3 條條大路通羅馬

在使用集合方法時，常會遇到多個方法皆可達成一樣的操作結果。比方說在一份英文姓名的集合裡，想移除含 **o** 字元的名字時，用 **removeIf()**、**removeAll()** 或 **filter()** 都可以將符合條件的元素從集合裡移除。

```
val names = mutableListOf("Eli", "Mordoc", "Sophie")

names.removeIf { it.contains('o') }
// names 的內容為 [Eli]

names.removeAll { it.contains('o') }
// names 的內容為 [Eli]

names.filterNot { it.contains('o') }
// 方法回傳 [Eli]
```

請注意上例中，因為來源是一個可變集合，所以能使用 **1-7** 裡操作集合的 **removeIf()** 及 **removeAll()** 方法以及 **1-8** 集合分群的 **filter()** 方法。而這三個方法間的差異，除了 **removeIf()** 和 **removeAll()** 方法會直接變更原始集合，而 **filter()** 方法則是回傳新集合外；三個方法名稱所表達出來的語意也明顯不同。

類似的例子還有 **associateWith()** 及 **associateBy()**。在水果集合裡，若想要組合出水果名稱與名稱長度的 Map，兩種方法皆可達成：

```
val fruits = listOf("Grape", "Muskmelon", "Kumquat", "Pear")

fruits.associateBy({ it }, { it.length })
// {Grape=5, Muskmelon=9, Kumquat=7, Pear=4}
```

```
fruits.associateWith { it.length }
// {Grape=5, Muskmelon=9, Kumquat=7, Pear=4}
```

上例中的兩個方法，**associateBy()** 的彈性較高，可以透過 **keySelector** 及 **valueTransform** 兩個參數來指定回傳 Map 的 Key/Value 來源，而 **associateWith()** 則是專注在 Map 的 Value 上。所以雖然在這個例子裡產生的結果相同，但兩個方法仍有其獨立存在的意義。

1-10 集合聚合的 **maxByOrNull()** 及 **maxWithOrNull()** 方法也是經典的案例，在取出購物車裡購買數量最多的商品時，**maxByOrNull()** 是傳入 λ 來選擇比較的屬性，而 **maxWithOrNull()** 則是傳入 Comparator 做為比較的基準：

```
val cart = listOf(
    OrderItem(1, ..., 2),
    OrderItem(2, ..., 8),
    OrderItem(3, ..., 3),
)

cart.maxByOrNull{ it.amount }
// OrderItem(id=2, product=..., amount=8)

cart.maxWithOrNull(compareBy{ it.amount })
// OrderItem(id=2, product=..., amount=8)
```

又或是 **1-8 集合分群**裡的 **filterIsInstance()** 及 **partition()** 方法，都可以將集合裡不同型別的物件分群。不過 **filterIsInstance()** 一次只能過濾出一種型別，若要取出集合裡的多個型別，就要分多次執行。而 **partition()** 雖然可以用於這個操作，但只能分成兩群。

```kotlin
val people = listOf(
    Teacher(1, "Tommy", "Wong", 3),
    Teacher(3, "John", "Doe", 1),
    Student(5, "Sean", "Lin", "sean.lin@gmail.com", 6)
)

people.filterIsInstance<Teacher>()
/*
  [
    Teacher(id=1, firstName=Tommy, lastName=Wong, level=3),
    Teacher(id=3, firstName=John, lastName=Doe, level=1)
  ]
*/


people.filterIsInstance<Student>()
/*
  [
    Student(id=5, firstName=Sean, lastName=Lin, email=..., grade=6)
  ]
*/


val (teachers, students) = people.partition { it is Teacher }
/*
teachers 變數內容為
[
  Teacher(id=1, firstName=Tommy, lastName=Wong, level=3),
  Teacher(id=3, firstName=John, lastName=Doe, level=1)
]
students 變數內容為
[
  Student(id=5, firstName=Sean, lastName=Lin, email=..., grade=6)
]
*/
```

當然，以上這些例子，筆者都是挑選在特定條件下，不同方法產生相同結果的情境。當需求變更時，這些方法產生的結果就會不同。不過筆者之所以舉這些特例，主要想強調兩個心得：

1. **使用集合方法沒有固定路徑，條條大路通羅馬**

   集合方法都是為執行特定任務而設計的，透過不同的方法組合，也能產生出相同的結果，完全看開發者如何用程式碼表達自己的思考與解題方式。也因此，到底該使用哪些集合方法，沒有標準答案。

2. **一切都跟語意有關**

   從上面的例子中可以感受到，雖然不同方法可以產生相同結果，但各方法除了功能面的不同外，語意的本質也不同。在前面的章節裡，筆者曾強調集合方法在命名時的語意，所以在選擇集合方法時，挑選重點可以放在語意的表達上；也就是說怎麼樣能把程式碼寫得像是在說話一般自然，是開發者可以努力追求的目標。不過，延續前面小步前進的精神，開發時先選擇符合當下語境的方法使用即可，若日後覺得這個寫法不好，再重構即可，撰寫的當下不需糾結。

4-4 關於效能與效率的反思

像集合這般鼓勵將動作拆解成數個步驟的操作方法，有時會引來一些反對意見。筆者觀察網路上的討論，主要的癥結點可分為兩個：

1. 部份情境裡，由於拆解成數個集合，導致比只用 for 迴圈花費更多次的迴圈，才能完成相同的任務。

2. 延續上一點，由於使用迴圈數量的差異，會降低程式運行的效能。當迴圈內有耗資源的工作時，對效能的影響就會愈明顯。

筆者本身並非效能調校專家，對於 JVM 底層的運作沒有深入研究。對於使用集合會不會影響效能，並無法給出明確的答案。但就筆者對 Kotlin 開發團隊的了解，效能一直都是各版本的改善重點之一，Kotlin 使用 Sequence 類別解決使用集合過程中可能的消耗，許多方法也以 Inline Function 實作以降低對效能的影響，在大多數的情境下都算理想。因此，除非開發中的程式有明顯的效能瓶頸，且追根究底是因為使用集合的關係，否則站在「好的程式效能」與「語意清楚帶來好的開發效率」的天平前，筆者會選擇往「語意清楚」一方傾斜。畢竟好維護的程式碼在短期內或許看不出效益，但長期來看帶給團隊的幫助就會很明顯。

針對可能的效能問題，有興趣的讀者可以參考由 Grzegorz Piwowarek 所發表的 Kotlin Collections API Performance Antipatterns [1] 以及由 Nish Tahir 發表的 Benchmarking Kotlin Collections api performance [2] 這兩篇文章，裡面針對串接集合方法可能引發的效能問題，以及 Jetpack Compose 原始碼裡一系列以 `fast` 開頭的集合方法做了深入的討論。

4-5 要樂在其中

最後，也是筆者覺得最重要的，在**使用新技能時，一定要樂在其中，享受這些技巧帶來的成就感與滿足感**。若不喜歡集合，硬要使用，反而讓開發工作變得不開心，就失去了當初學習的本意。上手集合後，也別忘了將這份心情分享給身邊同事、開發圈的朋友，讓更多人能體驗使用集合的樂趣，充份享受集合的賞玩之道！

4-6　延伸學習資源

學海無涯，即便筆者盡力將所有與集合有關的知識都集結在本書之中，但可預期的是，隨著 Kotlin 版本的更新、開發範式的轉移，書本的內容難免不足。以下列出筆者推薦的學習資源與相關技術社群，希望能讓讀者在閱讀完本書後，有可以持續精進的資源。

❏ Kotlin 官方文件裡的集合章節

Kotlin 團隊致力於提供清楚易懂的說明文件，推出新版本時也會一併更新文件。官方文件裡針對集合的使用有專屬的章節 [3]，其中從集合的基本操作、不同情境的運用方法，到針對 List、Set 及 Map 的專用操作都有詳細的說明。在閱讀本書 **2-1 探索集合實作奧祕**及 **2-3 與集合併用的組合技**時，可搭配提到的主題將官方文件一併讀完，相信會對集合有更完整的認識。

❏ Kotlin 官方 YouTube 頻道

影片搭配動畫說明常能幫助理解抽象的技術主題，Kotlin 團隊有鑑於這個趨勢，也成立了官方 YouTube 頻道 [4]。裡面除了有官方活動的錄影、Kotlin 技術傳教士推出的主題內容，也不定期邀請客座講師前來分享 Kotlin 主題。把上面的影片看完，保證功力增加一甲子。

❏ Kotlin 官方 Twitter 帳號

Kotlin 官方使用 Twitter 做為即時訊息的發佈管道 [5]，包括新版本發佈訊息、最新部落格文章 [6]、YouTube 新影片…等。團隊也會在 Twitter 上分享各種 Kotlin 小技巧，有興趣的讀者可以關注 **#KotlinTips** Hashtag [7] 的所有貼文。除了 Kotlin 官方 Twitter 帳號外，還可以追蹤 KotlinConf 的 Twitter 帳號 [8]，若有研討會相關訊息時，也可以第一時間收到通知。

除此之外，國外的 KOL 喜歡用 Twitter 發佈動態及時事評論。因此筆者也關注不少 Kotlin 團隊、JetBrains 技術傳教團隊、Android 團隊、Jetpack Compose 團隊，以及各知名框架或工具（如 Spring、Ktor、Gradle、Maven）的 Twitter 帳號，從旁觀察技術新趨勢，常會發現一些有趣的新聞、技巧或好文章。

❏ JetBrains Academy

學習的方式不止是閱讀，透過實作更能融會貫通。為了讓更多人能接觸、學習 Kotlin，JetBrains 官方推出 JetBrains Academy 線上教學平台[9]。除了文字型式的觀念講解外，特色是能將練習題結合到 JetBrains IDE 裡，以任務導向的方式，讓學習者在 IDE 裡把程式碼寫出來，搭配預先設定好的測試做驗證，讓學習更有趣味、也更符合開發思維。讀者可至 JetBrains Academy 開通學習帳號，選擇 Kotlin 主題課程，從今天開始練習。

❏ Kotlin Weekly 電子報

覺得太多平台追起來很累、資訊過量讀不完嗎？希望有人可以幫您挑文章、直接抓重點來看嗎？那麼 Kotlin Weekly 電子報[10] 就很適合忙碌的您。這個電子報會每週精選來自 Kotlin 生態系的最新文章、Podcast 及函式庫更新，定期補充 Kotlin 開發者所需要的營養。

❏ Kotlin Tips 學習資源站

以上資源全都都是英文的，為提供繁體中文使用者一個 Kotlin 學習資源集中地，筆者建置 Kotlin Tips[11] 學習資源站，上面整理了撰寫 Kotlin 的小技巧、社群夥伴提供的主題教學、讀書會及練功場的活動訊息以及線上技術分享的錄影。讀者可以將這個資源站做為學習 Kotlin 的入口，選擇適合自己程度的資源來學習，並參與由社群志工舉辦的分享活動。

❏ Kotlin 讀書會

為了協助新手踏上 Kotlin 之路，從 2020 年 3 月開始，筆者就在線上舉辦 Kotlin 讀書會，以每週一章的進度，由導讀志工帶著大家一起學習。參與讀書會的方式很簡單，只要預先讀完該週的進度，並在指定的時間登入線上會議室即可。截止目前為止，已經舉辦了四次 Kotlin 新手讀書會及一次 Coroutine 讀書會，超過百人從這個讀書會結業。

值得一提的是，Kotlin 新手讀書會從第三季開始，提供活動錄影供複習，還會邀請前幾屆的學長姊回來分享他 / 她們的學習心得，或業界大神在業界導入 Kotlin 的經驗。想參與讀書會的朋友，可以參考 Kotlin Tips 學習資源站上的專頁。

❏ Kotlin 練功場

在讀書會成功訓練出數個梯次的 Kotlin 開發者後，筆者就在思考是不是能讓這些畢業生「學以致用」？因此設計出系列活動 - Kotlin 練功場。邀請社群內的 Kotlin 高手擔任教學組長，並號召志工組成教學小組，依不同應用主題分成後端開發、手機開發、刷題及資料科學等組別，由教學組長以線上教學的方式，出題讓學員練習，讓大家在學完 Kotlin 的基礎語法後，能將 Kotlin 應用在想要發揮的領域。想參與練功場的朋友，可以參考 Kotlin Tips 學習資源站上的專頁。

❏ Kraftsman：Coding 職人塾 Facebook 粉絲頁

追求程式開發的細緻程度也算是一種工藝吧？因此筆者以「Kraftsman：Coding 職人塾 [12]」命名自己的 Facebook 粉絲頁（英文應使用 Craftsman 意指工藝達人，但把 C 以 Kotlin 的 K 取代，是 Kotlin 團隊在命名時的默契）。想了解軟體開發新聞、Kotlin 程式語言、JetBrains 最新動態、工程師職涯及軟技能等主題的話，歡迎關注筆者粉絲頁，週一到週五每天一篇貼文帶您跟上最新時事！而同名的 YouTube 頻道 [13] 則整理了讀書會、練功場、技術分享的錄影，也請讀者幫我按讚、訂閱、加分享，並開啟小鈴鐺以取得最新通知喔！

❑ Kotlin 好朋友社群

為了方便聯絡與訊息公佈，讀書會在 LINE 及 Telegram 平台上各有專屬群組，但現在從時事新聞、新知分享到疑問解答都有，已儼然是一個線上社群了。假如讀者偏好即時互動的話，歡迎透過以下方式加入讀書會的線上群組：

- LINE 群：請先加筆者 ID（shengyoufan）後傳個訊息，筆者會再邀請入群
- Telegram 群：請使用群組網址加入 https://t.me/joinchat/DAUjOBrfu7_05sa9YYb5FQ

另外，Kotlin 支援多平台的特性，加上 Google 的 Android 團隊選定 Kotlin 成為官方語言，讓 Kotlin 社群能與許多技術社群保持良好的關係。筆者針對不同討論主題，列出相關繁體中文社群供讀者參考：

1. 專注討論 Kotlin 的話，可以關注 Taiwan Kotlin User Group 粉絲頁 [14] 並加入 Kotlin Taipei [15] 社團參與討論。
2. 想跟 Java 背景的同好做交流的話，可以加入 TWJUG 社團 [16]，並參與每年的 JCConf 研討會 [17] 以獲取新知。
3. 想把 Kotlin 用在後端開發的話，別錯過 Taiwan Backend Group 社團 [18]，裡面的大神不只能討論 Kotlin，還能跟他們請教其他深似海的後端主題。
4. 若背景是手機開發，想找 Android 社群的話，那可以到 Android Developer 開發讀書會 [19] 及 Android Taipei 開發者社群 [20] 這兩個社團，或是參加全台 GDG 社群（台灣 GDG 社群清單請參考由 Google DevRel 上官林傑寫的介紹文 [21]）的活動。

附錄

　　雖然本書的重點在於討論集合的類別方法、底層實作及綜合應用，但做為一本 Kotlin 主題書，總希望能涵蓋到最大範圍的讀者群，除了協助經驗尚淺的開發者迅速上手外，也提供有經驗的開發者更多不同的思路。畢竟對於開發者來說，對工具箱裡的工具愈熟悉，就愈能應對各種情境；在遇到錯誤時，手上也會有更多可能的解法，這往往也是開發者資歷的差距。因此，本書特別在書本的最後增加一系列建置開發環境有關的附錄，介紹如何在自己的電腦上建置開發環境，讀者可依需求挑選章節閱讀，補齊缺漏的知識點。

　　本書附錄在撰寫時，秉持著「按圖施工、保證成功」的精神，逐步截圖，力求完整呈現，方便讀者跟讀操作，降低知識落差。同時，為了滿足使用不同作業系統、不同套件管理系統的偏好，在撰寫附錄時，也以註記的方式補充說明不同作業系統在建置開發環境時的差異點，以及不同套件管理系統的指令。唯獨為避免圖片佔用過多篇幅，部份截圖僅在 macOS Monterey 12.3 上示範，其他平台或各版本間的差異不大，若讀者在建置過程中遇到問題，可參考本書 **4-1 結語**的延伸學習資源，並在線上群組裡提問。

5-1 安裝 IntelliJ IDEA 開發工具

要擁有一個可以開發 Kotlin 程式的環境，讓您可以執行本書的範例，我們會需要兩個工具：

1. 撰寫 Kotlin 程式的整合開發環境（Integrated Development Environment - IDE）。
2. 編譯程式碼成可執行程式的 JDK（Java Development Kit）。

對於開發者來說，IDE 和 SDK 就是最重要的兩個生財器具。在附錄的第一個章節，筆者會先帶著大家完成 IDE 的安裝與設定，希望能提升讀者對工具的掌握程度，在遇到問題時能更快速、清楚地知道如何解決。

5-1-1 IntelliJ IDEA 簡介

由於程式開發所需的工具日漸複雜，以開發 JVM 相容的程式為例，至少會需要編輯器、終端機、套件相依管理（Gradle 或 Maven）、測試工具…等，而 IDE 就是一個把所有開發需要的工具整合起來的軟體，讓開發者可以更有效率的工作。IntelliJ IDEA 是由 JetBrains 開發的一款 IDE，在經過二十年的發展後，現在已經是業界公認最好用也是效率最高的開發工具。加上 Kotlin 程式語言也是由 JetBrains 發佈的開放原始碼專案，因此 IntelliJ IDEA 就順理成章地成為開發 Kotlin 程式的御用 IDE。

IntelliJ IDEA 共有兩個版本：Community 版及 Ultimate 版。免費且開放原始碼的 Community 版具備開發 JVM 程式的基本功能，若您需要學習 Kotlin 程式語言的工具，或是僅用於開發函式庫的話，Community 版可以滿足您大部份的需求；不過若您需要寫更複雜的程式（如 Web 應用、資料庫）、需要支援框架（如 Spring、Ktor），建議您可以使用 Ultimate 版以獲得更好的體驗。您可以先開通 IntelliJ IDEA Ultimate 版的三十天免費試用，實際體驗一下它對您的開發工作帶來多少效率提升後，再決定是否付費。

本書因部份範例需要用到 IntelliJ IDEA Ultimate 版的功能，因此在截圖和示範時會以 Ultimate 版本為主。但您仍可以使用 Community 版開啟並執行本書所有範例，唯部份範例的進階功能（如支援 Ktor 框架、資料庫操作等）無法使用而已，並不影響跟讀學習。

5-1-2 安裝 JetBrains Toolbox App

安裝 IntelliJ IDEA 最好也最容易的方式就是使用 JetBrains 官方發行的 Toolbox App，它可以讓您一鍵安裝及更新所有 JetBrains IDE，同時也支援多版本安裝，若日後想降版也可直接一鍵降版。以前很多需要手動修改設定檔的動作，現在也都有圖型化介面（Graphical User Interface - GUI）提供給您輕鬆修改。

首先請到 Toolbox App 的下載頁[1]，頁面上的下載按鈕會自動識別您的作業系統，點選 **Download**，把 **.dmg**（macOS）或 **.exe**（Windows）下載到本機即可。

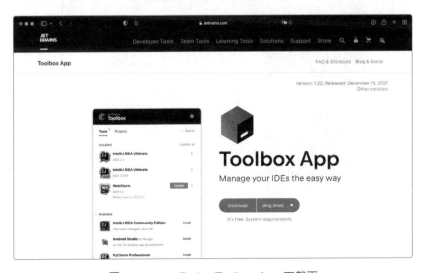

圖 5-1-1　JetBrains Toolbox App 下載頁

安裝 Toolbox App 的方式很簡單，以 macOS 作業系統為例，掛載 **.dmg** 後把 Toolbox App 拖曳到應用程式資料夾即可。

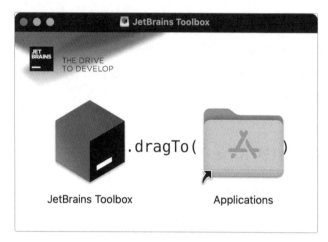

圖 5-1-2　macOS 版 JetBrains Toolbox App 安裝畫面

而 Windows 作業系統則是雙擊 **.exe** 後，先按 **Install**，再照著畫面按下一步即可。

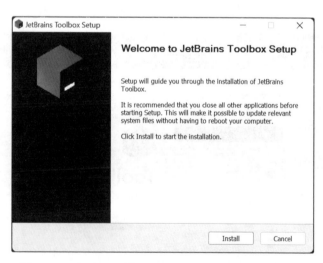

圖 5-1-3　Windows 版 JetBrains Toolbox App 安裝畫面

> **提示**
>
> 比較進階的讀者可能會想要使用各作業系統平台的套件管理系統來安裝軟
> 體,一方面統一流程方便管理、一方面也更容易自動化。若您有這方面的
> 需求,這邊筆者也提供 Homebrew(macOS)及 winget(Windows)兩個
> 平台的安裝指令供使用:
>
> 使用 Homebrew 安裝 JetBrains Toolbox App:
>
> ```
> $ brew install --cask jetbrains-toolbox
> ```
>
> 使用 winget 安裝 JetBrains Toolbox App:
>
> ```
> $ winget install JetBrains.Toolbox
> ```

5-1-3 安裝 IntelliJ IDEA

初次啟動 Toolbox App 時會需要同意隱私權條款,點選 **Accept** 接受後開啟
Toolbox App 視窗。

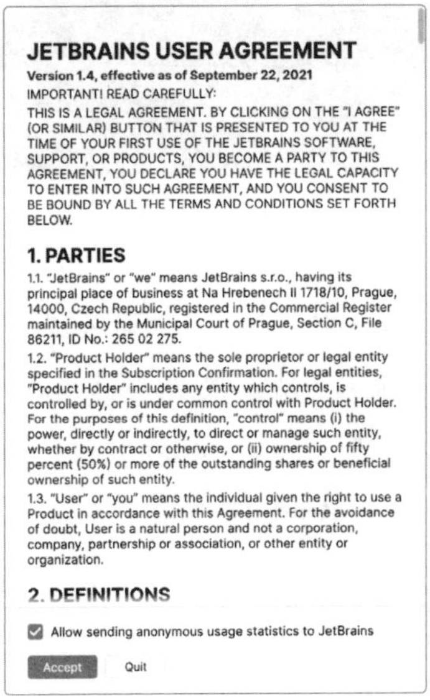

圖 5-1-4 JetBrains Toolbox App 隱私權條款畫面

有 Toolbox App 後，就可以用 Toolbox App 安裝 JetBrains IDE。點一下 IntelliJ IDEA 右邊的 **Install** 鍵，Toolbox App 就會自動下載並安裝 IntelliJ IDEA。

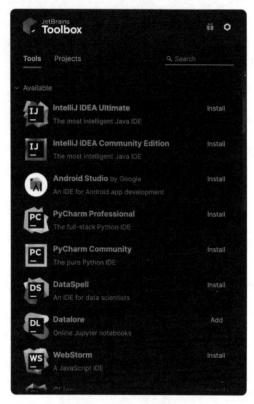

圖 5-1-5　以 Toolbox App 安裝 IntelliJ IDEA

未來若要執行 IntelliJ IDEA 時，可以直接在 Toolbox App 中點選啟動，或是可以在 Dock（macOS）或桌面、快速啟動列（Windows）建立捷徑以配合自己的操作習慣。若不需要每次開機就啟動 Toolbox App 的話，可以在偏好設定裡關閉 **Launch Toolbox App at system startup**。

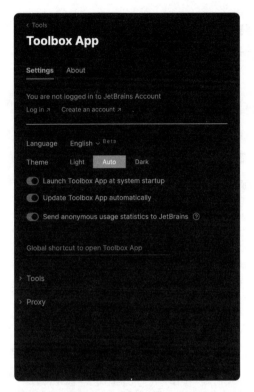

圖 5-1-6　JetBrains Toolbox App 偏好設定畫面

　　順便一提，安裝時您可能會注意到 IntelliJ IDEA 的版本號，這個由三碼數字組成的版本號是有意義的。**第一碼代表發行年代、第二碼代表大版本號**，每一年約會有三至四次的大版本更新、**第三碼是小版本號**，依據該版本會推出數次修正版。以本書撰寫當下安裝的 2022.1.2 來說，代表是 2022 年的第一個大版本的第二個修正版。有了這樣的基本概念後，未來只要看手上跟官方公佈的版本號差異，就知道自己用的是哪個版本、有沒有需要更新了。

5-2 在 Unix-like 作業系統上安裝 / 管理多個版本的 JDK

在開發 JVM 應用時，首要之務就是安裝 JDK，才能編譯原始碼成可執行的程式。而為了測試自己的程式碼是否能在幾個主要版本的 JVM 上執行，通常我們也會安裝多個版本的 JDK 來確保相容性。在這個章節裡，筆者將介紹 SDKMAN [1] — 可以在 Unix-like 作業系統上安裝、切換多個版本的 JDK 的 SDK 管理系統。

5-2-1 SDKMAN 簡介

管理多個版本的 SDK 可說是各個程式語言的開發者都會遇到的需求。還記得筆者最早是從 RVM [2] 看到這樣的設計，透過指令工具來下載、安裝、管理不同版本的 Ruby SDK。隨著接觸的程式語言愈來愈多，發現幾乎每個程式語言都有這樣的設計，像是 Node.js 的 nvm [3]、PHP 的 Phpbrew [4]…等。而 Java 做為老牌程式語言，擁有廣大的 JVM 生態系，這種工具更是不在少數。經過筆者實測數個 JDK 管理工具後，在 Unix-like 作業系統上，我推薦大家使用 SDKMAN。

SDKMAN 是一個開放原始碼專案，本身採用 Bash 實作（官方正在實驗以 Rust 開發下一代 CLI），不需依賴其他環境即可執行。它不僅可以管理多個 JDK，其他 JVM 相容語言（像是 Kotlin、Scala、Groovy）或是套件相依管理工具（像是 Maven、Gradle、sbt）都可以一併管理，對於 JVM 開發者來說簡直就像一把多合一的瑞士刀，非常方便！

本章就跟各位讀者詳述如何安裝及使用 SDKMAN 來下載、管理、切換多個版本的 JDK。

5-2-2 安裝 SDKMAN

安裝 SDKMAN 的方式非常簡單，首先開啟作業系統上對應的終端機應用程式，輸入官網的安裝指令如下：

```
$ curl -s "https://get.sdkman.io" | bash
```

依照畫面上的指示完成安裝，安裝完成後可以重開終端機或用以下指令重新載入環境一次：

```
$ source "$HOME/.sdkman/bin/sdkman-init.sh"
```

完成後可以在終端機輸入 **$ sdk version** 取得 SDKMAN 的版本號來驗證安裝是否成功，您可以在終端機看到 SDKMAN 的版號，如 **sdkman 5.13.1** 的輸出結果。

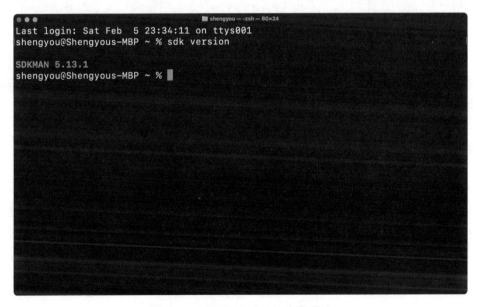

圖 5-2-1　確認 SDKMAN 安裝成功

5-2-3 安裝多版本 JDK

在安裝 JDK 前，我們要先取得 JDK 清單，並從這份清單裡選擇想要安裝的 JDK 的識別碼（Identifier）。首先，請先用 `sdk list java` 取得這份清單，SDKMAN 會回傳類似下圖的表格。

```
■ shengyou — less — 80×24
================================================================
Available Java Versions for macOS 64bit
================================================================
 Vendor    | Use | Version     | Dist | Status | Identifier
----------------------------------------------------------------
 Corretto  |     | 17.0.2.8.1  | amzn |        | 17.0.2.8.1-amzn
           |     | 11.0.14.9.1 | amzn |        | 11.0.14.9.1-amzn
           |     | 8.322.06.1  | amzn |        | 8.322.06.1-amzn
 GraalVM   |     | 22.0.0.2.r17| grl  |        | 22.0.0.2.r17-grl
           |     | 22.0.0.2.r11| grl  |        | 22.0.0.2.r11-grl
           |     | 21.3.1.r17  | grl  |        | 21.3.1.r17-grl
           |     | 21.3.1.r11  | grl  |        | 21.3.1.r11-grl
           |     | 21.3.0.r17  | grl  |        | 21.3.0.r17-grl
           |     | 21.3.0.r11  | grl  |        | 21.3.0.r11-grl
:
```

圖 5-2-2　取得 SDKMAN JDK 清單

SDKMAN 會顯示一個非常長的表格，可以按鍵盤的上、下鍵（或是 K、J 鍵）來捲動畫面。注意表格裡 **Vendor**、**Version** 及 **Identifier** 這三個欄位，**Vendor 代表 JDK 的出廠單位**、**Version 顯示的是 JDK 的版本**、**Identifier 則是 SDKMAN 裡以 Vender + Version 組合的唯一識別碼**。透過 Identifier，安裝時才有辦法識別不同版本的 JDK 出廠組合。所以在安裝各版本的 JDK 之前，記得先把對應的識別碼記下來，用在稍後的安裝指令裡。

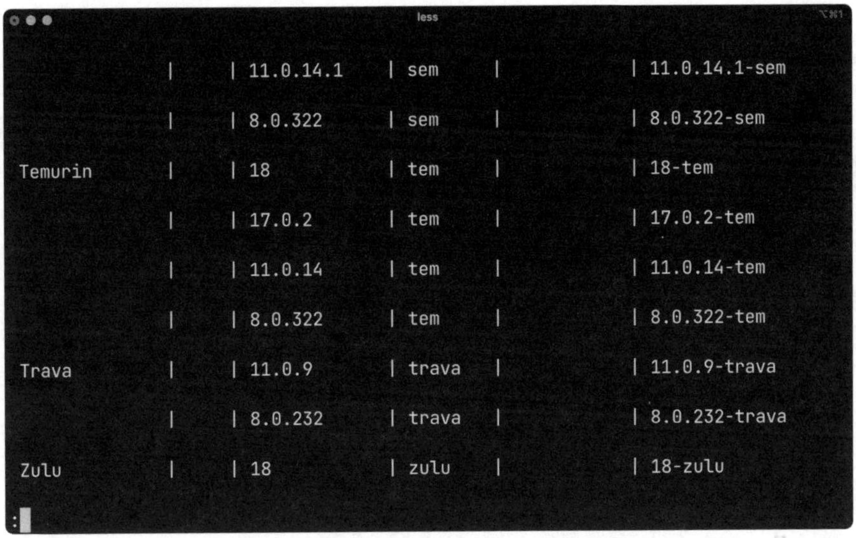

圖 5-2-3　取得本書使用的 JDK 識別碼

以本書使用的 Temurin 的 17.0.2 版本為例，從上圖的表格可以看到對應的
識別碼就是 **17.0.2-tem**，請在 Terminal 裡輸入以下指令安裝：

```
$ sdk install java 17.0.2-tem
```

透過使用 **sdk install** 指令搭配多個 JDK 識別碼，我們就可以在本機電
腦上安排多個不同的 JDK。假如要移除指令版本的 JDK 的話，則把 install 改成
uninstall 即可，比方說：

```
$ sdk uninstall java 17.0.2-tem
```

5-2-4　切換及設定使用的 JDK 版本

雖然我們可以透過 SDKMAN 安裝多個版本的 JDK，但當我們執行 **java** 指
令時，作業系統會自動選擇預設的 JDK。而 SDKMAN 的另一個重要功能，就是
可以協助我們切換或設定系統預設的 JDK。

首先，我們先查詢一下目前作業系統使用的 JDK 是哪個版本？在終端機裡輸入 **current** 指令，SDKMAN 就會回傳目前使用 JDK 的識別碼。

```
$ sdk current java
Using java version 17.0.2-tem
```

若需切換 JDK 版本（如 JDK 11），請用 **use** 指令來做切換，在這個終端機關閉前所使用的 JDK 就會是這個版本。

```
$ sdk use java 11.0.14-tem
```

假如您希望把 JDK 11 做為作業系統的預設 JDK 的話，則要透過 **default** 這個指令來指定。

```
$ sdk default java 11.0.14-tem
```

這樣即便終端機關閉後重開，下次也會使用 JDK 11 執行和編譯。

5-2-5 其他常用 SDKMAN 指令

除了上述指令外，其他常用指令如：更新 JDK 清單、升級所有已安裝的 SDK 版本、升級 SDKMAN…等指令，一併整理如下：

```
# 升級可安裝的 SDK 清單
$ sdk update
# 升級所有已安裝的 SDK 版本
$ sdk upgrade
# 更新 SDKMAN 本身
$ sdk selfupdate
```

以上就是使用 SDKMAN 管理多版本 JDK 的基本流程，學會使用 SDKMAN 後，除了對開發工作會很有幫助外，若是需要在沒有圖型化介面的主機上安裝 JDK 時，SDKMAN 也能派上用場。若想瀏覽 SDKMAN 可以安裝的工具清單，可以到 SDKMAN 官網中的 JDK 清單頁[5] 及 SDK 清單頁[6] 查詢，而完整的 SDKMAN 指令教學，可以參考官網指令一覽[7]。

5-3 在 Windows 作業系統上安裝 / 管理多個版本的 JDK

前一章介紹的 SDKMAN 是用 Bash 實作，若您的工作機為 Windows 系統（本書以 Windows 10 及 Windows 11 兩個版本為例），無法使用 SDKMAN 來管理多版本 JDK 的話，我推薦使用 Scoop 來取代 SDKMAN。由於設計目標相同，因此在架構觀念、語法指令都很雷同，上手轉換都非常容易。

5-3-1 Scoop 簡介

Scoop[1] 是一個開放原始碼專案，其定位成 Windows 平台的指令安裝工具，您可以把 Scoop 想像成是 Windows 的 Homebrew 或 Apt 這類套件管理系統，只需幾行指令就可以輕鬆安裝各種開發者需要的軟體。由於是使用 .NET Framework 並針對 PowerShell 環境開發，完全符合 Windows 的使用需求。它不僅可以管理多個 JDK，其他程式語言的 SDK（如 PHP、Node.js）甚至一些在 Linux 常用的指令（如 wget、curl）都有，對於習慣 Unix-like、以終端機來操作電腦的開發者來說是再方便不過了。

本章會詳述如何安裝及使用 Scoop 來下載、管理、切換 JDK。

5-3-2 安裝 Scoop

以往操作 Scoop 時都得在命令提示字元（cmd.exe）裡下指令，而在 Windows 10 及 Windows 11 上則推薦使用 Windows Terminal [2] 這套由官方所釋出的全新終端機軟體。Windows Terminal 並不包含在 Windows 10 內，需要從 Microsoft Store 下載安裝，而 Windows 11 則已內建。有了 Windows Terminal 後就可以把難用的命令提示字元丟一邊了。

在安裝 Scoop 前請先確認本機電腦裝有 PowerShell 5 及 .NET Framework 4.5 以上的環境。接著開啟 Windows Terminal，輸入官網的安裝指令，如下：

```
$ Invoke-Expression (New-Object System.Net.WebClient).
                    DownloadString('https://get.scoop.sh')
```

假如回應需要設定權限的話，則先執行以下指令：

```
$ Set-ExecutionPolicy RemoteSigned -scope CurrentUser
```

安裝完成後重開 Windows Terminal 接著輸入 **$ scoop status** 確認是否安裝成功，你應該可以看到 **Scoop is up to date. Everything is ok!** 的回應訊息。

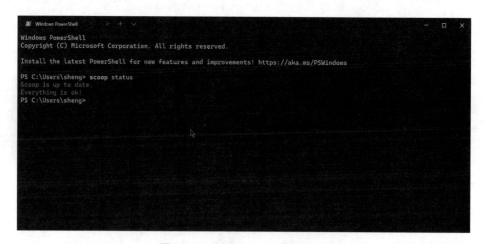

圖 5-3-1　確認 Scoop 安裝成功

> **提示**
>
> 安裝完 Scoop 首次在終端機裡使用指令時，Scoop 可能會提示需要更新套件庫清單，這時請先安裝 Git 再執行 **update** 即可：
>
> ```
> $ scoop install git
> $ scoop update
> ```

5-3-3 安裝多版本 JDK

在安裝 JDK 之前，先將 Java 相關的套件庫加入 Scoop 的套件庫清單：

```
$ scoop bucket add java
```

接著，需要先搜尋可安裝的 JDK 清單，並從這份清單裡取得想要安裝的 JDK 名稱。請先用 **scoop search jdk** 取回列表，Scoop 會回傳類似下圖這樣的畫面。

```
$ scoop search jdk
```

```
PS C:\Users\sheng> scoop search jdk
'java' bucket:
    corretto-jdk (17.0.2.8.1)
    corretto11-jdk (11.0.14.9.1)
    corretto16-jdk (16.0.2.7.1)
    corretto17-jdk (17.0.2.8.1)
    corretto8-jdk (8.322.06.1)
    dragonwell11-jdk (11.0.13.9-11.0.13)
    dragonwell8-jdk (8.9.10-312)
    graalvm-jdk11 (22.0.0.2)
    graalvm-jdk17 (22.0.0.2)
    graalvm-nightly-jdk11 (22.1.0-dev-20220204_2313)
    graalvm-nightly-jdk17 (22.1.0-dev-20220204_2313)
    graalvm19-jdk11 (19.3.6)
    graalvm19-jdk8 (19.3.6)
    graalvm20-jdk11 (20.3.4)
    graalvm20-jdk8 (20.3.3)
    graalvm21-jdk11 (21.3.0)
    graalvm21-jdk17 (21.3.0)
    graalvm22-jdk11 (22.0.0.2)
    graalvm22-jdk17 (22.0.0.2)
    liberica-full-jdk (17.0.2-9)
    liberica-full-lts-jdk (17.0.2-9)
    liberica-jdk (17.0.2-9)
    liberica-lite-jdk (17.0.2-9)
    liberica-lite-lts-jdk (17.0.2-9)
    liberica-lts-jdk (17.0.2-9)
    liberica11-full-jdk (11.0.14-9)
    liberica11-jdk (11.0.14-9)
    liberica11-lite-jdk (11.0.14-9)
```

圖 5-3-2　取得 Scoop JDK 清單

接著用 **scoop install {JDK 名稱 }** 來安裝不同版本的 JDK：

```
$ scoop install temurin17-jdk
$ scoop install oraclejdk
$ scoop install graalvm-jdk17
```

假如要移除的話，則把 **install** 改成 **uninstall** 即可。

```
$ scoop uninstall oraclejdk
```

5-3-4 切換及設定使用的 JDK 版本

使用 Scoop 的另一個好處，就是可以依開發需求來切換當前環境使用的 JDK，指令是 **reset**，而 JDK 名稱的格式是 **<java>[@<version>]**。

```
$ scoop reset temurin11-jdk
```

這樣當前的環境就會切換成指定的 JDK 執行和編譯。

5-3-5 其他常用 SDKMAN 指令

除了上述指令外，還有更新 JDK 清單的指令如下：

```
$ scoop update
```

以上就是使用 Scoop 安裝多版本 JDK 的基本流程。學會使用 Scoop 後，除了可以用更方便的方法來安裝 JDK 之外，也可以用來安裝 Windows 上的各種指令工具和軟體[3]。

5-4 在 IntelliJ IDEA 指定使用的 JDK 版本

IntelliJ IDEA 雖然在發佈時就會自帶 JDK，但實務上我們通常不會只使用一個版本的 JDK，甚至還有可能會需要測試不同廠牌 JDK 編譯的結果。因此在使用 IntelliJ IDEA 開發時，需明確指定使用的 JDK 版本，確保專案編譯的結果符合預期。

5-4-1 在專案建立時指定使用的 JDK 版本

若您是使用 IntelliJ IDEA 建立專案的話，在專案建立前，IntelliJ IDEA 就會有相對的設定可以供我們指定使用的 JDK 版本。而 IntelliJ IDEA 從 2020.1 版開始，提供了下載、管理 JDK 的功能，大大降低了自行安裝 JDK 的難度。

使用方式很簡單，每當我們建立新的 Kotlin 專案時，專案建立樣本會讓我們選擇專案使用的 JDK 版本。IntelliJ IDEA 會很聰明的自動抓出本機電腦上的幾個來源，包括從數個可能的路徑找到的 JDK（比方說用 SDKMAN 或 Scoop 安裝的版本、Oracle JDK 預設路徑…等）、從網路上下載的 JDK 或是自行指定 JDK 位置。

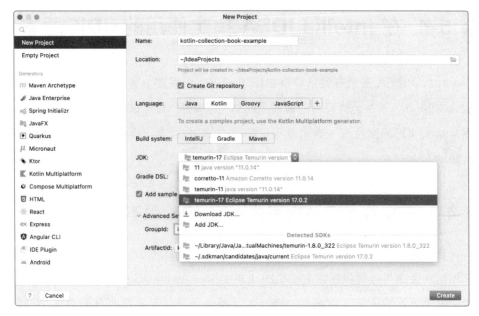

圖 5-4-1　IntelliJ IDEA 專案建立樣板

假如您已經用套件管理工具安裝好 JDK 且已經被 IntelliJ IDEA 偵測到，則直接選擇套件管理工具所安裝好的 JDK 即可開始使用；假如您是自行下載 JDK 但尚未被 IntelliJ IDEA 偵測到，則可以選擇 **Add JDK** 將 JDK 位置指定給 IntelliJ IDEA 使用，它會自動判斷該 JDK 版本是否合用；假如您還沒安裝任一 JDK 的話，則可以在這步按下 **Download JDK**。

IntelliJ IDEA 會抓取目前主流的 Open JDK 清單，並依 **Version** 及 **Vendor** 列出供選擇。本書會使用 Eclipse Temurin 17（原 AdoptOpenJDK）示範，若您有不同的需求，可以依照自己的偏好選擇，選定後按 **Download** 開始下載。

圖 5-4-2 Download JDK 視窗及選項

這些由 IntelliJ IDEA 下載的 JDK，在 macOS 預設會放在 **`~/Library/`**
`Java/JavaVirtualMachines` 底下，而在 Windows 上則會放在 **`C:\Users\<`**
`使用者名稱\.jdks` 底下。

圖 5-4-3 IntelliJ IDEA 下載指定 JDK

安裝完成後，IntelliJ IDEA 就會將下載好的 JDK 放到選單裡並預選，接著就
跟著專案建立樣板的提示完成設定即可，後續專案就會使用您指定的 JDK 進行
編譯。

5-4-2 調整專案使用的 JDK 版本

假如開啟已經建立好的專案（比方說用 Git 複製回來的），當我們用 IntelliJ
IDEA 開啟時，也可以依照需求來調整專案使用的 JDK 版本。選擇功能表裡的
File > **Project Structure...**（或使用 macOS 快速鍵 ⌘ +; 或 Windows 快速鍵
Ctrl+Alt+Shift+S）開啟設定視窗。

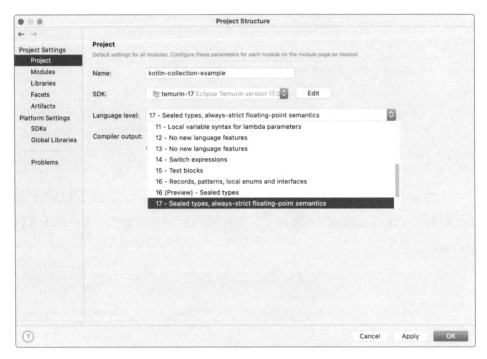

圖 5-4-4　Project Structure 視窗

在設定視窗裡，我們可以從下拉式選單指定使用的 SDK，假如本機電腦還沒有想要的 JDK 版本，則可以按下右邊的 **Edit** 按鈕，後續的 SDK 設定流程與上一節內容大同小異，讀者可自行嘗試。這個畫面也可以指定專案使用的 **Language level**（語言版本），因為 JDK 在新版本裡推出不少新語法，因此沒有正確指定語言版本會影響到 IntelliJ IDEA 在判斷語法是否合法時的依據，設定完成後按 OK 即可關閉設定視窗。

5-4-3 指定 Gradle 使用的 JVM 來源

現在不少新的 JVM 專案都是使用 Gradle 來管理相依套件，本書範例也是。有時可能因為專案指定的 JDK 較新、或是本機預設路徑的 JDK 是不同版本，

IntelliJ IDEA 會提示 Gradle 使用的 JVM 有問題，這時我們可以調整 Gradle 使用的 JVM 來源來修正這個問題。

選擇功能表裡的 **Preferences**（在 Windows 是 **File** > **Settings**，或使用 macOS 快速鍵 ⌘+. 或 Windows 快速鍵 Ctrl+Alt+Shift+S）開啟偏好設定視窗，在左上角的文字框輸入 `gradle`，出現搜尋結果後，選擇 **Build, Execution, Deployment** > **Build Tools** > **Gradle**。在右邊的設定畫面裡找到 **Gradle JVM** 選項，一般來說會預選 Project SDK，但若需要修改的話，可以直接用下拉式選單指定拿來執行 Gradle 的 JDK 來源。

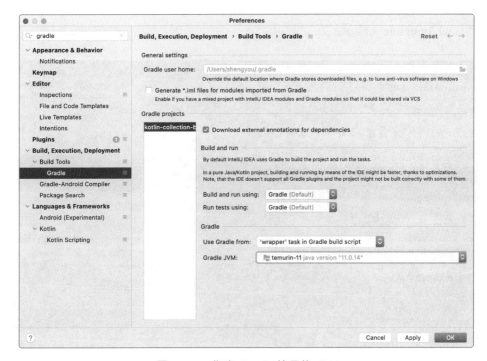

圖 5-4-5　指定 Gradle 使用的 JDK

然而 JDK 推陳出新，Gradle 的運行依賴 JDK，因此手上專案使用的 Gradle 版本相容於哪些 JDK 版本就變得很重要，比方說 Gradle 7.1 並不相容於最新版本 JDK 17，這時要不就是依照前述步驟使用相容的舊版本 JDK，要不就是升級 Gradle 版本以支援最新版 JDK。若讀者有需要查詢 Gradle 與 JDK 的相容性對照表（Compatibility Matrix）[1]，可查看官網文件。

若決定升級 Gradle 版本，則端視您使用的 Gradle 如何安裝，若是採用套件管理工具（如 SDKMAN 或 Scoop），則直接使用套件管理工具的升級指令升版：

以 SDKMAN 為例，只需要一行指令，SDKMAN 就會安裝最新版的 Gradle 並把它設為預設使用版本（SDKMAN 稱預設使用版本為 **default**）：

```
$ sdk upgrade gradle
```

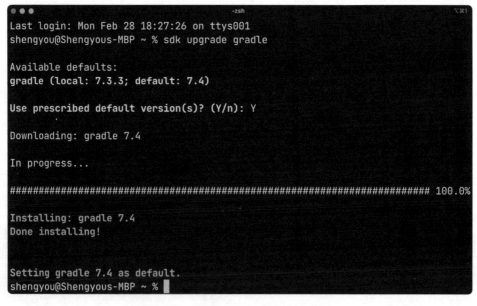

圖 5-4-6　升級 SDKMAN 的 Gradle 版本

Scoop 也有升級指令，指令會先更新套件儲存庫資訊，再把最新版的 Gradle 下載下來設定為預設使用版本（Scoop 稱預設使用版本為 **current**）：

```
$ scoop update gradle
```

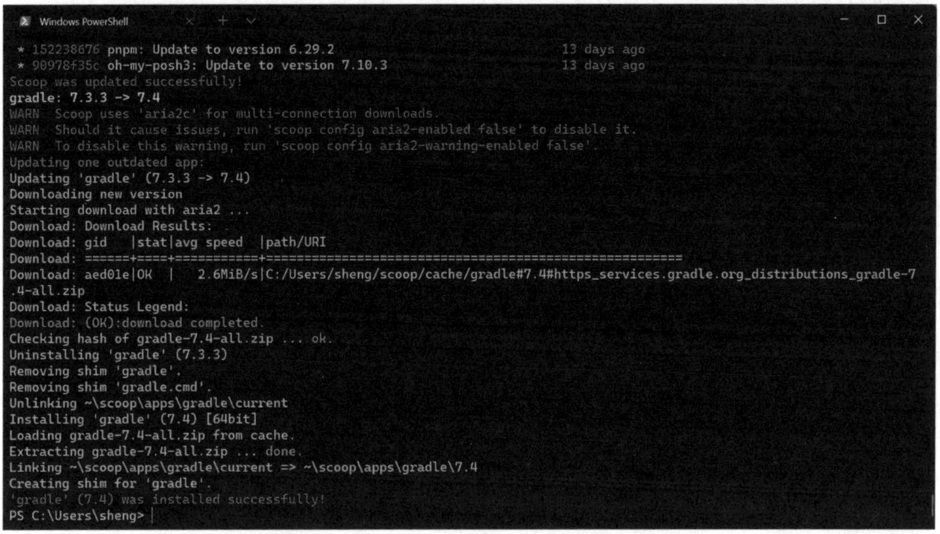

圖 5-4-7　升級 Scoop 的 Gradle 版本

> 💡 提示
>
> 要注意不同套件管理系統雖然概念類似，但部份用語或指令略有差別，以
> 升級套件為例，SDKMAN 用 **upgrade** 而 Scoop 用 **update**。若讀者會切
> 換不同作業系統工作的話，需要注意這些細微差異。

　　由於在開發 JVM 專案時，常會遇到專案所使用的 Gradle 版本跟本機安裝
的版本不同，也有可能團隊需要維護多個專案，而每個專案使用的 Gradle 版本
不同，或是參與專案開發的每位成員使用的 Gradle 版本都不同等實務問題。為
了避免這種因版本不同而造成編譯失敗的協作問題，Gradle 官方推出了一種名
為 Gradle Wrapper 的方案，其作法就是在專案裡放一個可攜式的執行腳本，這
個腳本可以指定專案使用的 Gradle 版本，並在使用前自動下載並載入至執行環
境。如此一來，開發者可以不用在本機安裝 Gradle，節省設定專案的時間，並

同時確保專案在建置時可以使用版本一致的 Gradle，讓建置更可靠與堅固。而當需要升級或是切換執行環境時，只需修改 Wrapper 設定就能輕鬆達成。

　　若手上的專案因為 Gradle Wrapper 的版本太舊（如 Gradle 7.1）而無法搭配新版 JDK 17 的話也別擔心，我們可以直接使用指令將其升級到最新版。在 IntelliJ IDEA 裡打開 Terminal 視窗，輸入 Gradle Wrapper 升級指令即可：

```
$ ./gradlew wrapper --gradle-version 7.4
```

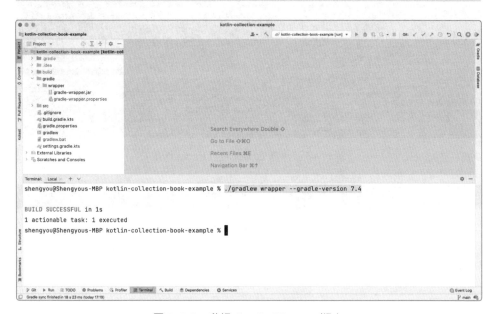

圖 5-4-8　升級 Gradle Wrapper 版本

　　其實上面的指令只是把 **./gradle/wrapper/gradle-wrapper.properties** 裡的 **distributionUrl** 更新成新版的路徑並下載新版的執行檔。下次執行 Gradle 指令時，就會自動使用新版的 Gradle Wrapper 執行。若專案是剛複製回來的話，Gradle Wrapper 也會自動下載對應的新版來使用，非常聰明而方便！也難怪使用 Gradle Wrapper 已變成官方建議的標準作法。

5-4-4　使用 Docker 測試不同版本的 JDK

在開發時往往都只測試本機安裝的一、兩個 JDK 版本，若專案有特殊需求，要在本機重建各種環境組合，會耗費不少開發者的心力，這時我們可以用 Docker 來封裝這些複雜的環境。

IntelliJ IDEA 從 2021.1 版新增了「Run Target[2]」功能，簡單來說，您可以決定要用哪個「目標機器」來「執行」程式。這個目標機器可以是本機電腦、一個 Docker 容器、甚至是一台可以用 SSH 連上的遠端電腦。這讓執行程式的方式有很大的彈性，我們只需要在 **Run Configuration** 裡指定要使用的 **Run Target**，就不再需要為了測試用不同版本的 JDK 編譯而在本機裝一堆 JDK ！

使用 Docker 封裝執行環境應該算是目前常見的作法之一，本書就以使用 Docker Hub 上 Open JDK 的 **openjdk:11.0.14-jdk-oracle** Image[3] 為例，示範如何在 IntelliJ IDEA 裡以 Run Target 運行程式。筆者就以執行 Gradle Task **application:run** 為例，首先啟動本機的 Docker Desktop，啟動完成後可在工具列的選單裡看到 Docker Daemon 已在背景運作。

圖 5-4-9　確認 Docker 已經背景運作

打開 IntelliJ IDEA 的 Gradle 視窗，展開 **application** 底下的 Task，並對其中的 **run** 按右鍵，選擇 **Modify Run Configuration...**。

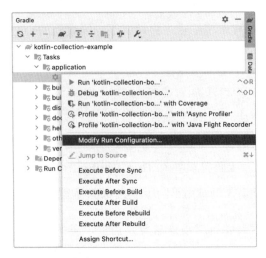

圖 5-4-10　修改 Gradle Task 的 Run Configuration

在開啟的對話視窗裡，點一下 **Run on** 選項旁的 **Manage targets...**。

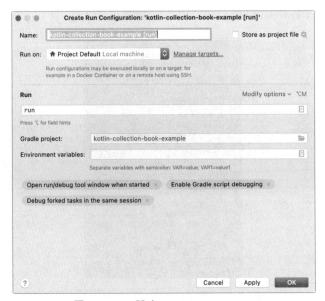

圖 5-4-11　設定 Run Configuration

在 Run Targets 設定視窗裡，點選 **Add new target...** 或左上角的 **+** 按鈕，並選擇 **Docker...**。

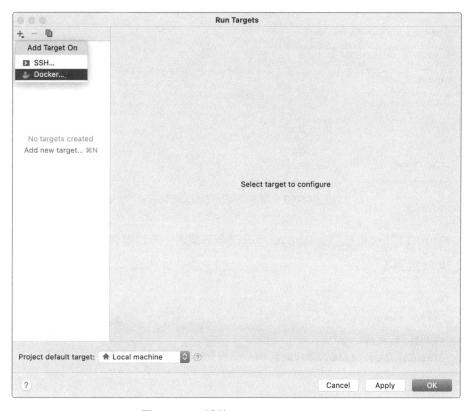

圖 5-4-12　新增 Docker Run Targets

這一步我們可以不用從 Dockerfile 從頭 **Build** Image，而是選擇 **Pull** 直接抓 Open JDK 下來使用。在 **Image** 一欄選擇 **Pull**、**Image tag** 輸入 `openjdk:11.0.14-jdk-oracle` 後按 `Next`。

圖 5-4-13　指定使用的 Docker Image

IntelliJ IDEA 會確認該 Image 是否已經下載過，若無則會下載備用，完成後按 **Next** 進到下一步。

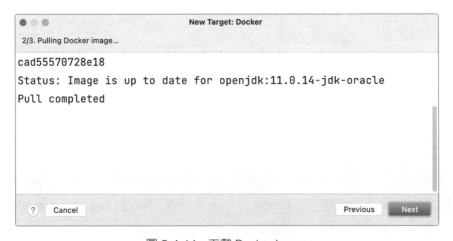

圖 5-4-14　下載 Docker Image

接著要設定使用該 Image 時 JDK 的位置，這樣才有辦法正確地在容器裡編譯和執行程式。這邊要特別注意的是，這個 JDK 位置是指在該 Image 裡的路徑，而每個 Image 在製作時可能會有差異，記得看一下該 Image 的 Dockerfile 裡 JDK 的安裝方式，以取得正確的 JDK 路徑。

先點下方的 **Add language runtime** 新增 Java 設定，在 JDK home path 輸入 **/usr/java/openjdk-11**、在 JDK version 輸入 **11.0.14.11**。在這邊用不到 **Gradle configuration**，可用右上角的齒輪按鈕將其刪除，完成後按 **Finish** 回 Run Targets 設定後再按 **OK** 結束設定。

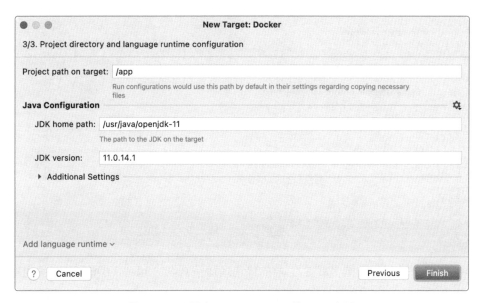

圖 5-4-15　設定 Docker Image 的 JDK 資訊

回到 Run Configuration 設定，在 **Run on** 下拉式選單裡，選擇剛剛設定好的 Docker Target 做為 Run Target 後，按 **OK** 結束設定。

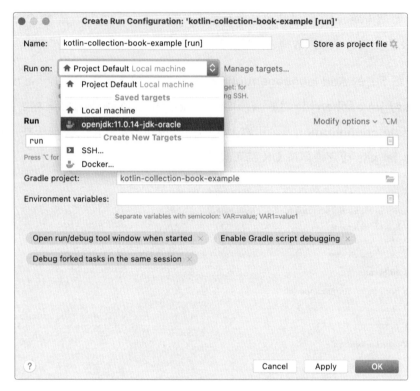

圖 5-4-16　指定 Docker Run Target 執行

接下來當我們點選 IDE 右上角的綠色播放按鈕時，IntelliJ IDEA 就會使用剛剛設定好的 Run Target 來執行 Run Configuration，也就是會以 Open JDK 11 來執行我們的程式。同理可證，假如您需要使用多個不同的 JDK 版本來測試時，可以用相同的方式設定多個不同版本的 Run Target 即可。

雖然 IntelliJ IDEA 可以很方便的透過 Run Target 設定使用 Docker 來測試不同版本的 JDK 編譯結果，不過在這邊筆者還是要提醒您，對於大型專案或是團隊合作來說，使用持續整合主機（Continuous Integration Server）定期測試程式碼與不同 JDK 版本的相容度才是正規作法，用自動化取代人為手動操作的方式，在團隊合作上也會比較有效率。有興趣了解這一塊的讀者，可以參考由

JetBrains 出品的 TeamCity [4]，筆者也曾以此為主題參與鐵人賽，歡迎讀者瀏覽 https://teamcity.tips 觀看完整內容。

5-5 更新 IntelliJ IDEA 的 Kotlin 外掛程式

根據 Kotlin 團隊在 2020 年 10 月的更新週期計畫 [1] 裡的說明，未來每 6 個月就會發佈新版 Kotlin。換句話說，Kotlin 的更新方式將會以固定的發佈週期（Date Driven）為核心，而不是決定哪些功能完成後才發佈（Feature Driven）。其用意是希望 Kotlin 開發者可以更快拿到新版，提早回饋使用意見，讓發佈流程更加敏捷。而身為 Kotlin 開發者，知道如何隨著每個版本的釋出，即時更新手上的 Kotlin SDK，以取得最新版本的 Kotlin 編譯器變成必備的技能。

當然，身為官方御用 IDE 的 IntelliJ IDEA 在發佈時，就已經將 Kotlin 開發工具以外掛程式（Plugin）的方式內建在 IDE 裡，每當 Kotlin 有新版本時，IntelliJ IDEA 也會有對應的新版 Kotlin 外掛程式，只需要在 IntelliJ IDEA 的外掛程式設定裡點選更新，整個更新程序即可一鍵完成，不需要手動下載 SDK 和設定。

為了讓讀者能更清楚這個流程，本章第一部分將示範更新 Kotlin 外掛程式的流程，並在第二部分補充說明如何安裝 EAP 版（Early Access Preview，早期預覽版）的 Kotlin 外掛程式以搶先試用新版編譯器。

5-5-1 更新 Kotlin 外掛程式

每當開啟 IntelliJ IDEA 時，在歡迎頁的左邊就會顯示目前是否有外掛程式需要更新。點選 **Plugins** 選項後進到設定頁，切換上方的頁籤到 **Installed** 頁，並在搜尋框裡輸入 **/outdated** 來過濾出需要更新的外掛程式。這時就會看到

Kotlin Plugin 在列表內，旁邊也會出現 **Update** 按鈕，下方也會標示升級前後的版本號。

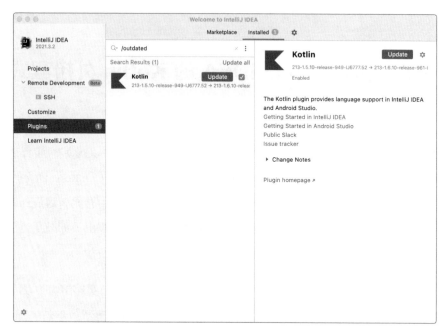

圖 5-5-1　在 Plugins 管理頁找出需要更新的外掛程式

💡 提示

本書截稿時的 Kotlin 版本為 1.7.0，示範更新的畫面為 1.5.10 升級到 1.6.10 時的截圖，未來新版本的更新畫面會略有差異。

除了在歡迎頁會看到更新提示外，有時 IntelliJ IDEA 也會在打開專案的時候以彈出提示的方式通知有新版 Kotlin 外掛程式可以更新，點選提示內的文字連結會進到跟上圖一樣的 Plugins 管理頁。

更新外掛程式的方式很簡單，只需要點擊 **Update** 按鈕，IntelliJ IDEA 就會自動下載對應的外掛程式回來安裝。

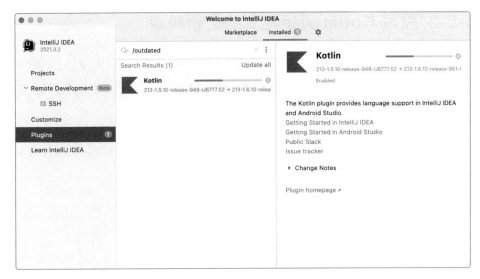

圖 5-5-2　下載新版外掛程式

下載安裝完成後，再點一下 **Restart IDE** 按鈕重開 IntelliJ IDEA 即完成更新 Kotlin 外掛程式的工作。

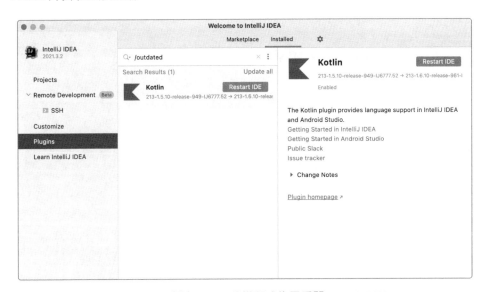

圖 5-5-3　更新完 Kotlin 外掛程式後需重開 IntelliJ IDEA

5-5-2 設定 Kotlin 外掛程式的更新頻道

若您因為開發或測試上的需求，需要用到 Kotlin 外掛程式的 EAP 版本，那就需要在 IntelliJ IDEA 裡面調整 Kotlin 外掛程式的更新頻道，才能在正式發佈前取得 EAP 版本使用[2]。

要設定 Kotlin 外掛程式更新頻道的第一步，先開啟 IntelliJ IDEA 的 **Preferences**，進入 **Languages & Frameworks > Kotlin**。

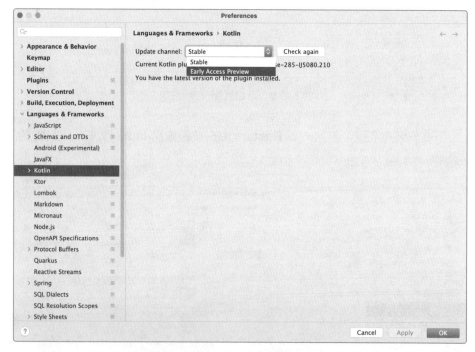

圖 5-5-4　設定 Kotlin 外掛程式的更新頻道

在 `Update channel` 的下拉式選單裡，可以選擇 Kotlin 的更新頻道。一般開發會使用 `Stable` 頻道，若需要提前測試程式與下一版的相容性時，可以從下拉試選單裡選擇 `Early Access Preview` 頻道。選定更新頻道後可按 `Check`

again 檢查更新，若有新版本的話就會出現 **Install** 按鈕供下載安裝。

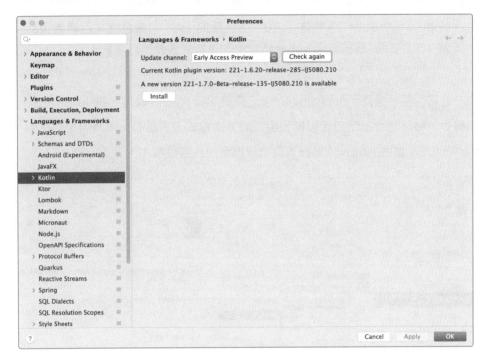

圖 5-5-5　安裝 EAP 版本的 Kotlin 外掛程式

要使用 EAP 版的 Kotlin，除了要更新 IntelliJ IDEA 裡的 Kotlin 外掛程式外，也別忘了在 Gradle 裡指定使用的 Kotlin 版本。在 IntelliJ IDEA 裡打開專案的 **build.gradle.kts**，在 **plugins** 設定區塊裡，將 Kotlin Gradle Plugin 的版本換成當下可使用的 EAP 版本（例如 1.7.0-Beta）即可。

```
plugins {
    kotlin("jvm") version "1.7.0-Beta"
}
```

提示

本書截稿時的 Kotlin 版本為 1.7.0，下一版的 EAP 尚未發佈。示範畫面為
安裝 1.7.0-Beta 時的截圖，未來新版本的更新畫面會略有差異。

若是測試完想要回復到 Stable 版，只要回到 Plugin 管理，將 Kotlin 外掛程
式移除。移除時會提示您會影響到相依的外掛程式，別擔心，這時可放心移除，
IntelliJ IDEA 會將 Kotlin 外掛程式回復成出廠時的預設版本。

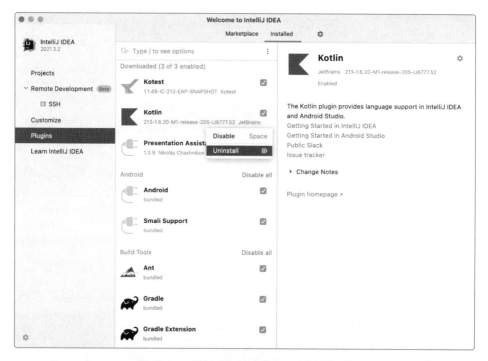

圖 5-5-6　移除 EAP 版的 Kotlin 外掛程式

要提醒讀者的是，Kotlin 團隊釋出 EAP 版本的用意，是讓大家儘早拿到新
版做相容測試，並回報問題讓團隊能及早修正、或是調整實作方向以符合開發者

的需求。若沒有這樣的需求，使用 Stable 版本是比較安全且適合上線正式環境的。本書的所有範例，也都是使用 Stable 版編譯。

5-5-3 手動安裝及更新 Kotlin SDK

假如您喜歡手動安裝 Kotlin SDK，或是想在沒有 GUI 介面的環境下編譯，筆者補充說明如何用兩個平台上的套件管理系統來安裝及更新 Kotlin SDK。

在 macOS 可用 SDKMAN 來安裝 Kotlin SDK，只需要一行指令即可，SDKMAN 就會安裝當下最新版本的 Kotlin SDK。

```
$ sdk install kotlin
```

若要更新升級也是一行指令，SDKMAN 就會以多版本安裝的方式安裝新版 SDK，並詢問要不要設定為預設使用版本。

```
$ sdk upgrade kotlin
```

在 Windows 平台上的作法也類似，只是改用 Scoop，一樣只需一行指令，Scoop 就會安裝當下最新版本的 Kotlin SDK。

```
$ scoop install kotlin
```

稍有不同的是，升級指令用的是 update。

```
$ scoop update kotlin
```

5-6 詞彙對照表

章節編號	章節名	英文	中文
0-6	前言	Interpreted Language	直譯語言
0-6	前言	Primitive Type	原始型別
0-6	前言	Function	函式
0-6	前言	Collection	集合
0-6	前言	Pipeline	資料流串接
0-6	前言	Strong Typing	強型別
0-6	前言	Type Inference	型別推斷
0-6	前言	Cookbook	食譜書
0-6	前言	Method	方法
0-6	前言	Creation	建立
0-6	前言	Retrieving	取值
0-6	前言	Ordering	排序
0-6	前言	Checking	檢查
0-6	前言	Operation	操作
0-6	前言	Grouping	分群
0-6	前言	Transformation	轉換
0-6	前言	Aggregation	聚合
0-6	前言	Conversion	轉型
0-6	前言	Generic	泛型
0-6	前言	Syntax Sugar	語法糖

章節編號	章節名	英文	中文
1-1	集合四大物件	Type	型別
1-1	集合四大物件	Package	套件
1-1	集合四大物件	Index	索引
1-1	集合四大物件	Element	元素
1-1	集合四大物件	Int	整數
1-1	集合四大物件	Immutable	不可變
1-1	集合四大物件	Mutable	可變
1-1	集合四大物件	Hash Code	雜湊值
1-1	集合四大物件	Attribute	屬性
1-1	集合四大物件	Dot Operator	點運算子
1-1	集合四大物件	Destructuring	解構
1-1	集合四大物件	Dictionary	字典
1-1	集合四大物件	Lookup Table	對照表
1-2	探索集合方法的前置工作	Pseudocode	虛擬碼
1-2	探索集合方法的前置工作	Cache	快取
1-2	探索集合方法的前置工作	Data Class	資料類別
1-2	探索集合方法的前置工作	Scripting Language	腳本語言
1-2	探索集合方法的前置工作	Interactive Mode	即時互動模式
1-2	探索集合方法的前置工作	Exception	例外
1-2	探索集合方法的前置工作	Breakpoint	中斷點
1-3	建立集合的方法	Instantiation	實例化
1-3	建立集合的方法	Constructor	建構式
1-4	從集合取值的方法	Indexed Access Operator	索引存取運算子

章節編號	章節名	英文	中文
1-4	從集合取值的方法	Elvis Operator	貓王運算子
1-5	排序集合的方法	Natural Order	自然排序
1-5	排序集合的方法	Numeric	數字
1-5	排序集合的方法	Char	字元
1-5	排序集合的方法	String	字串
1-6	檢查集合的方法	Font Ligature	合字顯示
1-6	檢查集合的方法	Boolean	布林值
1-7	操作集合的方法	Operator Overloading	運算子多載
1-7	操作集合的方法	Arithmetic Operator	算數運算子
1-7	操作集合的方法	Augmented Assignments	增量賦值
1-9	轉換集合的方法	String Template	字串樣板
1-10	集合聚合的方法	Accumulator	累進器
1-11	集合轉型的方法	Char	字元
1-11	集合轉型的方法	Float	浮點數
1-11	集合轉型的方法	Double	倍精度浮點數
2-1	探索集合實作奧秘	Top-level Function	頂層函式
2-1	探索集合實作奧秘	Modifier	修飾符
2-1	探索集合實作奧秘	Expression	表達式
2-1	探索集合實作奧秘	Function Type	函式型別
2-1	探索集合實作奧秘	High-order Function	高階函式
2-1	探索集合實作奧秘	Implicit Return	隱式返回
2-1	探索集合實作奧秘	Receiver Type	接收者型別
2-1	探索集合實作奧秘	Overloading	重載

章節編號	章節名	英文	中文
2-1	探索集合實作奧秘	Method Chain	方法串接
2-1	探索集合實作奧秘	Side Effect	副作用
2-1	探索集合實作奧秘	Destructuring Declaration	解構宣告
2-1	探索集合實作奧秘	Functional Programming	函式程式設計
2-3	與集合併用的組合技	Stateless	無狀態
2-3	與集合併用的組合技	Function Reference	方法參考
3-3	萬用 Mock Server	Spec-First	規格先行
3-3	萬用 Mock Server	JSON Serialization	JSON 序列化
3-3	萬用 Mock Server	Data Transfer Object	資料傳輸物件
3-3	萬用 Mock Server	Value Object	數值物件
3-3	萬用 Mock Server	Reverse Proxy	反向代理
5-1	安裝 IntelliJ IDEA 開發工具	Integrated Development Environment (IDE)	整合開發環境
5-1	安裝 IntelliJ IDEA 開發工具	Graphical User Interface (GUI)	圖型化介面
5-2	在 Unix-like 作業系統上安裝 / 管理多個版本的 JDK	Identifier	識別碼
5-4	在 IntelliJ IDEA 指定使用的 JDK 版本	Continuous Integration Server	持續整合主機
5-5	更新 IntelliJ IDEA 的 Kotlin Plugin	Plugin	外掛程式

5-7 參考資料

❑ 前言

1. JetBrains Mono 字型官方說明頁面

   https://www.jetbrains.com/lp/mono/

❑ 1-2 探索集合方法的前置工作

1. Kotlin 官方文件：Run code snippets

   https://kotlinlang.org/docs/run-code-snippets.html

2. Adoptium 官網

   https://adoptium.net/

3. IntelliJ IDEA 官方文件：Debug your first Java application

   https://www.jetbrains.com/help/idea/debugging-your-first-java-
   application.html

❑ 1-3 建立集合的方法

1. Difference Between null and empty

   https://pediaa.com/difference-between-null-and-empty

2. Difference between null and empty Java String

   https://stackoverflow.com/questions/4802015/difference-between-
   null-and-empty-java-string

❑ 1-4 從集合取值的方法

1. Kotlin 官方文件：Indexed Access Operator

   https://kotlinlang.org/docs/operator-overloading.html#indexed-access-
   operator

2. Wikipedia：二分搜尋演算法

https://zh.wikipedia.org/wiki/%E4%BA%8C%E5%88%86%E6%90%9
C%E5%B0%8B%E6%BC%94%E7%AE%97%E6%B3%95

3. About binarySearch() of Kotlin List

https://stackoverflow.com/questions/67650088/about-binarysearch-
of-kotlin-list

❏ 1-5 排序集合的方法

1. Kotlin 官方文件：Collection Ordering

https://kotlinlang.org/docs/collection-ordering.html

❏ 1-6 檢查集合的方法

1. Wikipedia：Ligature (writing)

https://en.wikipedia.org/wiki/Ligature_(writing)

❏ 1-7 操作集合的方法

1. Difference between plus() vs add() in Kotlin List

https://stackoverflow.com/questions/57770663/difference-between-
plus-vs-add-in-kotlin-list

2. What is the difference between plus and plusAssign in operator
overloading of kotlin?

https://stackoverflow.com/questions/46740234/what-is-the-difference-
between-plus-and-plusassign-in-operator-overloading-of-ko

3. Kotlin - collection plus() ✕ plusElement() difference

https://stackoverflow.com/questions/53633329/kotlin-collection-plus-
%C3%97-pluselement-difference

❑ 1-9 轉換集合的方法

1. Kotlin 官方文件：Return to labels

   https://kotlinlang.org/docs/returns.html#return-to-labels

2. Kotlin 官方文件：Set-specific operations

   https://kotlinlang.org/docs/set-operations.html

3. Effective Kotlin Item 52: Consider associating elements to a map

   https://kt.academy/article/ek-associate

❑ 1-10 集合聚合的方法

1. Difference between fold and reduce in Kotlin

   https://www.baeldung.com/kotlin/fold-vs-reduce

❑ 2-1 探索集合實作奧祕

1. Kotlin 官方文件：Variable number of arguments (varargs)

   https://kotlinlang.org/docs/functions.html#variable-number-of-
   arguments-varargs

2. Kotlin 官方文件：Iterators

   https://kotlinlang.org/docs/iterators.html

3. Kotlin 官方文件：Infix notation

   https://kotlinlang.org/docs/functions.html#infix-notation

4. Kotlin 官方文件：Destructuring declarations

   https://kotlinlang.org/docs/destructuring-declarations.html

❑ 2-3 與集合併用的組合技

1. Wikipedia：The quick brown fox jumps over the lazy dog

   https://en.wikipedia.org/wiki/The_quick_brown_fox_jumps_over_the_
   lazy_dog

2. When to Use Sequences

https://typealias.com/guides/when-to-use-sequences/

3. Kotlin 的 scope function: apply, let, run.. 等等

https://julianchu.net/2018/05/05-kotlin.html

❏ 3-1 樂透選號

1. Kotlin Playground

https://play.kotlinlang.org/

2. Embedding Kotlin Playground

https://blog.jetbrains.com/kotlin/2018/04/embedding-kotlin-

playground/

3. Kotlin Playground JavaScript SDK

https://github.com/JetBrains/kotlin-playground

❏ 3-2 資料統計運算

1. Kotlin 官網 Kotlin User Group 頁面

https://kotlinlang.org/user-groups/user-group-list.html

2. Mordant 套件 GitHub 頁面

https://github.com/ajalt/mordant

3. Mockaroo 線上產生器

https://www.mockaroo.com/

4. generatedata.com 線上產生器

https://generatedata.com/

❏ 3-3 萬用 Mock Server

1. 《Kotlin 一條龍 - 打造全平台應用》錄影

https://www.youtube.com/watch?v=HFWVf_7_3R4

2. 線上 Ktor 專案產生器

   https://start.ktor.io/

3. Java Faker 套件 GitHub 頁面

   https://github.com/DiUS/java-faker

4. kotlin-faker 套件 GitHub 頁面

   https://github.com/serpro69/kotlin-faker

5. Lorem Space 線上假文字產器

   https://lorem.space/

6. httpbin.org 線上服務

   https://httpbin.org/

7. ngrok 官網

   https://ngrok.com

❏ 4-1 結語

1. Kotlin Collections API Performance Antipatterns

   https://4comprehension.com/kotlin-collections-api-performance-antipatterns/

2. Benchmarking Kotlin Collections api performance

   https://nishtahir.com/benchmarking-kotlin-list-tranformation-performance/

3. Kotlin 官方文件：Collection Overview

   https://kotlinlang.org/docs/collections-overview.html

4. Kotlin 官方 YouTube 頻道

   https://www.youtube.com/c/Kotlin

5. Kotlin 官方 Twitter 帳號

   https://twitter.com/kotlin

6. Kotlin 官方部落格

   https://blog.jetbrains.com/kotlin/

7. Kotlin 小技巧 Twitter Hashtag

   https://twitter.com/hashtag/KotlinTips

8. KotlinConf 官方 Twitter 帳號

   https://twitter.com/kotlinconf

9. JetBrains Academy

   https://www.jetbrains.com/academy/

10. Kotlin Weekly 電子報

    http://kotlinweekly.net/

11. Kotlin Tips 學習資源站

    https://tw.kotlin.tips/

12. Kraftsman：Coding 職人塾 Facebook 粉絲頁

    https://www.facebook.com/kraftsman.io/

13. Kraftsman：Coding 職人塾 YouTube 頻道

    https://www.youtube.com/channel/UCVR1hN4UGerZQQ9tE88h2xQ

14. Taiwan Kotlin User Group Facebook 粉絲頁

    https://www.facebook.com/kotlintwn/

15. Kotlin Taipei Facebook 社團

    https://www.facebook.com/groups/117755722221972/

16. TWJUG Facebook 社團

    https://www.facebook.com/groups/twjug/

17. JCConf Facebook 粉絲頁

    https://www.facebook.com/jcconf/

18. Taiwan Backend Group Facebook 社團

    https://www.facebook.com/groups/taiwanbackendgroup

19. Android Developer 開發讀書會 Facebook 社團

https://www.facebook.com/groups/523386591081376/

20. Android Taipei 開發者社群 Facebook 社團

https://www.facebook.com/groups/AndroidTaipei

21. 認識 Google Developers 的 Community 計劃：GDG、GDG Cloud 以及 DSC

https://ericsk.medium.com/%E8%AA%8D%E8%AD%98-google-
developers-%E7%9A%84-community-%E8%A8%88%E5%8A%83-
gdg-gcpug-%E4%BB%A5%E5%8F%8A-dsc-fbc76dbb7d39

❏ 5-1 安裝 IntelliJ IDEA 開發工具

1. JetBrains Toolbox App 下載頁

https://www.jetbrains.com/toolbox-app/

❏ 5-2 在 Unix-like 作業系統上安裝 / 管理多個版本的 JDK

1. SDKMAN 官網

https://sdkman.io/

2. RVM 官網

https://rvm.io/

3. nvm 官網

https://github.com/nvm-sh/nvm

4. Phpbrew 官網

https://phpbrew.github.io/phpbrew/

5. SDKMAN JDK 清單頁

https://sdkman.io/jdks

6. SDKMAN SDK 清單頁

https://sdkman.io/sdks

7. SDKMAN 指令一覽表

https://sdkman.io/usage

❏ 5-3 在 Windows 作業系統上安裝 / 管理多個版本的 JDK

1. Scoop 官網

   https://scoop.sh/

2. Windows Terminal 下載頁

   https://www.microsoft.com/zh-tw/p/windows-terminal/9n0dx20hk701

3. Windows 下使用 Scoop 工具安裝環境

   https://hackettyu.com/2020-05-07-windows-scoop/

❏ 5-4 在 IntelliJ IDEA 指定使用的 JDK 版本

1. Gradle Compatibility Matrix

   https://docs.gradle.org/current/userguide/compatibility.html

2. IntelliJ IDEA 官方文件：Run targets

   https://www.jetbrains.com/help/idea/run-targets.html

3. OpenJDK 11.0.14 Docker Image 資訊頁

   https://hub.docker.com/layers/openjdk/library/openjdk/11.0.14-jdk-oracle/images/sha256-46eb0ff554e009fef86677fbb20d166daec33357c0e0340a64d047c606872eb1?context=explore

4. JetBrains TeamCity 產品頁

   https://www.jetbrains.com/teamcity/

❏ 5-5 更新 IntelliJ IDEA 的 Kotlin 外掛程式

1. Kotlin 更新週期計畫

   https://blog.jetbrains.com/kotlin/2020/10/new-release-cadence-for-kotlin-and-the-intellij-kotlin-plugin/

2. Kotlin 官方文件：使用 Kotlin EAP

   https://kotlinlang.org/docs/install-eap-plugin.html